万水 ANSYS 技术丛书

# ANSYS 流固耦合分析与工程实例

宋学官　蔡　林　张　华　编著

中国水利水电出版社
www.waterpub.com.cn

## 内 容 提 要

本书不涉及系统理论以及具体算法的介绍,而是从实际应用角度出发,通过大量的原创性分析实例,向读者细致地讲解流固耦合分析。全书共分 5 章,从基础开始讲解,层层深入到 ANSYS 单向流固耦合分析、双向流固耦合分析,以及动网格和网格重构技术。为了让读者能够更好地理解 ANSYS 流固耦合分析的工程应用,本书还详细讲解了 4 个工程实例。

本书案例丰富,覆盖面广,通过实例一步步地讲解具体的分析思路以及实现步骤,并对分析中容易遇到的问题给出特别提示。本书的模型文件可以从 http://www.waterpub.com.cn/softdown/及 http://www.wsbookshow.com 上免费下载。

本书可以作为机械专业、力学专业、电子电气等专业的教材,也适合应用 ANSYS 进行流固耦合分析的初学者学习和参考。

### 图书在版编目(CIP)数据

ANSYS流固耦合分析与工程实例 / 宋学官,蔡林,张华编著. -- 北京:中国水利水电出版社,2012.1(2024.3重印)
(万水ANSYS技术丛书)
ISBN 978-7-5084-9230-8

Ⅰ. ①A… Ⅱ. ①宋… ②蔡… ③张… Ⅲ. ①有限元分析-应用程序,ANSYS Ⅳ. ①O241.82

中国版本图书馆CIP数据核字(2011)第258227号

策划编辑:杨元泓　　责任编辑:杨元泓　　封面设计:李 佳

| 书　名 | 万水 ANSYS 技术丛书<br>**ANSYS 流固耦合分析与工程实例** |
|---|---|
| 作　者 | 宋学官　蔡　林　张　华　编著 |
| 出版发行 | 中国水利水电出版社<br>(北京市海淀区玉渊潭南路 1 号 D 座　100038)<br>网址:www.waterpub.com.cn<br>E-mail:mchannel@263.net (答疑)<br>　　　　sales@mwr.gov.cn<br>电话:(010) 68545888 (营销中心)、82562819 (组稿) |
| 经　售 | 北京科水图书销售有限公司<br>电话:(010) 68545874、63202643<br>全国各地新华书店和相关出版物销售网点 |
| 排　版 | 北京万水电子信息有限公司 |
| 印　刷 | 三河市鑫金马印装有限公司 |
| 规　格 | 184mm×260mm　16 开本　18.75 印张　465 千字 |
| 版　次 | 2012 年 1 月第 1 版　2024 年 3 月第 6 次印刷 |
| 印　数 | 12501—14000 册 |
| 定　价 | 58.00 元 |

凡购买我社图书,如有缺页、倒页、脱页的,本社营销中心负责调换

**版权所有·侵权必究**

# 前　　言

经过几十年的发展，计算机数值分析已经逐渐从科学研究领域走进工业应用领域。其中，作为计算机数值分析中的两个重要分支，计算固体分析和计算流体分析逐渐完善和成熟，目前已经广泛地应用于机械、航空、造船、建筑、电子等各种行业。全国各大高校相关专业也都陆续开设了有关结构分析和流体分析的专业课程，如有限元法（FEM）、计算流体力学（CFD）等。

随着理论和应用的不断发展和融合，一种古老而又全新的分析方法——流固耦合分析，逐渐走进了广大研究人员和工程师的视野。流固耦合分析（Fluid - Structure Interaction Analysis）是流体分析与固体分析交叉耦合而生成的分析方法，它是研究可变形固体在流场作用下的各种行为以及固体变形对流场影响这二者相互作用的一门分析方法。在某些特定研究和分析中，由于涉及的固体变形和流场变化都不能忽视，流固耦合分析便显得极为重要和不可缺少。

作为世界著名的通用仿真分析软件，ANSYS 很早便开始流固耦合分析方面的研究和应用。其先后并购和组合了流体仿真中的著名软件 CFX 和 FLUENT，使得新开发的 ANSYS Workbench 有能力在不需要第三方软件的情况下，实现单向和双向的流固耦合分析。大量的流固耦合分析研究和应用已经证明，通过 ANSYS Workbench 进行流固耦合分析操作简单、计算迅速、结果可靠。

尽管如此，辅助和培训教材的缺失仍然极大地制约着初学者对流固耦合分析的学习、掌握和使用。即使非常精通结构分析和流体分析的研究人员和工程师也时而对流固耦合分析中的关键步骤一头雾水。本书不涉及系统理论以及具体算法的介绍，而是从实际应用角度出发，通过大量的工程分析实例，向读者细致地讲解流固耦合分析。全书共分 5 章，从基础开始讲解，层层深入到 ANSYS 单向流固耦合分析、双向流固耦合分析，以及动网格和网格重构技术。为了让读者能够更好地理解 ANSYS 流固耦合分析的工程应用，本书还详细讲解了 4 个工程实例。

第 1 章：流固耦合分析基础，主要介绍流固耦合的基本概念以及 ANSYS 流固耦合分析的基础知识。

第 2 章：单向流固耦合分析，主要讲解单向流固耦合分析的应用。

第 3 章：双向流固耦合分析，主要讲解双向流固耦合分析的应用。

第 4 章：CFX 和 FLUENT 动网格分析，主要讲解大变形情况下的流体网格重构。

第 5 章：流固耦合工程实例，主要介绍 4 个实际工程项目中的流固耦合分析。

需要注意的是，本书中的实例都在 ANSYS 12.1 版本中完成。其中，大多数使用的是 ANSYS Workbench 平台，即在 ANSYS Workbench 中建立结构分析和流体分析系统的方法；少数例子使用 CFX+ANSYS Workbench，或者 FLUENT+ANSYS Workbench，或 ICEM CFD+CFX/FLUENT +ANSYS Workbench 等组合软件。目前，ANSYS 已有最新版本发布，经过验证，本书中所有例子在 ANSYS 最新版本上也运行良好，并不影响读者学习并参照这些实例来解决自己所遇到的工程问题。另外，为了最大限度地简化不必要过程和帮助读者多方面体验 ANSYS

的各种技巧，除了工程实例中的分析，其他分析演示中，很多方面如网格精度、边界条件、材料属性等的设置都与实际情况有所出入，读者可学习参考，但切不可直接拷贝应用。

**本书特色**

- 贴近工程实际——本书的实例多从实际工程、科研项目中提炼出来，具有很强的参考价值，其中包括热应力、水压、旋转域 turbo 建模、周期边界、燃烧、热应力、血管壁耦合、模态分析、流体冲击、自由页面、结构振动、活动域、大变形 Remesh、FLUENT Remesh 6 DOF 等方面的技术或问题。
- 配套模型文件下载——为了方便读者更有效地学习，本书还配套提供模型文件的下载，网址为 http://www.waterpub.com.cn/softdown/ 及 http://www.wsbookshow.com，这样读者学习起来效率更高。

**致谢与分工**

本书由宋学官、蔡林和张华编写，其中宋学官主要侧重于 CFX 模块的耦合分析，蔡林主要侧重于 FLUENT 模块的耦合分析，张华主要侧重于旋转机械部分的分析模拟。全书由宋学官统稿。

感谢成都道然科技有限责任公司为本书策划与质量控制所做的大量工作，同时感谢南京蓝深制泵集团股份有限公司给予的协助，感谢中国仿真互动网（www.Simwe.com）各位朋友的热情支持。在本书的编辑过程中，参与具体工作的还有：李伟、景小艳、许志清、刘军华、夏惠军、张赛桥、张强林、张代全、万雷、王斌、江广顺、李强、余松、郭敏、董茜、陈鲲、王晓、李晓宁、丁佳、虞志勇、吴艳。在本书创作期间获得中国水利水电出版社老师的大力支持，正是他们的辛苦付出，才使得本书能够在第一时间面向读者。若读者在学习过程中发现问题或有更好的建议，可以通过 www.dozan.cn/bbs 与我们联系。

由于时间仓促，作者水平有限，书中错误、纰漏之处难免，敬请广大读者批评指正。

编 者
2011 年 12 月

# 目 录

前言

## 第1章 流固耦合分析基础 ................ 1
### 1.1 流固耦合基础 ................ 1
#### 1.1.1 认识流固耦合分析的重要性 ......... 1
#### 1.1.2 流体控制方程 ................ 3
#### 1.1.3 固体控制方程 ................ 3
#### 1.1.4 流固耦合方程 ................ 4
### 1.2 ANSYS 流固耦合分析 ................ 5
#### 1.2.1 单向流固耦合分析 ................ 5
#### 1.2.2 双向流固耦合分析 ................ 6
#### 1.2.3 耦合面的数据传递 ................ 7
#### 1.2.4 网格映射和数据交换类型 ........ 9
### 1.3 ANSYS 流固耦合分析的基本步骤 ....... 9
#### 1.3.1 CFX + Mechanical APDL 单向耦合基本设置 ................ 10
#### 1.3.2 FLUENT+ANSYS 单向耦合基本设置 ................ 11
#### 1.3.3 通过 Mechanical APDL Product Launcher 设置 MFX 分析 ........ 12
### 1.4 本章小结 ................ 13

## 第2章 单向流固耦合分析 ................ 14
### 2.1 单向流固耦合分析基础 ................ 14
### 2.2 三通管的热强度计算 ................ 16
#### 2.2.1 问题描述 ................ 16
#### 2.2.2 ICEM CFD 划分三通管流场网格 ..... 16
#### 2.2.3 利用 CFX 求解三通管流场 ........ 19
#### 2.2.4 利用 Workbench 进行三通管热强度分析 ................ 25
### 2.3 风力发电叶片及支架整体分析 ........ 29
#### 2.3.1 问题描述 ................ 29
#### 2.3.2 几何模型处理 ................ 30
#### 2.3.3 流场网格划分 ................ 31
#### 2.3.4 流体分析设置 ................ 33
#### 2.3.5 开始流体计算 ................ 38
#### 2.3.6 流体计算过程中的参数监控和修改 ... 40
#### 2.3.7 查看流体计算结果 ................ 41
#### 2.3.8 结构分析的模型处理 ................ 44
#### 2.3.9 结构网格划分 ................ 45
#### 2.3.10 加载与求解 ................ 46
### 2.4 轴流叶片的应力分析 ................ 48
#### 2.4.1 问题描述 ................ 49
#### 2.4.2 创建分析项目 ................ 50
#### 2.4.3 BladeGen 中叶片的设计 ........ 50
#### 2.4.4 TurboGrid 结构网格划分 ........ 57
#### 2.4.5 流体分析设置 ................ 60
#### 2.4.6 流体计算和结果查看 ................ 61
#### 2.4.7 Static Structural(ANSYS)结构分析 .... 62
### 2.5 燃烧室流场计算及热变形分析 ........ 66
#### 2.5.1 问题描述 ................ 66
#### 2.5.2 ICEM CFD 划分燃烧流场网格 ...... 66
#### 2.5.3 利用 FLUENT 求解燃烧流场 ...... 70
#### 2.5.4 $NO_X$ 排放量预测 ................ 77
#### 2.5.5 Workbench 进行结构分析 ........ 81
### 2.6 水流冲击平板分析 ................ 86
#### 2.6.1 问题描述 ................ 86
#### 2.6.2 创建分析项目 ................ 86
#### 2.6.3 建立几何模型 ................ 88
#### 2.6.4 流体分析 ................ 88
#### 2.6.5 结构分析 ................ 93
### 2.7 泥浆搅拌器预应力下的模态分析 ...... 96
#### 2.7.1 问题描述 ................ 96
#### 2.7.2 创建分析项目 ................ 96
#### 2.7.3 Fluent 流场分析 ................ 98
#### 2.7.4 结构分析 ................ 109
### 2.8 本章小结 ................ 116

# 第3章 ANSYS 双向流固耦合分析 ············ 117
## 3.1 双向流固耦合分析基础 ············ 117
## 3.2 血管和血管壁耦合分析 ············ 119
### 3.2.1 问题描述 ············ 119
### 3.2.2 创建分析项目 ············ 119
### 3.2.3 结构分析设置 ············ 123
### 3.2.4 流场模型处理 ············ 124
### 3.2.5 流体分析设置 ············ 126
### 3.2.6 求解计算和结果监视 ············ 130
### 3.2.7 查看流体计算结果 ············ 132
### 3.2.8 查看结构计算结果 ············ 133
### 3.2.9 创建动画文件 ············ 135
## 3.3 泥浆冲击立柱分析 ············ 137
### 3.3.1 问题描述 ············ 137
### 3.3.2 创建分析项目 ············ 138
### 3.3.3 添加新材料（concrete）············ 139
### 3.3.4 建立模型 ············ 140
### 3.3.5 结构分析设置 ············ 141
### 3.3.6 流场模型处理 ············ 143
### 3.3.7 流场网格划分 ············ 143
### 3.3.8 流体分析设置 ············ 144
### 3.3.9 求解和计算结果 ············ 151
## 3.4 飞机副翼转动耦合分析 ············ 156
### 3.4.1 问题描述 ············ 157
### 3.4.2 创建分析项目 ············ 157
### 3.4.3 选用新材料（Aluminum Alloy）····· 158
### 3.4.4 导入模型 ············ 159
### 3.4.5 结构分析设置 ············ 159
### 3.4.6 流场模型处理 ············ 164
### 3.4.7 流场网格划分 ············ 164
### 3.4.8 流体分析设置 ············ 166
### 3.4.9 求解和计算结果 ············ 171
## 3.5 圆柱绕流耦合振动分析 ············ 175
### 3.5.1 问题描述 ············ 176
### 3.5.2 ICEM CFD 划分流场网格 ············ 177
### 3.5.3 无耦合的圆柱绕流分析 ············ 180
### 3.5.4 流固耦合圆柱绕流分析 ············ 186
## 3.6 水润滑橡胶轴承分析 ············ 191
### 3.6.1 问题描述 ············ 191
### 3.6.2 利用 ICEM 划分水膜网格 ············ 192
### 3.6.3 利用 Workbench 完成结构设置 ········ 195
### 3.6.4 流体分析设置 ············ 199
### 3.6.5 开始计算及计算结果监测 ············ 202
### 3.6.6 查看水膜流场结果 ············ 203
## 3.7 本章小结 ············ 204

# 第4章 ANSYS 动网格技术应用 ············ 205
## 4.1 动网格分析基础 ············ 205
## 4.2 大变形网格重构功能分析 ············ 206
### 4.2.1 问题描述 ············ 207
### 4.2.2 网格划分和脚本录制 ············ 207
### 4.2.3 流体分析设置 ············ 211
### 4.2.4 求解和计算结果 ············ 217
## 4.3 FLUENT Remesh 6DOF 分析 ············ 220
### 4.3.1 问题描述 ············ 220
### 4.3.2 FLUENT 6DOF UDF 的编译 ············ 221
### 4.3.3 FLUENT 查看流场结果 ············ 230
### 4.3.4 利用 Tecplot 进行流场后处理 ············ 230
## 4.4 本章小结 ············ 234

# 第5章 ANSYS 流固耦合工程实例 ············ 235
## 5.1 某型号离心泵分析 ············ 235
## 5.2 问题描述 ············ 236
### 5.2.1 网格划分 ············ 236
### 5.2.2 流体分析设置 ············ 237
### 5.2.3 结构分析设置 ············ 245
## 5.3 泄压阀动态特性分析 ············ 253
### 5.3.1 问题描述 ············ 253
### 5.3.2 创建 CFX 分析项目 ············ 256
### 5.3.3 流体分析设置 ············ 256
### 5.3.4 求解计算和结果监视 ············ 263
## 5.4 止回阀动态分析 ············ 266
### 5.4.1 问题描述 ············ 266
### 5.4.2 FLUENT DEFINE CG_Motion UDF 的编译 ············ 267
### 5.4.3 止回阀动网格的编译 ············ 267
### 5.4.4 压力进口 UDF 编写 ············ 269
### 5.4.5 FLUENT 止回阀流场求解设置 ········ 269
### 5.4.6 流场后处理 ············ 275
## 5.5 滑动轴承玻璃轴瓦强度分析 ············ 277

5.5.1 问题描述 ································· 278
5.5.2 FLUENT 分析滑动轴承油膜流场 ····· 278
5.5.3 油膜流场结果后处理 ······················ 283
5.5.4 流场与结构分析耦合 ············· 285
5.5.5 结构分析设置 ································ 286
5.5.6 结构求解及结果分析 ··············· 289
5.6 本章小结 ········································· 291

**参考文献** ··············································· 292

# 1 流固耦合分析基础

近年来,流固耦合分析研究和应用取得了飞速的发展,尤其是 ANSYS Workbench 推广以来,流固耦合分析变得容易起来,也因此很快在相关工程领域得到广泛应用。本章是学习 ANSYS 流固耦合分析的入门篇,旨在介绍 ANSYS 流固耦合分析的基本知识,引导初学者由浅入深地了解流固耦合分析的基本操作和应用。

**本章内容包括:**
- ✓ 流固耦合基础
- ✓ ANSYS 流固耦合分析
- ✓ ANSYS 流固耦合分析的基本步骤

## 1.1 流固耦合基础

下面简单介绍什么是流固耦合作用、流固耦合分析,流固耦合的重要性,以及流固耦合分析用到的控制方程。

### 1.1.1 认识流固耦合分析的重要性

随着计算科学以及数值分析方法的不断发展,流固耦合或交互作用(fluid structure coupling 或 fluid structure interaction)研究从 20 世纪 80 年代以来,受到了世界学术界和工业界的广泛关注。流固耦合问题是流体力学(Computational Fluid Dynamics,CFD)与固体力学(Computational Solid Mechanics,CSM)交叉而生成的一门力学分支,同时也是多学科或多物理场研究的一个重要分支,它是研究可变形固体在流场作用下的各种行为以及固体变形对流场影响这二者相互作用的一门科学。

流固耦合问题可以理解为既涉及固体求解又涉及流体求解,而两者又都不能被忽略的模拟问题。因为同时考虑流体和结构特性,流固耦合可以有效节约分析时间和成本,同时保证结果更接近于物理现象本身的规律。所以,近年来流固耦合分析在工程设计特别是虚拟设计和仿真中的应用越来越广泛和深入。

图1-1显示了流固耦合分析在产品虚拟设计中的层次以及与各学科之间的相互联系。整个虚拟设计流程可以分为三阶段。

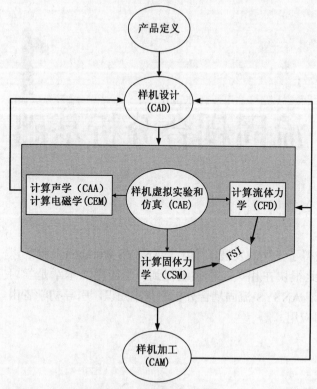

图1-1 虚拟设计流程以及流固耦合分析

- 第一阶段：样机设计阶段，主要是采用计算机辅助设计方法（CAD）按产品定义进行样机的结构设计。
- 第二阶段：样机虚拟实验和仿真阶段，主要是通过计算机辅助工程方法（CAE）对初始设计产品进行性能评估。依据各学科特性，进行的仿真分析主要有：计算流体力学分析、计算固体力学分析、计算声学以及计算电磁学分析。其中把计算流体力学分析和计算固体力学分析结合起来的分析简称为流固耦合分析。
- 第三阶段：样机加工阶段，主要采用计算机辅助加工方法和手段进行样机制造。

其中，如果在第二阶段发现样机性能不能满足设计要求，可以返回第一阶段，第三阶段如果发现成品样机有问题，可以根据情况分别返回到第一阶段和第二阶段进行再开发和设计。

流固耦合研究和分析在众多领域，包括航空航天、水利、建筑、石油、化工、海洋以及生物领域，有着十分重要的意义和应用前景。如石油行业中，地震作用下大型贮油罐振动与罐内储备油晃动的相互影响；化工行业中，长管道由于流体流动诱发的振动情况；海洋领域中，海洋石油平台在强波浪中的结构安全性能评估；水利行业中，水电工程中水轮机发电叶片与水流的相互作用；生物领域中，心脑血管和血液流动的相互影响，如图1-2所示；航空航天领域中，飞机机翼绕流及颤振问题等都属于流固耦合作用问题，相应的分析都可归为流固耦合分析。

显然，流固耦合作用自古以来便一直存在，但是流固耦合分析以及其广泛应用是伴随着计算流体力学和计算固体力学的快速发展而产生和实现的。所以要探究流固耦合的基本原理还需要从计算流体力学和计算固体力学着手。

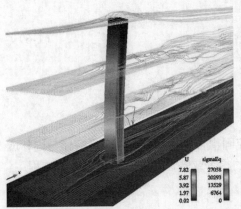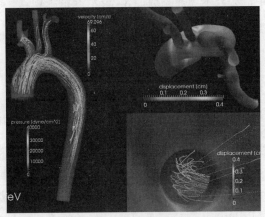

图 1-2　典型的流固耦合分析：立柱在风载下大变形（左），心脑血管变形及血液流动（右）

## 1.1.2　流体控制方程

流体流动要遵循物理守恒定律，基本的守恒定律包括质量守恒定律、动量守恒定律、能量守恒定律。如果流体中包括混合的其他不同成分，系统还要遵循组分守恒定律。对于一般的可压缩牛顿流来说守恒定律通过如下控制方程描述。

质量守恒方程：

$$\frac{\partial \rho_f}{\partial t} + \nabla \cdot (\rho_f v) = 0 \tag{1-1}$$

动量守恒方程：

$$\frac{\partial \rho_f v}{\partial t} + \nabla \cdot (\rho_f vv - \tau_f) = f_f \tag{1-2}$$

其中，$t$ 表示时间，$f_f$ 是体积力矢量。$\rho_f$ 是流体密度，$v$ 是流体速度矢量，$\tau_f$ 是剪切力张量，可表示为：

$$\tau_f = (-p + \mu \nabla \cdot v)I + 2\mu e \tag{1-3}$$

其中，$p$ 是流体压力，$\mu$ 是动力粘度，$e$ 是速度应力张量，$e = \frac{1}{2}(\nabla v + \nabla v^T)$。

## 1.1.3　固体控制方程

固体部分的守恒方程可以由牛顿第二定律导出：

$$\rho_s \ddot{d}_s = \nabla \cdot \sigma_s + f_s \tag{1-4}$$

其中，$\rho_s$ 是固体密度，$\sigma_s$ 是柯西应力张量，$f_s$ 是体积力矢量，$\ddot{d}_s$ 是固体域当地加速度矢量。

上述流体和固体控制方程中都没有考虑能量方程，若考虑流体、固体的能量传递，需要添加能量方程，对于流体部分总焓（$h_{tot}$）形式的能量方程可以写成如下形式：

$$\frac{\partial(\rho h_{tot})}{\partial t} - \frac{\partial p}{\partial t} + \nabla \cdot (\rho_f v h_{tot}) = \nabla \cdot (\lambda \nabla T) + \nabla \cdot (v \cdot \tau) + v \cdot \rho f_f + S_E \qquad (1\text{-}5)$$

其中，$\lambda$ 表示导热系数，$S_E$ 表示能量源项。

对于固体部分，增加了由温差引起的热变形项：

$$f_T = \alpha_T \cdot \nabla T \qquad (1\text{-}6)$$

其中，$\alpha_T$ 是与温度相关的热膨胀系数。

### 1.1.4 流固耦合方程

同样，流固耦合遵循最基本的守恒原则，所以在流固耦合交界面处，应满足流体与固体应力（$\tau$）、位移（$d$）、热流量（$q$）、温度（$T$）等变量的相等或守恒，即满足如下 4 个方程：

$$\begin{cases} \tau_f \cdot n_f = \tau_s \cdot n_s \\ d_f = d_s \\ q_f = q_s \\ T_f = T_s \end{cases} \qquad (1\text{-}7)$$

**注意** 下标 $f$ 表示流体，下标 $s$ 表示固体。

以上就是流固耦合分析所采用的基本控制方程，为便于分析，可以建立控制方程的通用形式，然后给定各参数以及适当的初始条件和边界条件，统一求解。目前，用于解决流固耦合问题的方法主要有两种：直接耦合式解法（directly coupled solution，也称为 monolithic solution）和分离解法（partitioned solution，也称为 load transfer method）。直接耦合式解法通过把流固控制方程耦合到同一个方程矩阵中求解，也就是在同一求解器中同时求解流体和固体的控制方程

$$\begin{bmatrix} A_{ff} & A_{fs} \\ A_{sf} & A_{ss} \end{bmatrix} \begin{bmatrix} \Delta X_f^k \\ \Delta X_s^k \end{bmatrix} = \begin{bmatrix} B_f \\ B_s \end{bmatrix} \qquad (1\text{-}8)$$

其中，$k$ 表示迭代时间步，$A_{ff}$、$\Delta X_f^k$ 和 $B_f$ 分别表示流场的系统矩阵、待求解和外部作用力。同理，$A_{ss}$、$\Delta X_s^k$ 和 $B_s$ 分别对应固体区域的各项。$A_{sf}$ 和 $A_{fs}$ 代表流固的耦合矩阵。

由于同时求解流固的控制方程，不存在时间滞后问题，所以直接解法在理论上非常先进和理想。但是，在实际应用中，直接解法很难将现有 CFD 和 CSM 技术真正结合到一起，同时考虑到同步求解的收敛难度和耗时问题，直接解法目前主要应用于如压电材料模拟等电磁－结构耦合和热－结构耦合等简单问题中，对流动和结构的耦合只能应用于一些非常简单的研究中，还没有在工业应用中发挥重要的实际作用。

与之相反，流固耦合的分离解法不需要耦合流固控制方程，而是按设定顺序在同一求解器或不同的求解器中分别求解流体控制方程和固体控制方程，通过流固交界面（FS Interface）把流体域和固体域的计算结果互相交换传递。待此时刻的收敛达到要求，进行下一时刻的计算，依次而行求得最终结果。相比于直接耦合式解法，分离解法有时间滞后性和耦合界面上的能量不完全守恒的缺点，但是这种方法的优点也显而易见，它能最大化地利用已有计算流体力学和计算固体力学的方法和程序，只需对它们做少许修改，从而保持程序的模块化；另外分离解法

对内存的需求大幅降低，因此可以用来求解实际的大规模问题。所以，目前几乎在所有商业 CAE 软件中，流固耦合分析都采用的是分离解法。

## 1.2 ANSYS 流固耦合分析

ANSYS 很早便开始进行流固耦合的研究和应用，目前 ANSYS 中的流固耦合分析算法和功能已相当成熟，可以通过或者不通过第三方软件（如 MPCCI）实现 ANSYS Mechanical APDL + CFX、ANSYS Mechanical APDL + FLUENT、ANSYS Mechanical + CFX 的流固耦合分析。

从算法上讲，ANSYS（也包括其他大型商业软件）主要采用分离解法也就是载荷传递法求解流固耦合问题。但从数据传递角度出发，流固耦合分析还可以分为两种：单向流固耦合分析（one-way coupling 或 uni-directional coupling）和双向流固耦合分析（two-way coupling 或 bi-directional coupling）。其中，双向耦合因为求解顺序的不同又可分为顺序求解法（Sequential solution）和同时求解法（Simultaneous solution），图 1-3 简单概括了基于 ANSYS 的耦合分析类型，具体解释如下。

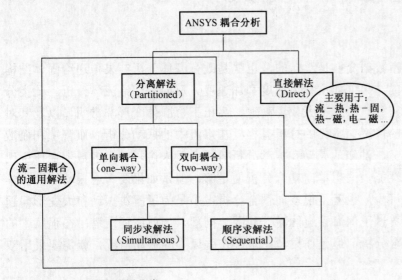

图 1-3  ANSYS 耦合分析分类

### 1.2.1 单向流固耦合分析

单向流固耦合分析指耦合交界面处的数据传递是单向的，一般是指把 CFD 分析计算的结果（如力、温度和对流载荷）传递给固体结构分析，但是没有固体结构分析结果传递给流体分析的过程。也就是说，只有流体分析对结构分析有重大影响，而结构分析的变形等结果非常小，以至于对流体分析的影响可以忽略不计。单向耦合的现象和分析非常普遍，比如热交换器的热应力分析、阀门在不同开度下的应力分析（见图 1-4）、塔吊在强风中的静态结构分析、旋转机械的结构强度分析等都属于单向耦合分析。

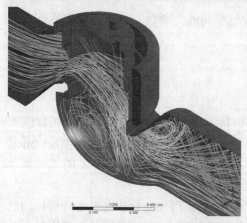 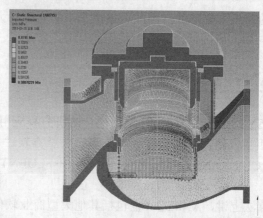

图 1-4 典型的单向耦合分析（阀门结构分析）

另外，已知运动轨迹的刚体对流体的影响分析在某种程度上也可以看作是一种单向耦合分析。如汽车通过隧道时对隧道内部气流的影响分析，快启阀在开启过程中对流体流动的瞬间影响分析等。由于固体运动已知，且固体变形忽略不计，所以此类问题一般可以单独在 CFD 求解器中完成，但是运动轨迹需要通过用户自定义函数设定。

### 1.2.2 双向流固耦合分析

双向流固耦合分析是指数据交换是双向的，也就是既有流体分析结果传递给固体结构分析，又有固体结构分析的结果（如位移、速度和加速度）反向传递给流体分析。此类分析多用于流体和固体介质密度比相差不大或者高速、高压下，固体变形非常明显以及其对流体的流动造成显著影响的情况。常见的分析有挡板在水流中的振动分析、血管壁和血液流动的耦合分析（见图 1-5）、油箱的晃动和振动分析等。一般来讲，对大多数耦合作用现象，如果只考虑静态结构性能，采用单向耦合分析便足够，但是如果要考虑振动等动力学特性，双向耦合分析必不可少，也就是说双向耦合分析很多是为了解决振动和大变形问题而进行的，最典型的例子莫过于深海管道的激振问题。同理，如前所述，塔吊在强风中的静态结构分析属于单向耦合分析，但是如果考虑塔吊在强风中的振动情况，就需要采用双向耦合进行分析。

ANSYS 提供两种类型的求解器来求解双向流固耦合分析，分别是多场求解器 MFS – single code 和多场求解器 MFX – multiple code（见图 1-6）。前者主要基于 ANSYS FLOTRAN 开发，在 ANSYS Mechanical APDL 中单独使用，多用于一些非常简单的小模拟分析。后者基于 ANSYS CFX 开发，旨在联合 ANSYS Mechanical（或 APDL）和 CFX，是比较形象的"耦合"求解器，可用于解决大规模复杂模型。因为不是采用直接耦合解法，所以两种多场求解器都需要迭代求解，不同的是，MFS 只有顺序求解方式（sequential），即指定流固场求解顺序，依次求解；而 MFX 有两种方式，即同步求解（simultaneous）和顺序求解（sequential），可设定固体计算域和流体计算域，分别使用 ANSYS 和 CFX 同时求解，也可以设定二者的优先级，按顺序求解，直到达到收敛标准或者设定的最大迭代数。

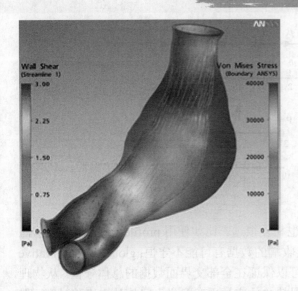

图 1-5　典型的双向耦合分析（动脉瘤分析）

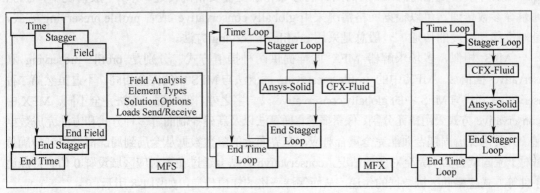

图 1-6　ANSYS 多场求解器求解程序（MFS & MFX）

## 1.2.3　耦合面的数据传递

流固耦合中的数据传递是指将流体计算结果和固体结构计算结果通过交界面相互交换传递。不管是完美对应的流固网格还是相差很大的非对应网格（dissimilar mesh），通过严格设置，ANSYS 多场求解器 MFS 和 MFX 都能很好地完成传递。但是，对于非对应网格的数据传递，传递前的插值运算是必不可少的一步。

多场求解器 MFS 提供两种插值方式，分别是 profile preserving 和 globally conservative 插值法。在 profile preserving 插值法中（见图 1-7 左），数据接收端的所有节点映射到数据发射端的相应单元上，要传递的参数数据在发射端单元的映射点完成插值后，传递给接收端，是一种主动问询式传递。与之相反，globally conservative 插值法（见图 1-7 右）首先把发射端的节点一一映射到接收端单元上，然后把要传递的参数数据按比例切分到各个节点上，对接收端而言，属于被动式传递方式。

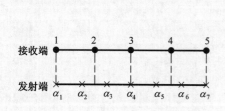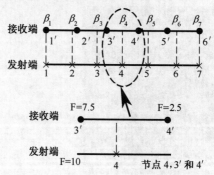

图 1-7　两种数据传递过程示意图

两种插值法出发点和原理不同，所以效果也相差很远。比如使用 profile preserving 插值法传递参数数据时（如力、热通量等），发射端和接收端的数据有可能不守恒；globally conservative 插值法在局部也同样有类似不守恒情况，但是可以保证在全部交界面数据的总体守恒。从物理角度出发，力、热通量等参数在耦合交界面处保持总体守恒更有意义，但是对位移和温度，保持整体上的守恒不是很有意义，反而局部的分布轮廓更需要精确传递。所以一般情况下，对力、热通量等参数传递，可以根据网格情况采用 globally conservative 或者 profile preserving 方式，但是对位移和温度的传递，一般总是采用 profile preserving 方法。

与 MFS 相似，多场求解器 MFX 同样提供两种插值方式，分别是 profile preserving 和 conservative 插值法。MFX 中的 profile preserving 插值法与 MFS 中的完全相同。不过虽然第二种 conservative 方式与 MFS 中的 globally conservative 只一字之差，但原理、方法完全不同。MFX 中的 conservative 方式采用单元分割、像素概念、桶算法以及新建控制面等多种方式和方法完成数据传递，只要确保流固耦合面能完全重合对应，交界面上的参数数据从全局到局部都能得到精确传递。对于流固耦合面不完全对应的情况，conservative 方法会通过在不对应区域设置 0 值、特殊边界条件等方式忽略此区域数据的传递，从而保持严格的守恒传递，如图 1-8 所示。

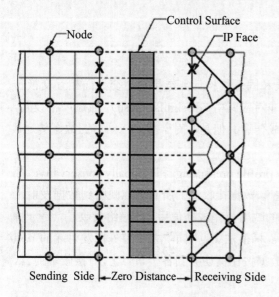

图 1-8　MFX 中 conservative 插值法示意图

### 1.2.4 网格映射和数据交换类型

为了在非相似网格之间传递数据，每个网格上的节点必须映射到对应网格的单元上。在流固耦合分析中，为了传递位移变量，流场耦合面上的节点必须映射到固体耦合面的单元上；为了传递应力，固体耦合面上的节点必须映射到流场耦合面的单元上，也就是一次完整的数据交换传递必须实行两次映射操作（见图1-9）。

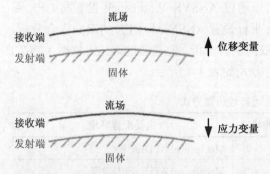

图 1-9 流固耦合的网格映射

由于各场独自的物理属性和特点，流固耦合（也包括热固和热流耦合）分析时，并不是所有数据都能相互交换传递的，比如，流场耦合面的速度参数就不能传递给固体耦合面，固体耦合面的应力分布也不能传递给流场耦合面。表 1-1 至表 1-3 列出了流固耦合（也包括热固和热流耦合）中两场间的传递参数类型。

表 1-1 流–固耦合数据传递（Structural - Fluid Coupling）

| 面载荷传递（Surface Load Transfer） | 结构（Structural） | 流体（Fluid） |
| --- | --- | --- |
| 发射端（Send） | Displacements | Forces |
| 接收端（Receive） | Forces | Displacements |

表 1-2 热–固耦合数据传递（Thermal - Structural Coupling）

| 体载荷传递（Volumetric Load Transfer） | 结构（Structural） | 热（Thermal） |
| --- | --- | --- |
| 发射端（Send） | Displacements | Temperature |
| 接收端（Receive） | Temperature | Displacements |

表 1-3 热–流耦合数据传递（Thermal - Fluid Coupling）

| 面载荷传递（Surface Load Transfer） | 热（Thermal） | 流体（Fluid） |
| --- | --- | --- |
| 发射端（Send） | Temperature/Heat Flux | Temperature/Heat Flux |
| 接收端（Receive） | Heat Flux/Temperature | Heat Flux/Temperature |

## 1.3 ANSYS 流固耦合分析的基本步骤

ANSYS 在原有 Mechanical APDL（也叫 ANSYS Classical）的基础上，相继合并开发了

ANSYS Workbench CFX 和 ANSYS CFX，从 12.0 版本开始又合并集成了另一款著名的计算流体力学软件 FLUENT。通过坚持不懈的努力，ANSYS 流固耦合分析从单向到双向、从简单二维模型到复杂三维模型、从小变形分析到基于动网格或网格重构的大变形分析，功能不断增加，分析能力大幅加强、分析结果日益精确。

同时，由于集成了多个产品，流固耦合的分析使用方法也变得多种多样，比如可以通过 Mechanical APDL Product Launcher 设置基于 MFX 的双向耦合分析，可以通过 Mechanical APDL 本身设置与 CFX 或 FLUENT 的单向耦合分析，可以通过 ANSYS Workbench 设置与 CFX 和 FLUENT 的单向耦合分析，通过 ANSYS Workbench 平台设置 ANSYS 和 CFX 的双向耦合分析，到 13.0 版本虽然还不支持 ANSYS 与 FLUENT 的双向耦合分析，但是通过第三方软件 MPCCI 也可以轻松实现双向耦合分析，具体的可行性设置方式如表 1-4 所示。

表 1-4　ANSYS 流固耦合可行性设置方式

| | 结构软件或模块 | 流体软件或模块 | 主要配置环境 |
| --- | --- | --- | --- |
| 单向耦合分析 | Mechanical APDL | CFX | Mechanical APDL/CFX |
| | Mechanical APDL | FLUENT | Mechanical APDL/FLUENT |
| | Static Structural (ANSYS) | CFX/FLUENT | ANSYS Workbench |
| 双向耦合分析 | Mechanical APDL | FLOTRAN | Mechanical APDL |
| | Mechanical APDL | CFX | Mechanical APDL Product Launcher/CFX |
| | Transient Structural (ANSYS) | CFX | ANSYS Workbench |
| | Mechanical APDL | FLUENT | MPCCI |

因为通过 ANSYS Workbench 设置单向和双向耦合分析有相应的快捷菜单，所以大致过程十分简单，只需注意各个求解器的内部设置即可，此处不做多讲。以下简单介绍一下非 Workbench 方式设置的单向耦合和双向耦合分析的基本步骤。

### 1.3.1　CFX + Mechanical APDL 单向耦合基本设置

对于单向耦合分析，因为没有流场和固体的交错迭代求解，所以，耦合其实主要是指耦合界面处的数据传递。以 CFX-Post 传递耦合面数据的方式创建 ANSYS Mechanical APDL 载荷为例，其单向数据传递过程设置大致如下：

**Step 1**　打开 Mechanical APDL 导入模型，设置结构单元类型、面单元（SURF154）和实参数，然后分别划分结构网格和耦合面网格。完毕后，通过单击 Preprocessor > Archive Model > Write 输出包含所有有限单元信息（DB All Finite Element Information）的 CDB 文件（见图 1-12（左））。

**Step 2**　在 CFX-Post 中打开流体分析的 .res 结果文件。单击 File > ANSYS Import/Export > Import ANSYS CDB Surface。此时，会弹出 Import ANSYS CDB Surface 对话框，见图 1-10 所示。

**Step 3**　在 Import ANSYS CDB Surface 对话框中，指定 File 为之前使用 Mechanical APDL

保存的 CDB 文件，也就是指定目标传递面。然后指定流体分析中的相应面为 Associated Boundary，映射到结构面（目标传递面），并适当设置其他选项。单击 OK 按钮导入 ANSYS CDB 网格。

**Step 4** 此时，只是面面映射完成，接着进行数据传递并导出文件。单击 File>ANSYS Import/Export>Export ANSYS Load File，弹出 Export ANSYS Load File 对话框，见图 1-11 所示。

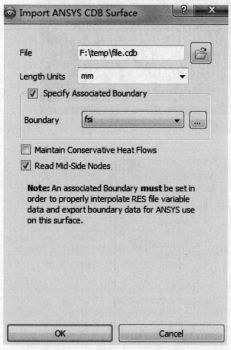

图 1-10　加载 ANSYS .cdb 结构文件

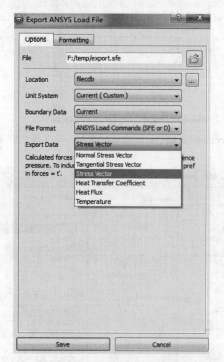

图 1-11　导出 ANSYS .sfe 载荷文件

**Step 5** 在 Export ANSYS Load File 对话框中，设定文件名保存数据。Location 参数值中指定导入的 ANSYS 结构面。File Format 下拉菜单中选择 ANSYS Load Commands (SFE or D)，或者，选择包含所有传递信息的 WB Simulation Input (XML)方式输出。然后，在 Export Data 中选择要输出的数据：Normal Stress Vector, Tangential Stress Vector, Stress Vector, Heat Transfer Coefficient, Heat Flux 或者 Temperature。单击 Save 按钮，ANSYS 载荷数据文件就创建好了。

**Step 6** 回到 Mechanical APDL 界面，单击 File > Read Input From…导入刚才生成的.sfe 载荷文件。然后设置约束等其他边界条件，全部设置完毕后，即可求解，如图 1-12（右）所示。

## 1.3.2　FLUENT+ANSYS 单向耦合基本设置

FLUENT + Mechanical APDL 的单向耦合分析过程与 CFX + Mechanical APDL 单向耦合过程十分相似，单击 File > FSI Mapping > Surface，在弹出的 Surface FSI Mapping 对话框中，指定保存的 ANSYS CDB 文件为 FEA File，单击 Read 按钮，便可以导入 CDB 文件（见图 1-13）。检查无误后，设置对话框右侧的 Output File 属性，单击 Write 按钮可以导出具有载荷信息的新 CDB 文件（注意不是.sfe 文件）。然后在 Mechanical APDL 中通过 Read input from…可以加载新的 CDB 文件完成载荷加载。

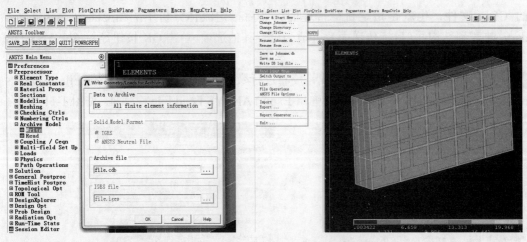

图 1-12 Mechanical APDL 导出 .cdb 文件（左）和加载 .sfe 载荷文件（右）

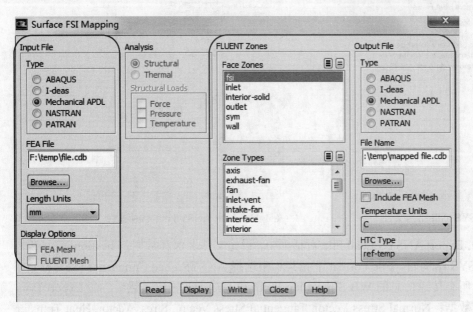

图 1-13 通过 FLUENT 中的 FSI Mapping 导入、导出 CDB 文件

### 1.3.3 通过 Mechanical APDL Product Launcher 设置 MFX 分析

相较于单向耦合分析，双向耦合分析的设置要复杂得多，除了设置求解顺序、求解器之间的数据传递属性外，还需要仔细设定各个求解器的迭代属性等众多相关内容。所以，目前常用的双向耦合分析都是通过 ANSYS Workbench 设置的，ANSYS Workbench 提供了便捷的快捷菜单设置方式，可以方便地完成双向耦合分析的数据传递部分。本书中的双向耦合分析有大量实例，此处不作讲解，下面简单介绍一下通过 ANSYS Mechanical APDL Product Launcher 设置双向耦合分析，大致设置步骤如下：

**Step 1** 打开 ANSYS Mechanical APDL Launcher，在 Simulation Environment 中选择 MFX - ANSYS/CFX。然后选择 License 为 ANSYS Multiphysics（见图 1-14）。

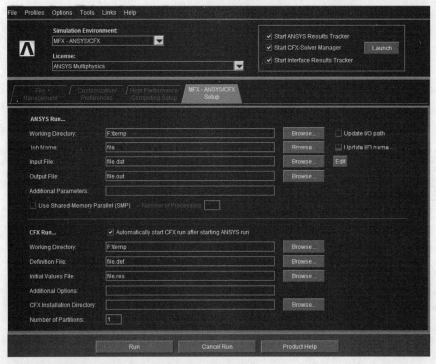

图 1-14　ANSYS Mechanical APDL Launcher 窗口

Step 2　在 MFX - ANSYS/CFX Setup 选项卡中，设置 ANSYS Run…属性，如 Working Directory、Job name 等。

Step 3　设置 CFX Run…属性，如 Working Directory、Definition File、Initial Values File 等。

Step 4　单击 Run 按钮。

通过 ANSYS Mechanical APDL Product Launcher 设置 MFX 分析时，ANSYS 和 CFX 会自动启动，用户需要分别设置其属性和参数。同时，需要在本地机器使用 CFX，如果想在不同机器运行 CFX，需要通过命令流方式设置，参见 ANSYS 帮助文件中的 Starting an MFX Analysis via the Command Line。

## 1.4　本章小结

本章简要介绍了流固耦合分析的基本概要，给出了流固耦合分析的基本方程和方法，接着介绍了应用 ANSYS 进行流固耦合分析的基本类型和工作过程。本章的目的是让读者对流固耦合分析有一个总体上的认识，了解流固耦合分析的基本思路。作为本书的基础，读者必须将其中的基本概念和流程搞清，因为本章介绍的相关内容是应用 ANSYS 进行流固耦合分析必须掌握的前提。需要说明的是，流固耦合分析的基础知识和分析方法远不止这些，基于其他商业软件的耦合分析也多种多样，需要读者通过阅读其他理论文献和软件说明来加强理解体会。

# 2

# 单向流固耦合分析

不管从理论还是实际应用角度来说,单向耦合都是最简单、最基本的耦合分析,也是最实用的流固耦合分析。在大部分工程应用领域中,单向耦合分析都能较好地完成任务,取得理想的分析结果。本章通过大量的经典案例讲解单向流固耦合分析的流程、方法以及注意事项。

本章内容包括:
- ✓ 单向流固耦合分析基础
- ✓ 三通管的热强度计算
- ✓ 风力发电叶片及支架整体分析
- ✓ 轴流叶片的应力分析
- ✓ 燃烧室流场计算及热变形分析
- ✓ 水流冲击平板分析
- ✓ 泥浆搅拌器预应力下的模态分析

## 2.1 单向流固耦合分析基础

本节进一步讲解单向流固耦合分析的流程、用到的模块以及注意事项。图 2-1 显示了单向流固耦合分析的基本流程。

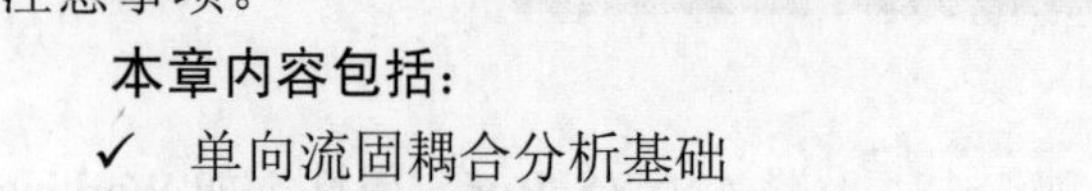

图 2-1 单向流固耦合分析流程

实际操作上,最基本的流固耦合分析可以通过双击 ANSYS Workbench 中 Custom System 下的 FSI: Fluid Flow (CFX) > Static Structural 或 FSI: Fluid Flow (FLUENT) > Static Structural 来添加,如图 2-2 所示。

很明显,这样添加的流固耦合分析用到的是 Toolbox 中的 Fluid Flow (CFX)、Fluid Flow

(FLUENT)和 Static Structural 模块，流体分析模块没有特别指示，但是固体分析是稳态分析。

其实，也可以通过 Toolbox 中的各个模块或者右击流体分析模块中的 Solution 单元来建立更符合要求或者更复杂的单向流固耦合分析，如图 2-3 所示。这样做的好处是：可以采用流体分析结果作为载荷来实现瞬态结构分析，或者在流固分析之间添加热分析模块实现"流固热"耦合分析。

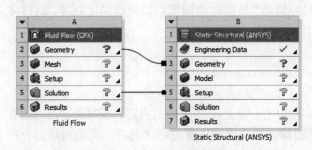

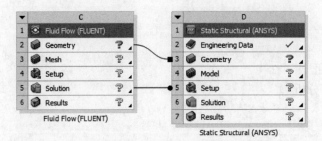

图 2-2 典型的 FSI 流固耦合分析（通过 ANSYS Workbench 实现）

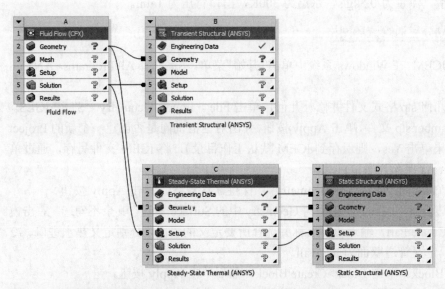

图 2-3 典型的 FSI 流固耦合分析（通过 ANSYS Workbench 实现）

单向流固耦合分析的操作应用简单直接，也因为其设置简单，所以不像双向耦合分析那样，如果设置不合理或者错误，就会有错误提示甚至中断计算，因此在设置单向耦合分析的时候要特别小心。

目前来看，单向流固耦合中经常发生错误也是难点之处主要是流固面数据的映射传递。由于在大多数情况下，流固耦合分析的模型都做过简化处理，如在流体模型中删除倒角、微槽或小凸台面等不重要分析，但是在结构分析中保留这部分特征，类似"不等简化"很容易造成数据传递的不完整、错误，乃至最终结构分析结果的不准确和错误。所以，用户在模型处理时就要仔细考虑好模型各部分的作用，秉着"同等简化"原则对流固模型做相似简化处理，这样才能保证数据传递正确无误，这点需要用户特别注意。

## 2.2 三通管的热强度计算

三通管是工程中常见的结构，它的主要应用之一就是冷热流体的掺混。本例通过对三通管的流场及结构分析来显示 CFX 处理单向流固耦合热强度的计算过程。其中，流场网格划分在 ICEM 中完成，流场计算在 CFX 中完成，固体网格划分及分析在 Workbench 平台下完成，读者通过本章可以学习到：

- ICEM 划分网格
- CFX 三通管流场分析基本设置
- CFX 与 Workbench 单向数据传递
- Workbench 实现单向耦合热强度分析

### 2.2.1 问题描述

三通管基本尺寸如图 2-4 所示。管径为 100mm，右侧流入热水，流量为 0.2kg/s，水温为 370K，顶端流入冷水，流量为 0.5kg/s，水温为 300K，出口背压为 1atm。

### 2.2.2 ICEM CFD 划分三通管流场网格

Step 1　启动 ICEM。在 Windows 系统中单击"开始"菜单，然后选择 All Programs> ANSYS 12.1>Meshing>ICEM。

Step 2　导入几何 stp 格式文件并修补几何，单击 File > Import Geometry > STEP/IGES。选择 Combustion chamber.stp 文件，单击 Apply 按钮。弹出对话框询问是否创建一个新的 Project 文件，单击 No（如果单击 Yes，则保存到 ICEM 默认工作目录），将 ICEM 文件另存，通过单击 File > Save Project As 保存到指定目录。

Step 3　单击 Geometry > Repair Geometry，保持默认设置，单击 Apply 按钮。

Step 4　定义边界条件表面。将模型树 Geometry 中的 Surface 勾选，其余不勾选。右击模型树中 Parts，选择 Create Part，输入边界名称并选择所要定义的表面，分别定义热水进口、冷水进口、压力出口，定义管道壁面为 hc_wall。

Step 5　创建 Block。单击 Block>Create Block，然后单击 Apply 按钮。

Step 6　分割 Block。运用 Split Block 功能将 Block 切割。单击 Split Block > Split Method > Prescribed point，按照进口半圆中心切割，将 Block 切割成四个部分。

Step 7　划分 O 型网格。单击工具栏上的 Block>Split Block，选择如图 2-5 所示的块及面，单击 Apply 按钮。同样操作，划分另一半 O 型网格。

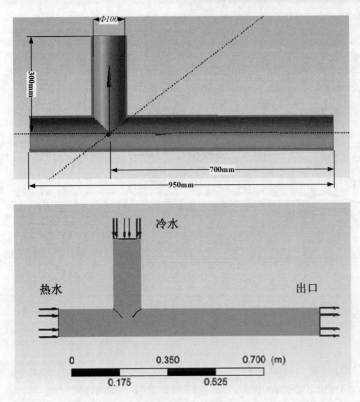

图 2-4 三通管结构和 CFD 模型

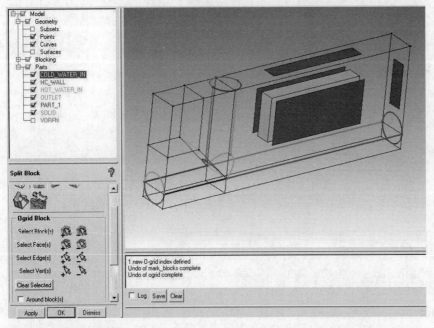

图 2-5 划分 O 型网格

Step 8 将三通管进出口及相贯线 Block 的 Edge 对应至实体 Curve。单击 Block > Associate > Associate Edge to Curve，并勾选 Project vertices。对应结果如图 2-6 所示。

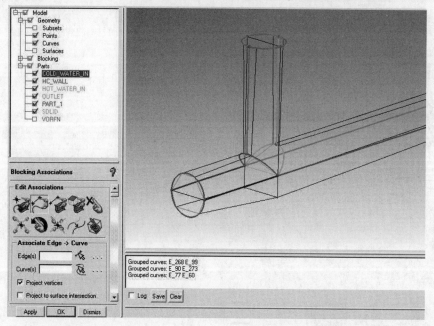

图 2-6 对应 Curve 至 Edge

**Step 9** 将 Edge 对齐。单击 Vertices > Align Vertices，在 Along edge direction 中选择要对齐的边，如图 2-7 所示，Reference vertex 选择基准点。对齐结果如图 2-8 所示。

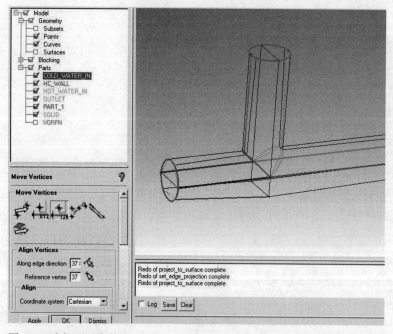

图 2-7 选择要对齐的 Edge

**Step 10** 进一步切割 Block。将 Block 在进口处平均切分成两半，通过单击 Split Block > Split Method > Relative，然后单击再次对应，切割结果如图 2-9 所示。

**Step 11** 划分 O 型网格。选择所有 Block 及进出口端面，如图 2-10 所示。

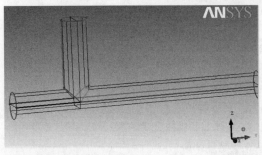

图 2-8　对齐 Edge 后的结果

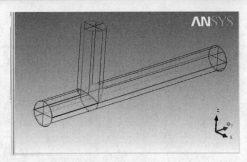

图 2-9　再次切割 Blcok

**Step 12**　定义网格尺寸。单击 Mesh > Global Mesh Parameters，在 Global Element Seed Size 中输入 10，单击 Apply 按钮。单击 Block>Pre-Mesh Params，选择 Update All，单击 Apply 按钮。

**Step 13**　对边界层处网格进行加密。单击 Block > Pre-Mesh Params > Meshing，选择进口方向离壁面最近的 Edge，并勾选 Copy Parameters。将 Mesh Law 选择 Line，在 Nodes 中输入 12，按照如图 2-11 所示调整网格。

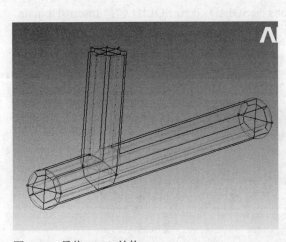

图 2-10　最终 Block 结构

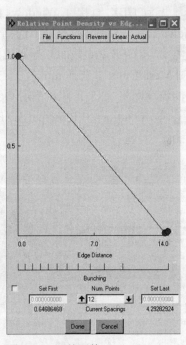

图 2-11　调整网格

**Step 14**　输出网格。勾选模型树中的 Block > Pre-Mesh 可以查看网格，网格如图 2-12 所示。单击 File > Mesh > Load from Blocking。然后单击 Output > Select Solve，在 Common Structural Solver 中选择 ANSYS，单击 Output Solver，选择 ANSYS CFX，单击 Apply。单击 Output 中 Write input，输出.cfx5 文件。

## 2.2.3　利用 CFX 求解三通管流场

本节主要讲述 CFX 求解甲烷燃烧流场，以及流场后处理技巧，可以学习 CFX 流场基本设置和后处理的技巧。

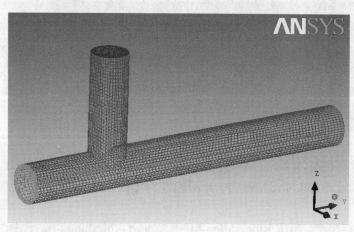

图 2-12 三通管网格

1. 创建流域并设置边界条件

Step 1　启动 CFX。直接在 Windows 的"开始"菜单中启动 CFX，然后双击 CFX-Pre 12.1，单击 File>New Case，在弹出的菜单中选择 General，新建一个文件。

Step 2　进入 CFX-Pre 截面，导入流场网格。单击 File > Import > Mesh，在弹出的对话框中，在右侧 Mesh Units 中选择 mm，在下方 Files of Type 中选择 ICEM CFD(*cfx*cfx5*msh)，选择划分好的流场网格 cfx5 文件，单击 Open 按钮。

Step 3　单击 Outline 中 Principal 3D Regions 的 SOLID，右击 SOLID 选择 Insert>Domain，如图 2-13 所示。

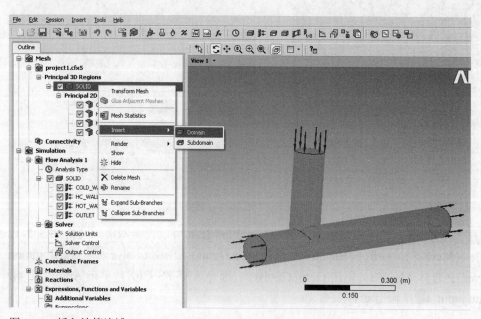

图 2-13 插入计算流域

Step 4　双击 Simulation 中 Flow Analysis 1 中的 SOLID，进行如表 2-1 所示的设置。

表 2-1  设置 SOLID 参数

| Tab | Setting | Value |
| --- | --- | --- |
| Basic Settings | Fluid and Particle Definitions | Fluid 1 |
| | Fluid and Particle Definitions> Fluid 1 > Material | Water |
| | Domain Models > Pressure > Reference Pressure | 1 [atm] |
| | Buoyancy > Option | Non Buoyant |
| | Domain Models > Mesh Deformation > Option | Stationary |
| Fluid Models | Heat Transfer > Option | Thermal Energy |
| | Turbulence > Option | K-Epsilon |
| | Wall Function | Scalable |

由于本例中流场计算相对简单,故没有进行初始化设置。

**Step 5** 单击 OK 按钮完成设置。

**Step 6** 设定冷水进口边界条件。单击 Outline 中 Principal 2D Regions 的 Cold_WATER_IN,右击 Cold_WATER_IN 选择 Insert>Boundary,选择 Inlet,如表 2-2 所示进行设置。

表 2-2  设置 Inlet 的冷水流入参数

| Tab | Setting | Value |
| --- | --- | --- |
| Basic Settings | Boundary Type | Inlet |
| | Location | Cold_WATER_IN |
| Boundary Details | Mass And Momentum > Option | Mass Flow Rate |
| | Mass Flow Rate | 0.5[kgs^-1] |
| | Flow Direction | Normal to Boundary Condition |
| | Turbulence | Medium(Intensity=5%) |
| | Heat Transfer | Total Temperature |
| | Total Temperature | 300K |

**Step 7** 单击 OK 按钮完成设置。

**Step 8** 设定热水进口边界条件。单击 Outline 中 Principal 2D Regions 的 Hot_WATER_IN,右击 Hot_ WATER_IN 选择 Insert>Boundary,选择 Inlet,如表 2-3 所示进行设置。

表 2-3  设置 Inlet 的热水流入参数

| Tab | Setting | Value |
| --- | --- | --- |
| Basic Settings | Boundary Type | Inlet |
| | Location | Hot_WATER_IN |
| Boundary Details | Mass And Momentum > Option | Mass Flow Rate |
| | Mass Flow Rate | 0.2[kgs^-1] |
| | Flow Direction | Normal to Boundary Condition |
| | Turbulence | Medium(Intensity=5%) |
| | Heat Transfer | Total Temperature |
| | Total Temperature | 373K |

**Step 9** 单击 OK 按钮完成设置。

**Step 10** 设定外壁面边界条件。单击 Outline 中 Principal 2D Regions 的 HC_WALL，右击 HC_WALL 选择 Insert>Boundary，选择 Wall，如表 2-4 所示进行设置。

表 2-4 设置 HC_WALL 的参数

| Tab | Setting | Value |
| --- | --- | --- |
| Basic Settings | Boundary Type | Wall |
| | Location | HC_WALL |
| Boundary Details | Mesh Motion > Option | No Slip Wall |
| | Wall Roughness > Option | Smooth Wall |
| | Heat Transfer > Option | Adiabatic |

**Step 11** 单击 OK 按钮完成设置。

**Step 12** 设定出口边界。单击 Outline 中 Principal 2D Regions 的 OUTLET，右击 OUTLET 选择 Insert>Boundary，选择 Outlet，如表 2-5 所示进行设置。

表 2-5 设置 Outlet 的参数

| Tab | Setting | Value |
| --- | --- | --- |
| Basic Settings | Boundary Type | Outlet |
| | Location | OUTLET |
| Boundary Details | Mass And Momentum > Option | Average Static Pressure |
| | Relative Pressure | 0 [atm] |

**Step 13** 单击 OK 按钮完成设置。

2. 设置求解器属性

**Step 1** 单击 Solver Control 图标，按如表 2-6 所示进行设置。

表 2-6 设置求解控制的参数

| Tab | Setting | Value |
| --- | --- | --- |
| Basic Settings | Convergence Control > Min. Iteration | 1 |
| | Convergence Control > Max. Iteration | 10 |
| Convergence Criteria | Residual Type | RMS |
| | Residual Target | 1E-05 |

**Step 2** 单击 OK 按钮完成并退出设置。

3. 计算结果监测

**Step 1** 单击 CFX 工具栏中的 Define Run 按钮，保存 def 文件。在弹出的 Define Run 对话框中，单击 Start Run 按钮开始计算。

**Step 2** 迭代 45 步左右收敛，收敛情况如图 2-14 所示。

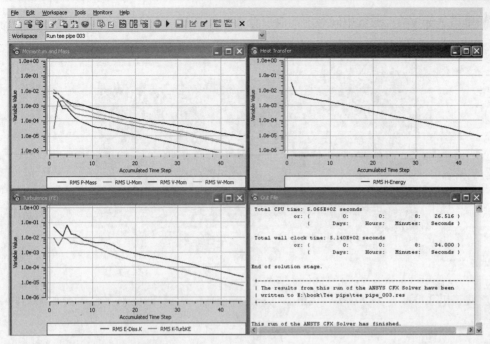

图 2-14 三通流场计算收敛情况

4. 查看三通管流场计算结果

**Step 1** 在 Solve 完成后单击 👁，在弹出的是否进行后处理对话框中，单击 OK 按钮，如图 2-15 所示。

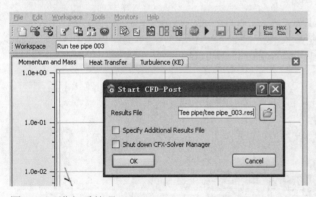

图 2-15 进入后处理 CFD-Post

**Step 2** 建立中间截面，查看流场分度分布。单击 Location>Plane，在 Name 中输入 Temperature plane，在 Method 中选择 YZ plane，按如表 2-7 所示进行设置。

表 2-7 中间截面的参数设置

| Tab | Setting | Value |
| --- | --- | --- |
| Color | Mode | Variable |
|  | Variable | Temperature |
|  | Range | Global |

Step 3  单击 Apply，三通管中间截面的温度分布如图 2-16 所示。

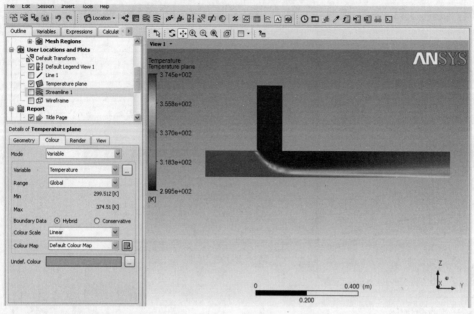

图 2-16  三通管中间截面的温度分布

Step 4  查看流线。单击工具栏中的 ⧹，保持默认名称，单击 OK 按钮，在 Start From 中单击 ... 按钮，按住 Ctrl 键，选择 COLD_WATER_IN 和 HOT_WATER_IN，其余保持默认设置，单击 Apply 按钮，流线分布如图 2-17 所示。

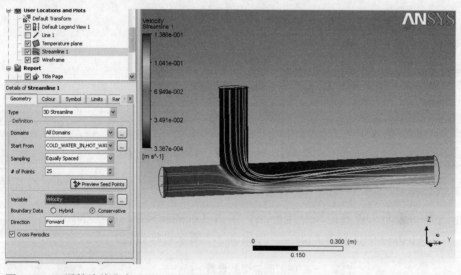

图 2-17  三通管流线分布

Step 5  查看长管中心线温度分布。

Step 6  建立中心线。单击 Location >Line，在 Point1 中输入 0,-0.25,0，在 Point2 中输入 0,0.75,0。在 Samples 中输入 100（默认为 10，改为 100 后显示的曲线较为平滑），单击 Apply 按钮。

Step 7  单击工具栏中的按钮,弹出 Details of Chart 1 对话框,在 General Title 中输入曲线标题名称为 Temperature of axis,在 Date Series 中单击鼠标右键,选择 New,在 Name 中输入曲线名称为 Temperature,在 Location 中选择 Line。X Axis 中的 Variable 选择 y,Y Axis 中的 Variable 选择 Temperature,单击 Apply 按钮,显示的中心线温度沿 y 方向分布曲线如图 2-18 所示。

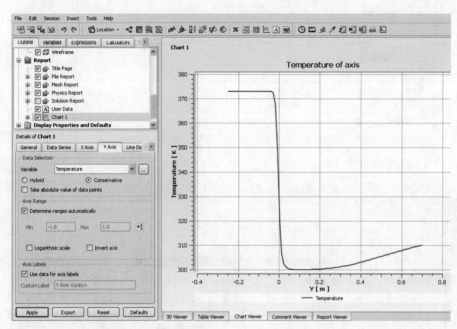

图 2-18  中心线温度沿 y 方向分布曲线

## 2.2.4 利用 Workbench 进行三通管热强度分析

本节从固体网格划分开始逐步介绍结构分析的设置,通过这个分析流程读者可以掌握 CFX 分析的结果文件添加至结构分析、添加流固耦合面及设定约束以及热变形分析的基础。

Step 1  启动 Workbench 平台,双击 Toolbox Custom System 中的 Thermal-Stress,调入热强度耦合分析模块。

Step 2  双击 Toolbox Analysis Systems 中的 Fluid Flow(CFX)调入流体 CFX 模块,如图 2-19 所示。

Step 3  导入计算好的 CFX 结果文件。右击 Fluid Flow(CFX)中的 Solution,选择 Import Solution,如图 2-20 所示,在弹出的对话框中选择计算好的三通管流场 res 文件,单击 OK 按钮。

Step 4  将流场模块与结构模块耦合。单击 Fluid Flow(CFX)中的 Solution,拖动至 Steady-State Thermal(ANSYS)中的 Setup 及 Static Structural(ANSYS)中的 Setup 中去,如图 2-21 所示。

Step 5  导入几何模型。右击 Steady-State Thermal(ANSYS)中的 Geometry,导入管路固体域几何 stp 文件。并双击 Geometry,进入几何模型处理界面,单位选择 meter。

Step 6  划分固体网格。双击 Steady-State Thermal(ANSYS)中的 Model,进入网格划分及求解界面。对模型进行网格划分,右击 Mesh,在快捷菜单选择 Insert > Sizing,在 Geometry 中选择整个管道 body,在 Element Size 中输入 10mm,如图 2-22 所示。

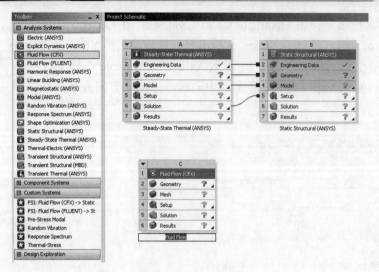

图 2-19 启动热强度分析及 CFX 流体分析模块

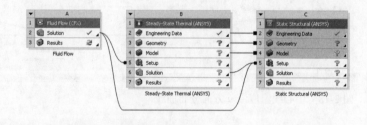

图 2-20 导入流场计算结果　　　图 2-21 链接流体模块与结构模块

Step 7 设置完毕后，右击 Mesh，单击 Generate，生成的网格如图 2-23 所示。

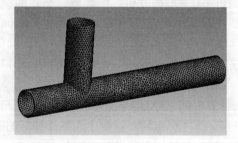

图 2-22 设置网格尺寸　　　图 2-23 三通管结构网格

Step 8 加载流场温度。在 Steady-State Thermal 的 Imported Load 中，选择 Insert Temperature，在左下角对话框中 Geometry 选择圆管内壁面，CFD Surfaces 中选择 hc_wall，然后右击 Imported Load (Solution)下面的 Import Temperature，单击 Import Load，表示将流体壁面温度加载到固体上，此时将进行流固耦合面间的数据传递，需要等待一段时间，加载后温度如图 2-24 所示（单击工具栏中的 View，选择 Wireframe）。

单向流固耦合分析 第 2 章

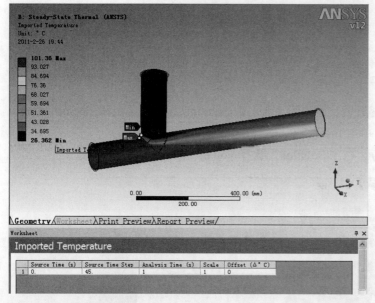

图 2-24 加载流体温度场

> **注意** Initial Temperature 对分析结果的影响十分重要，不同问题初始温度的设置会有不同，本例中保持默认设置。

**Step 9** 加载流场压力。添加流场压力载荷，右击 Static Structural 中的 Imported Load (Solution)，选择 Insert > Pressure，在 Geometry 中选择流体内壁面，在 CFD Surface 中选择 hc_wall，然后右击 Imported Load (Solution)下面的 Import Pressure，单击 Import Load。

**Step 10** 添加位移约束。右击 Static Structural，选择 Insert > Displacement，选择热水端进口及出口，在 Y Component 中输入 0，X Component 和 Z Component 中选择 Free，如图 2-25 所示，然后单击鼠标中键确定。同样操作添加冷端进水口的 Z Component 为 0。添加位移约束后如图 2-26 所示。

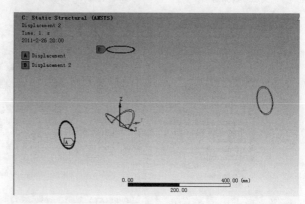

图 2-25 设置位移约束　　　　　　图 2-26 位移约束添加位置

> **注意**  对于三通管道，其支管一般都很长，我们模拟的只是两个管道交汇的地方，此种情况下，管路受到外部环境温度的变化可能会产生径向的膨胀变形，但是其总长度方向是不变的，因此本例中对管子的进出口添加位移约束，假设其在长度方向上位移为 0，径向方向自由约束。

**Step 11** 添加并求解总变形量及等效应力。右击 Solution，单击 Insert > Deformation > Total。然后再次右击 Solution，单击 Insert > Stress > Equivalent。

**Step 12** 求解结构热应力。右击 Solution，选择 Solve，如图 2-27 所示。

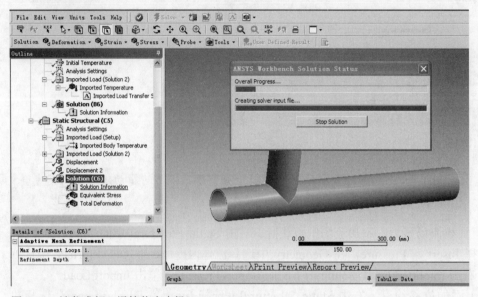

图 2-27　迭代求解三通管热应力场

**Step 13** 查看应力分布及变形量。求解结束后，双击 Solution 下面的 Equivalent 和 Total Deformation 查看应力及变形图，如图 2-28 和图 2-29 所示。

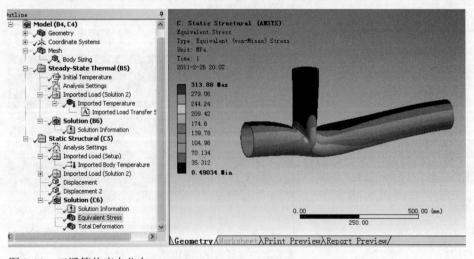

图 2-28　三通管热应力分布

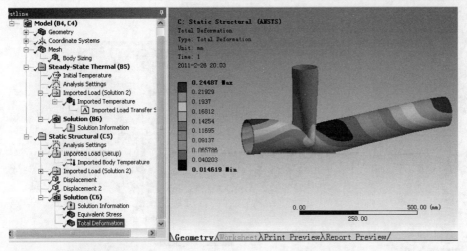

图 2-29　三通管热变形分布

## 2.3　风力发电叶片及支架整体分析

随着全球风电需求的不断增加和对风电研究要求的不断提高，CFD 和 FEM 已经越来越广泛地应用于风机叶片等的设计之中。本例通过风力发电叶片和支架整体分析来演示单向流固耦合分析在风力发电中的应用。其中，结构分析在 Transient Structural (ANSYS)中进行，而流体分析在 CFX 中进行。因为是单向流固耦合分析，只需要提取流体计算的结果施加到固体计算中即可，所以并没有使用 ANSYS 的耦合求解器。本例从导入结构模型开始，建立旋转域流场、外流场到网格划分，再到流体分析设置、计算，到最终结构分析，一步步进行讲解。读者通过本章可学习到：

- 模型前处理技巧
- 旋转域的设置
- 单向流固耦合的设置
- 分析结果的后处理

### 2.3.1　问题描述

X 型水平轴风力机由某研究所设计，如图 2-30 所示。塔架为钢管型，底座直径 2.4m，高（风轮中心离地）25m，抗风能力为风速 60m/s。桨叶 3 片，风轮直径 21m，额定设计风速 14m/s，风轮转速 55r/min。要求验证在额定工作环境下风机叶片及支架的整体安全性。

分析开始前需要准备几何文件。本例中风机叶片和支架模型已经建立完毕，导入 wind turbo.agdb 就可进行后续处理。

在 Windows 系统中单击"开始"菜单，然后选择 All Programs > ANSYS 12.1 > Workbench。开启 ANSYS Workbench，选择 File > Save 或者单击 Save 按钮 。在出现的"另存为"对话框中，选择存储路径保存项目文件。在文件名处输入 wind turbo，然后单击"保存"按钮。

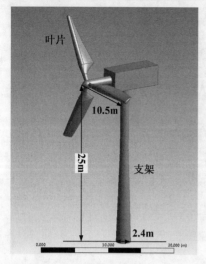 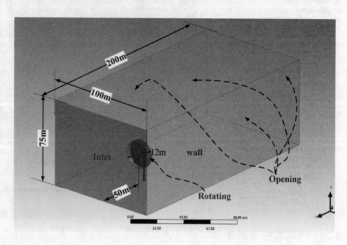

图 2-30 风机模型

>  如果要预览项目文件和相应的文件夹，可以通过 Files View 查看。从 ANSYS Workbench 的主菜单选择 View > Files。

### 2.3.2 几何模型处理

几何模型处理部分主要介绍如何导入已有模型和如何运用 DesignModeler 中的 Import、Primitives、Boolean 等操作功能进行旋转域和外流场的建模。

**Step 1** 展开 ANSYS Workbench 窗口左侧的 Component Systems 工具箱，双击其中的 Geometry 模块，或者左键按住并拖动其到右侧的 Project Schematic 区。

**Step 2** 右击 Geometry 单元，选择 Import Geometry > Browse。在弹出的"打开"对话框中，选择 wind turbo.agdb 文件，单击 OK 按钮退出。

**Step 3** 双击 Geometry A2 单元，或者右击然后选择 Edit，进入 DesignModeler 进行模型处理。

**Step 4** 在出现的"单位"对话框中选择 Meter 单位制。

**Step 5** 单击 Create>Primitives>Cylinder，建立圆柱形旋转域，此旋转域必须包含所有叶片和一部分转轴。具体尺寸设置如图 2-31 所示。

| Details of Cylinder1 | |
|---|---|
| Cylinder | Cylinder1 |
| Base Plane | XYPlane |
| Operation | Add Frozen |
| Origin Definition | Coordinates |
| ☐ FD3, Origin X Coordinate | -2.7 m |
| ☐ FD4, Origin Y Coordinate | 0 m |
| ☐ FD5, Origin Z Coordinate | 0 m |
| Axis Definition | Components |
| ☐ FD6, Axis X Component | 4 m |
| ☐ FD7, Axis Y Component | 0 m |
| ☐ FD8, Axis Z Component | 0 m |
| ☐ FD10, Radius (>0) | 12 m |
| As Thin/Surface? | No |

| Details of Boolean4 | |
|---|---|
| Boolean | Boolean4 |
| Operation | Subtract |
| Target Bodies | 1 Body |
| Tool Bodies | 1 Body |
| Preserve Tool Bodies? | Yes |

图 2-31 旋转域尺寸设置

**Step 6** 单击 Create>Boolean>Subtract，做布尔运算切除叶片模型，为了随后再次利用叶片模型，在 Preserve Tool Bodies？选择 Yes，保留叶片模型。

**Step 7** 旋转域设置完毕后，开始建立方形外流场。单击 Create>Primitives>Box，为了消除尺寸对分析结果的影响，外流场应足够大。具体尺寸设置如图 2-32 所示。

**Step 8** 再次做布尔运算，切除旋转域和风机模型，同理，为了方便后续操作，此处保留两个 Tool bodies（旋转域和风机）。

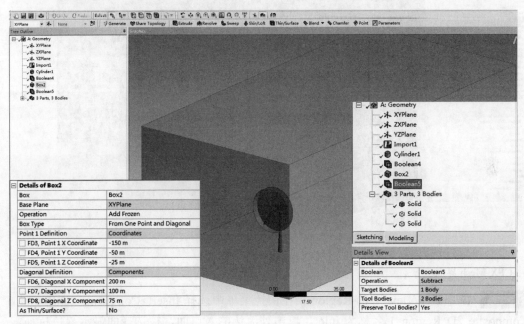

图 2-32　外流场尺寸设置及布尔操作

### 2.3.3　流场网格划分

这一步主要运用 Mesh 模块划分、生成需要的计算网格。

**Step 1** 创建 Mesh 模块，拖拽 Geometry A2 到 Mesh B2，把修改好的几何模型导入 Mesh 模块，如图 2-33 所示。

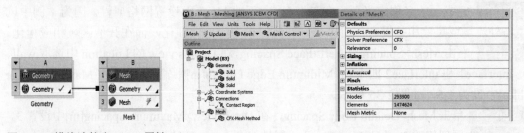

图 2-33　模块连接和 Mesh 属性

**Step 2** 展开 Project > Model > Geometry，可以看到三个 Solid 体。

**Step 3** 因为流体计算并不需要结构体，所以，Suppress 风机模型只保留流体域，Solid 体被 Suppress 后，显示 x 形标记。

31

Step 4 单击 Project>Model (B3)>Mesh，在 Detail of "Mesh"中修改 Solver Preference 值为 CFX。

Step 5 右击 Mesh 下的 CFX-mesh Method，在弹出的快捷菜单选择 Edit in CFX-Mesh，进入 CFX meshing，如图 2-34 所示。

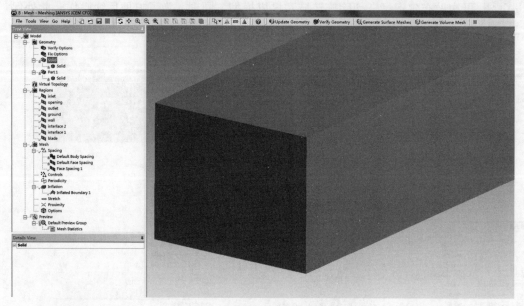

图 2-34  CFX-Mesh 界面

Step 6 右击 Tree View 下的 Regions，在快捷菜单中选择 Insert>Composite 2D Region，更改 Composite 2D Region 1 名称为 inlet。单击外流场的入口面，被选择面显示绿色特征，然后单击 Details view 下的 Location>Apply 完成 inlet 面定义，此时被选择面变为红色，表示已经完成设置。

Step 7 同理，完成其他区域的命名。其中，outlet 为风机背面的出风面，ground 为地面，wall 为风机支架部分表面，blade 为风机叶片和主轴前端表面，interface1 和 2 分别定义圆柱形旋转域的外表面和与其接触的外流场的内腔面。这些组面会导入随后的 Fluid 系统中，方便边界条件的设置。

Step 8 完成面的名称定义后，在 Tree View 下的 Mesh 中设置网格属性。因为本例中风机模型与外流场域尺寸相差极大，所以最好在风机模型附近做细化，而在其他区域相应粗化。

Step 9 右击 Mesh>Spacing>Insert>Face Spacing，在 Details view 的 Location 中选取 wall、blade、interface1 和 interface2 四个面，Minimum Edge Length[m]中输入 0.1，在 Maximum Edge Length[m]中设为 1.5，如图 2-35 所示。

Step 10 单击 Mesh>Default Body Spacing，在 Detail View>Maximum Spacing[m]中设置 3。

Step 11 同理修改 Default Face Spacing 属性，Minimum Edge Length[m]为 0.5，Maximum Edge Length[m]为 3。

Step 12 设定好自由网格属性后，需要设定边界层网格属性。右击 Mesh 下的 Inflation，单击 Insert>Inflated Boundary，在 Details view 下的 Location 中选取 wall 和 blade 两个组面，设定 Maximum Thickness[m]为 1.5。

单向流固耦合分析　第 2 章

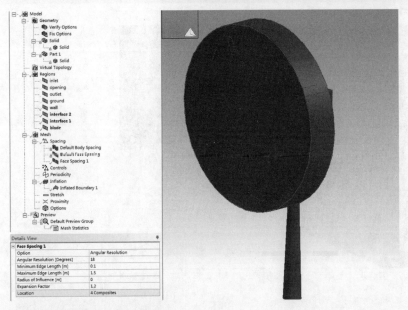

图 2-35　局部细化的区域设置

Step 13　因为本例中风机形状复杂，所以只采用自由网格方法也就是四面体网格划分。至此，网格属性设置已全部完成。

Step 14　可以单击主菜单 Go>Generate Volume Mesh 直接生成网格，也可以先单击 Go>Generate Surface Meshes 预览面网格生成情况。

Step 15　最终生成的网格如图 2-36 所示，忽略 Warning 信息，但是如果出现 Error，必须处理后重新划分网格。

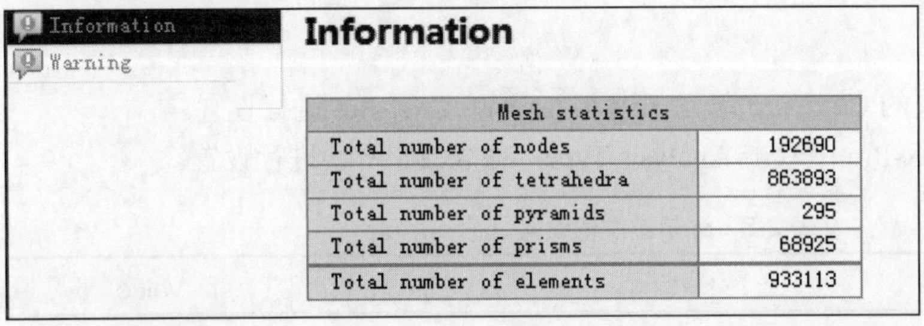

| Mesh statistics | |
|---|---|
| Total number of nodes | 192690 |
| Total number of tetrahedra | 863893 |
| Total number of pyramids | 295 |
| Total number of prisms | 68925 |
| Total number of elements | 933113 |

图 2-36　Mesh 信息

Step 16　单击菜单栏 File>Close CFX-Mesh，退出 CFX-Mesh，进入 Mesh-Meshing。

Step 17　为了更好地查看内部网格情况，可以应用 New Section Plane 功能把整个网格模型在 XY 平面抛开，如图 2-37 所示。

Step 18　单击 Mesh 工具条的 Update 图标 Mesh ≶Update，更新文件。

Step 19　单击 File>Close Meshing，退出 Meshing，返回 Project Schematic 区。

## 2.3.4　流体分析设置

本节主要讲述如何设置边界条件和求解器属性等，通过这些设置的讲解，可以进一步掌握参数的含义以及设置方法。

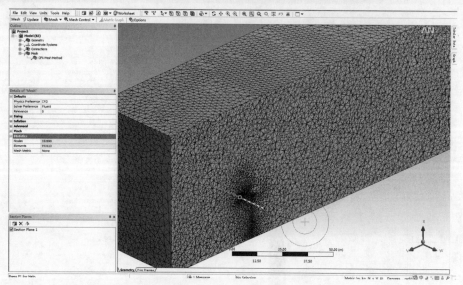

图 2-37 Mesh 模型

1. 设置分析类型

**Step 1** 把划分好的 Mesh 文件导入 CFX-Pre 进行流体计算。右击 Mesh 模块 B3 >Transfer Data to New > CFX，自动生成并连接 CFX 模块，如图 2-38 所示。

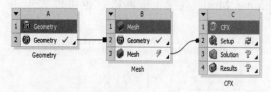

图 2-38 新建 CFX 模块

**Step 2** 双击 CFX 模块的 C2 Setup 单元，进入 ANSYS CFX-Pre 进行设置。

**Step 3** 在 ANSYS CFX-Pre 中双击 Analysis Type，如表 2-8 所示进行设置。

表 2-8 分析类型的设置

| Tab | Setting | Value |
| --- | --- | --- |
| Basic Settings[a] | External Solver Coupling > Option | None |
| | Analysis Type > Option | Steady State |

[a] 因为本例为稳态分析，两项设置其实都是默认值。

**Step 4** 单击 OK 按钮退出。

2. 创建旋转域

遵循从简到难的原则，首先创建旋转域，为了达到风机叶片旋转的目的，旋转域必须采用 Rotating motion 设置。

**Step 1** 右击 Simulation 下的 Flow Analysis 1>Insert>Domain，在出现的对话框中输入名称 Rotating，然后单击 OK 按钮。

**Step 2** 在弹出的 Rotating 域选项中，如表 2-9 所示进行设置。

表 2-9 设置 Rotating 域属性

| Tab | Setting | Value |
| --- | --- | --- |
| Basic Settings | Location and Type>Location | B102 |
| | Location and Type>Domain Type | Fluid Domain |
| | Fluid and Particle Definitions | Fluid 1 |
| | Fluid and Particle Definitions > Fluid 1 > Material | Air at 25 C |
| | Domain Models > Pressure > Reference Pressure | 1 [atm] [a] |
| | Domain Motion>Option | Rotating |
| | Domain Motion>Angular Velocity | 55 [rev min^-1] |
| | Axis Definition > Option | Coordinate Axis |
| | Axis Definition > Rotation Axis | Global X |
| Fluid Models | Heat Transfer > Option | Isothermal |
| | Heat Transfer > Fluid Temperature | 25 [C] |
| | Turbulence > Option | Shear Stress Transport |
| | Turbulence > Wall Function | Automatic |

[a] 参考压力并不影响最终计算结果,根据地域或者海拔的不同也可以设置不同数值。

**Step 3** 单击 OK 按钮退出。

3. 创建外流场域

**Step 1** 双击 Simulation 下的 Flow Analysis 1>Default Domain,在出现的属性框中按表 2-10 进行设置。

表 2-10 设置 Default Domain 域属性

| Tab | Setting | Value |
| --- | --- | --- |
| Basic Settings | Location and Type>Location | B233 |
| | Location and Type>Domain Type | Fluid Domain |
| | Fluid and Particle Definitions | Fluid 1 |
| | Fluid and Particle Definitions > Fluid 1 > Material | Air at 25 C |
| | Domain Models > Pressure > Reference Pressure | 1 [atm] |
| | Domain Motion>Option | Stationary |
| Fluid Models | Heat Transfer > Option | Isothermal |
| | Heat Transfer > Fluid Temperature | 25 [C] |
| | Turbulence > Option | Shear Stress Transport |
| | Turbulence > Wall Function | Automatic |

**Step 2** 单击 OK 按钮退出设置。

4. 设置 Interface 边界

**Step 1** 双击自动产生的 Domain Interface 1,按表 2-11 所示进行设置。

表 2-11 设置接口边界条件

| Tab | Setting | Value |
| --- | --- | --- |
| Basic Settings | Interface Type | Fluid Fluid |
| | Interface Side 1>Domain (Filter) | Default Domain |
| | Interface Side 1>Region List | F249.233,F250.233, F251.233[a] |
| | Interface Side 2>Domain (Filter) | Rotating |
| | Interface Side 2>Region List | F103.102,F104.102, F105.102 [a] |
| | Interface Models> Option | General Connection |
| | Interface Models> Frame Change/Mixing Model>Option | Frozen Rotor |
| | Pitch Change > Option | None |
| | Mesh Connection Method>Mesh Connection>Option | GGI |

[a] 虽然在 CFX-Mesh 中定义了 Interface 1 和 2 面,但是因为都是分散面,在导入 CFX-Pre 后有一部分查找不到,此情况时有发生,此时可以手动选择进行编辑,也可以通过 Meshing 中的 Group Selection 定义,此功能后续例子中会有相应介绍。

**Step 2** 单击 OK 按钮退出 interface 设置。

5. 设置入口边界条件

**Step 1** 右击 Flow Analysis 1 下的 Default Domain,选择 Insert > Boundary,在出现的对话框键入 inlet,然后单击 OK 按钮。

**Step 2** 在出现的 inlet 属性框里如表 2-12 所示进行设置。

表 2-12 设置 inlet 边界条件

| Tab | Setting | Value |
| --- | --- | --- |
| Basic Settings | Boundary Type | Inlet |
| | Location | Inlet |
| Boundary Details | Mass And Momentum > Option | Normal Speed |
| | Mass And Momentum > Normal Speed | 14 [m s^-1] |
| | Turbulence > Option | Intensity and Length Scale |
| | Turbulence > Fractional Intensity | 0.05[a] |
| | Turbulence > Eddy Length Scale | 0.25 [m] |

[a] 因为默认的 5%或 10%等百分比设置是根据来流速度和入口尺寸计算来流湍流强度,对外流分析不适用,所以不同于内流场的计算问题,外流场一般需要给定湍流强度特性。

**Step 3** 单击 OK 按钮退出 inlet 设置。

6. 设置出口边界条件

**Step 1** 右击 Flow Analysis 1 下的 Default Domain,选择 Insert>Boundary,在出现的对话框键入 opening,然后单击 OK 按钮。

**Step 2** 在出现的 opening 属性框里如表 2-13 所示进行设置。

表 2-13  设置 outlet 边界条件

| Tab | Setting | Value |
| --- | --- | --- |
| Basic Settings | Boundary Type | Opening |
| | Location | Opening, outlet |
| Boundary Details | Mass And Momentum > Option | Opening Pres. And Dim |
| | Mass And Momentum > Relative Pressure | 0 [Pa] |
| | Turbulence > Option | Intensity and Length Scale |
| | Turbulence > Fractional Intensity | 0.05[a] |
| | Turbulence > Eddy Length Scale | 0.25 [m] |

[a]同理,外流场的出流口也需要给定湍流强度特性。

Step 3  单击 OK 按钮退出 outlet 设置。

7. 设置风机支架边界条件

Step 1  建立支架边界。右击 Flow Analysis 1>Default Domain>Insert>Boundary,在出现的对话框键入 wall,然后单击 OK 按钮。

Step 2  在出现的 wall 属性框里如表 2-14 所示进行设置。

表 2-14  支架表面边界条件设置

| Tab | Setting | Value |
| --- | --- | --- |
| Basic Settings | Boundary Type | Wall |
| | Location | Wall |
| Boundary Details | Mass And Momentum > Option | No Slip Wall |
| | Wall Roughness > Option | Smooth Wall |

Step 3  单击 OK 按钮退出 wall 设置。

8. 设置地面边界条件

Step 1  右击 Flow Analysis 1 下的 Default Domain,选择 Insert>Boundary,在出现的对话框键入 ground,然后单击 OK 按钮。

Step 2  在出现的 ground 属性框里,如表 2-15 所示进行设置。

表 2-15  地面边界条件设置

| Tab | Setting | Value |
| --- | --- | --- |
| Basic Settings | Boundary Type | Wall |
| | Location | Ground |
| Boundary Details | Mass And Momentum > Option | No Slip Wall |
| | Wall Roughness > Option | Smooth Wall |

Step 3  单击 OK 按钮退出 ground 设置。

## 9. 设置风机叶片边界条件

**Step 1** 设置风机叶片边界。因为 Rotating 旋转域中除了 interface 面，剩下的都是风机部分（叶片和主轴），所以直接双击 Rotating 下的 Rotating Default，在出现的属性框里如表 2-16 所示进行设置。

表 2-16 风机叶片边界条件设置

| Tab | Setting | Value |
| --- | --- | --- |
| Basic Settings | Boundary Type | Wall |
|  | Frame Type | Rotating |
| Boundary Details | Mass And Momentum > Option | No Slip Wall |
|  | Wall Roughness > Option | Smooth Wall |

**Step 2** 单击 OK 按钮退出风机叶片设置。

## 10. 设置求解器属性

**Step 1** 单击 Solver Control 按钮，如表 2-17 所示进行设置。

表 2-17 求解器属性设置

| Tab | Setting | Value |
| --- | --- | --- |
| Basic Settings | Advection Scheme > Option | High Resolution |
|  | Turbulence Numerics > Option | First Order |
|  | Convergence Control > Min. Iterations | 100 |
|  | Convergence Control > Max. Iterations | 5000 |

**Step 2** 单击 OK 按钮完成并退出设置。

## 11. 设置初始值和输出控制

因为是稳态计算，所以初始值不设置也可以，本例中忽略这一步。同时输出变量也不需要设置时间间隔，也就是 Output Control 保留全部默认值，计算时除了默认的误差等监控变量之外，没有其他额外的监控变量。设置后的模型如图 2-39 所示。

**Step 1** 选择 File > Save Project 保存设置。

**Step 2** 选择 File > Quit，关闭 ANSYS CFX-Pre，返回到 Project Schematic。

### 2.3.5 开始流体计算

如前所说，单向流固耦合分析不需要同时求解流体与固体方程，所以在计算流体时不必考虑固体设置。以下主要介绍启动流体计算的过程。

**Step 1** 在 Project Schematic 界面，双击 CFX 模块的 Solution 单元，如图 2-40 所示。ANSYS Workbench 会自动生成 CFX-Solver 运行文件，并把它导入 ANSYS CFX-Solver Manager。

**Step 2** 在弹出的 Define Run 对话框中（如图 2-41 所示），Solver Input File 已经自动设置完毕。

**Step 3** 在 Run Definition 标签下，设置 Run Mode 为 HP MPI Local Parallel，然后单击 Add Partition 按钮，增加 Partitions 数值到 4。

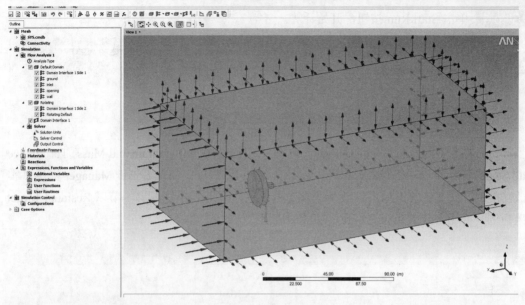

图 2-39 完成设置后的模型

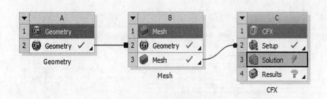

图 2-40 完成 CFX-Pre 设置的 CFX 模块

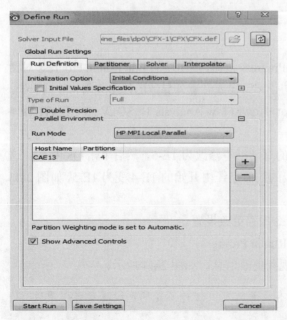

图 2-41 求解器设置

**Step 4** 单击 Start Run 按钮，开始计算。

 Partitions 数值的选取与计算机性能密切相关，并不一定是越多越好，需要用户依据计算机性能和计算模型特点决定。具体可参考 CFX 帮助文件。

### 2.3.6 流体计算过程中的参数监控和修改

当计算开始后，会出现 4 个监视画面，其中三个用来监视 Momentum and Mass、Turbulence 和 Wall Scale 参数，另一个是显示其具体数据的 Out File 窗口。CFX-Solver Manager 提供了实时修改功能，方便在计算开始后修改某些参数的设置，如图 2-42 所示。本节以 Residual Target 的修改为例，介绍 Edit Run in Progress 功能的应用。

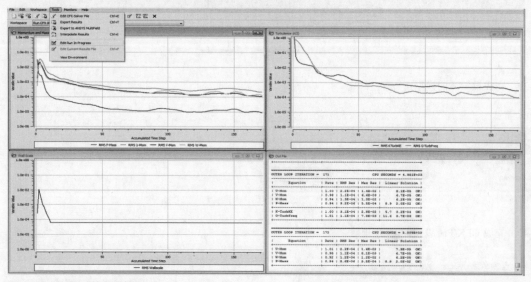

图 2-42 计算时的监视窗口

**Step 1** 单击工具栏的 Tool>Edit Run In Progress 按钮，在出现的 Edit Run in Progress 对话框中单击 Yes。目的是生成一个备份文件，以防止因错误或者意外导致的程序关闭和数据丢失。

**Step 2** 在打开的新对话框中，展开 Root>Flow: Flow Analysis 1> SOLVER CONTROL> CONVERGENCE CRITERIA。

**Step 3** 双击绿色的 1E-4 数值，在弹出的对话框中修改为 1E-5，然后单击 OK 按钮。这时能够看到，CONVERGENCE CRITERIA 对应的数值已经由开始的 1E-4 变为 1E-5，如图 2-43 所示。

**Step 4** 更改完毕后，单击 File>Save 命令保存更改设置。

**Step 5** 单击 File>Exit 命令，退出 Edit Run in Progress。

**Step 6** 随后，在 Out File 窗口能够监视到更改信息，如图 2-44 所示。

 Edit Run in Progress 包含了所有设置信息，但并不是所有设置都可以更改，只有显示为绿色的内容可以实时更改。

单向流固耦合分析　第 2 章

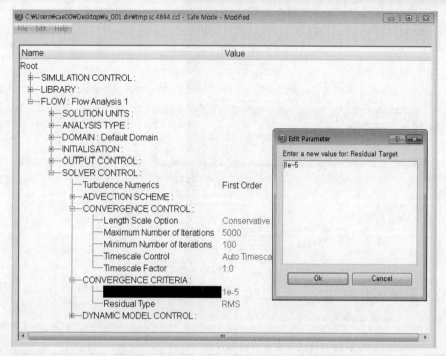

图 2-43　Edit Run in Progress 窗口

```
+----------------------------------------------------------------+
|     Reading modified Command file.  Differences are given below. |
+----------------------------------------------------------------+
+----------------------------------------------------------------+
| Updating Command Language with the following changes:          |
|   FLOW: Flow Analysis 1                                        |
|     SOLVER CONTROL:                                            |
|       CONVERGENCE CRITERIA:                                    |
|         Residual Target = 1e-4 -> 1e-5                         |
|       END                                                      |
|     END                                                        |
|   END                                                          |
+----------------------------------------------------------------+
```

图 2-44　Out File 窗口显示更改信息

## 2.3.7　查看流体计算结果

本节主要讲解如何通过 ANSYS CFD-Post 查看分析结果。本例在 1449 步时达到 1E-5 标准而自动停止，如图 2-45 所示。如果求解器设置不合理，运行过程中也可以单击 Stop 按钮强制中断计算。

Step 1　双击 C4 Result 单元，进入 CFX-Post 查看分析结果。

Step 2　首先查看风机表面压力分布。单击 Insert>Contour，保留默认名称，单击 OK 按钮。

Step 3　在左侧的 Detail of Contour 1 中按表 2-18 所示进行设置。

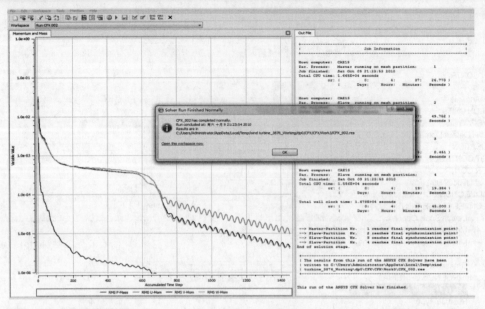

图 2-45　运行结束提示

表 2-18　风机表面压力分布设置

| Tab | Setting | Value |
| --- | --- | --- |
| Geometry | Locations | blade,wall |
| | Variable | Pressure |
| | Range | Local |
| Render | Show Contour Lines | Constant Coloring[a] |

[a] 勾选后可显示等分线，以便更好地区别分布趋势。

**Step 4**　单击 Apply 按钮，结果如图 2-46 所示。

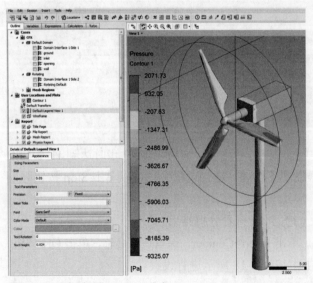

图 2-46　风机表面 Pressure 分布

Step 5　同理，可以查看旋转域速度分布。单击 Insert>Location>Plane，保留默认名称，单击 OK 按钮。

Step 6　如表 2-19 所示对 Detail 进行设置。

表 2-19　旋转域流速分布设置

| Tab | Setting | Value |
| --- | --- | --- |
| Geometry | Domains | Rotating |
| | Definition > Method | YZ Plane |
| | Definition > X | 0.0 [m] |
| Color | Mode | Variable |
| | Variable | Velocity in Stn Frame[a] |
| | Range | Local |

[a]旋转域压力、速度等结果必须选择带 in Stn Frame 的变量，这是消除旋转域本身旋转速度后的真实数值。

Step 7　单击 Apply 按钮，结果如图 2-47 所示。

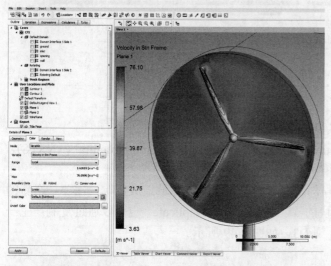

图 2-47　旋转域速度分布

Step 8　再新建一个 Plane，如表 2-20 所示进行设置，可查看流场中心面的速度分布。

表 2-20　流场中心面速度分布的设置

| Tab | Setting | Value |
| --- | --- | --- |
| Geometry | Domains | All Domains |
| | Definition > Method | ZX Plane |
| | Definition > Y | 0 [m] |
| Color | Mode | Variable |
| | Variable | Velocity in Stn Frame |
| | Range | Local |

Step 9　单击 Apply 按钮，结果如图 2-48 所示。

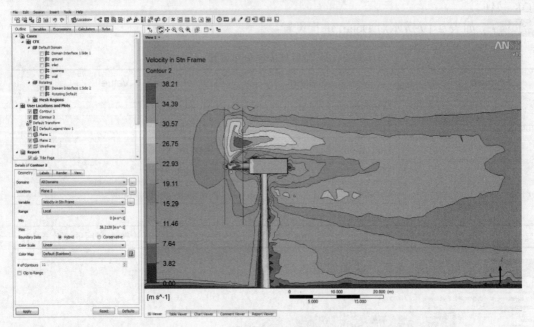

图 2-48　流场中心面速度分布

### 2.3.8　结构分析的模型处理

此节主要演示运用 Geometry 模块进行结构模型处理。

Step 1　右击 CFX 模块 C3 Solution>Transfer Data to New > Static Structural (ANSYS)，自动生成结构分析模块并连接到 CFX 模块。

Step 2　因为需要对结构体进行局部修改，为了避免对流体域造成影响，需要一个新的 Geometry 模块。单击初始 Geometry 模块的 ▼ 按钮，选择 Duplicate。也可以通过复制产生一个新的 Geometry 模块 E，然后连接 E2 到 D3，如图 2-49 所示。

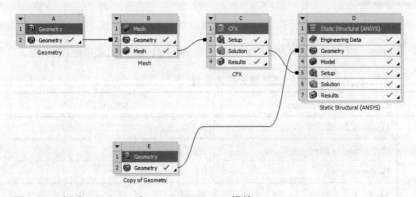

图 2-49　新建 Geometry 和 Static Structural 模块

Step 3　双击 Geometry E2，进行固体结构分块处理。因为之前流体网格划分时我们把风机表面分为 blade 和 wall 两部分，所以为了加载压力，结构分析时表面也需要分为两部分。

Step 4　单击方形外流场的 Solid>Suppress Body，只保留风机结构体和旋转域。

Step 5　然后单击旋转域流场的背面，单击 Sketching，在此基准面上草绘一矩形，具体尺寸不需很精确，只要大于风机支撑架就可以。

Step 6　草图绘制完毕后，单击工具栏的 Extrude，在右下角 Details view 中进行设置：Operation 为 Imprint Faces，Direction 为 Normal，Extent Type 为 Through All。

Step 7　修改完毕后，单击 Generate 按钮。此时，风机旋转轴表面已经被分为两个面，位置与流体网格位置相同。

Step 8　Suppress 旋转域模型，只保留风机结构。

Step 9　为了方便随后的压力加载，选取支架和主轴的后端的 10 个面，单击工具栏 Tools > Named Selection，在 Details View 中修改名称为 wall。

Step 10　单击 Generate 按钮，完成设置。

Step 11　类似的，把三个风机叶片面和旋转轴前端面共 41 个面命名为 blade 面组，如图 2-50 所示。

图 2-50　风机结构几何模型处理

## 2.3.9　结构网格划分

此节主要演示如何在 Static Structural (ANSYS) 中划分网格。

Step 1　双击 Static Structural (ANSYS) 模块 D4 Model，进入 Mechanical。

Step 2　定义风机材料。展开 Model(D4)>Geometry，单击 Solid，在右下角的 Detail of "Solid">Material>Assignment 中选择 Structural Steel。

**Step 3** 划分结构网格。右击 Model (D4)下的 Mesh，在弹出的快捷菜单中选择 Insert > Sizing，在 Details of "Sizing" > Scope > Geometry 中指定整个风机模型，这时，Mesh 下的 Sizing 变为 Body Sizing。

 如果鼠标只能选择面而不能选择体，单击工具条上的线、体图标进行体选择。

**Step 4** 继续修改 Mesh 属性。在 Detail of "Body Sizing" > Definition 中定义 Type 为 Element Size，Element Size 为 0.2m。

**Step 5** 设置网格属性后，开始自动划分网格。右击 Mesh，在出现的快捷菜单选择 Generate Mesh。最终产生 264771 个 node 和 181623 个 element，如图 2-51 所示。

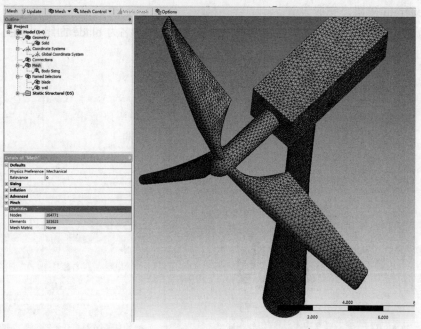

图 2-51 结构网格模型

### 2.3.10 加载与求解

网格划分结束后，就可以加载边界条件（包括 CFX 计算结果）。

**Step 1** 首先加载底部约束。展开 Project > Model > Static Structural (D5)，右击 Static Structural (D5)，在快捷菜单中选择 Insert>Fixed Support，然后选定风机支架的底面作为属性表中的 Geometry，单击 Apply 按钮完成设置。

**Step 2** 因为风机表面已经分为两个组合，所以需要添加另一个 Imported pressure。右击 Imported Load (Solution)，在快捷菜单选择 **Insert > Pressure**，在 Detail of "Imported Pressure 2"中按表 2-21 所示进行设置。

表 2-21 设置 Imported Pressure 2 属性

| Setting | Value |
| --- | --- |
| Scope > Scoping Method | Named Selection |
| Scope > Named Selection | wall |
| Transfer Definition > CFD Surface | wall |

**Step 3** 完成 Imported Pressure 2 设置后，单击 Imported Pressure，如表 2-22 所示进行设置。

表 2-22 设置 Imported Pressure 属性

| Setting | Value |
| --- | --- |
| Scope > Scoping Method | Named Selection |
| Scope > Named Selection | blade |
| Transfer Definition > CFD Surface | Rotating Default |

**Step 4** 给定固定约束和载荷后，就可以添加期望的求解结果。右击 Solution(D6)，在快捷菜单中选择 Insert>Stress Tool> Max Equivalent Stress，添加等效应力结果，

**Step 5** 执行 Insert>Deformation> Total，添加整体变形结果。

**Step 6** 至此，已经完成所有载荷和求解结果的设置，如图 2-52 所示。

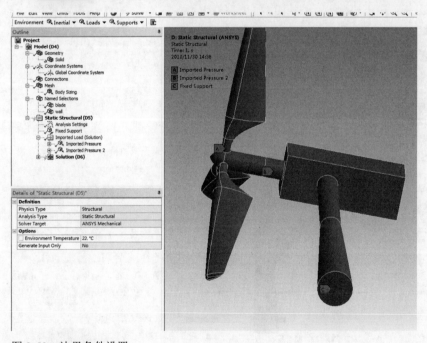

图 2-52 边界条件设置

**Step 7** 本例中 Analysis Settings 保存所有默认设置。单击工具栏上的 Solve 按钮进行计算。

**Step 8** 计算完成后，单击 Equivalent Stress 查看应力分布，如图 2-53 所示，最大应力大约为 10MPa，发生在风机叶片和主轴连接处。

**Step 9** 同理，可查看风机整体变形量的分布，如图 2-54 所示。

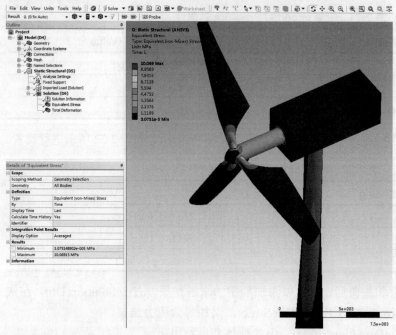

图 2-53　等效应力分布

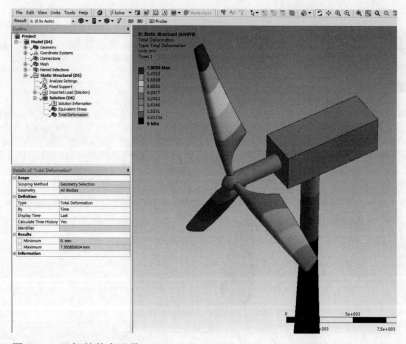

图 2-54　风机整体变形量

## 2.4　轴流叶片的应力分析

本例从最初的轴流叶片设计、自动生成三维模型、结构网格的快速生成、流场分析到最后的叶片变形和应力分布分析进行介绍，让读者熟悉 ANSYS 各个相关模块以及单向流固耦合分析的应用。轴流叶片的设计和三维模型的自动生成将在 BladeGen 中完成，在 TuborGrid 中完成结构网格的快速生成后，用 CFX 进行流场分析，最后由 Static Structural(ANSYS)完成叶片的变形的应力分布分析。通过本章读者可学习到：

- BladeGen 设计轴流式叶片的技巧
- Turbogrid 中旋转机械结构网格的快速生成技巧
- CFX 中透平机械模块的应用
- Static Structural(ANSYS)中的分析叶片的相关设置

## 2.4.1 问题描述

轴流泵叶片（如图 2-55 所示）的设计通常采用的方法有：升力设计法、圆弧法、流线法等。然而轴流泵在设计过程中仍有很多难以把握的影响外特性的关键因素，导致很多设计人员采用正交试验方法来对设计的多组模型进行优化筛选。同时叶片强度的校核也非常重要。下面主要讲解 ANSYS 软件下几个与旋转机械的快速设计、计算和验证有关的模块。本例主要注重演示过程，因此设计过程的具体参数不具备工程参考价值。

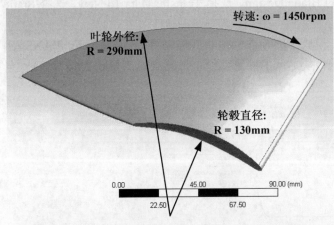

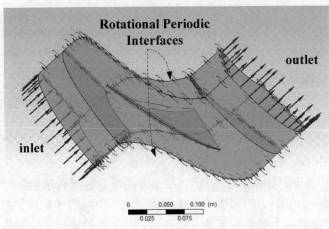

图 2-55　叶片模型

在分析过程中，我们会在 BladeGen、TuborGrid、 CFX、Static Structural(ANSYS)四个模块之间建立联系。

### 2.4.2 创建分析项目

**Step 1** 启动 ANSYS Workbench。默认状态下，ANSYS Workbench 会显示 Getting Started 对话框，主要是对 ANSYS Workbench 一些基本功能的介绍。

**Step 2** 单击 [X] 按钮关闭对话框。 若需要再次打开，从主菜单选择 Tools > Options，设置 Project Management > Startup > Show Getting Started Dialog 为 Desired。

**Step 3** 选择 File > Save（或单击 Save 按钮），出现"另存为"对话框，选择存储路径保存项目文件。输入 axialFlow 作为文件名，然后保存该文件。

**Step 4** 展开位于 ANSYS Workbench 左侧的 Toolbox 中的 Component Systems 选项，选择 BladeGen 模块，双击此模块，或者拖动此模块到 Project Schematic 中创建一个独立的模块。

**Step 5** 右击 BladeGen 模块下的 Blade Design，选择 Transfer Data To New，选择 TuborGrid。

**Step 6** 右击 TuborGrid 模块下的 Tubor Mesh，选择 Transfer Data To New，选择 CFX。

**Step 7** 右击 BladeGen 模块下的 Blade Design，选择 Transfer Data To New，选择 Static Structural(ANSYS)。

**Step 8** 按住鼠标左键单击 CFX 模块下的 Solution，将其拖动至 Static Structural(ANSYS) 中的 Setup 处，松开鼠标。至此所有的模块之间的联系已经全部建立好，如图 2-56 所示。

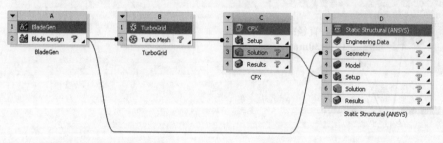

图 2-56　建立模块之间的联系

### 2.4.3 BladeGen 中叶片的设计

**Step 1** 双击 BladeGen 模块下的 Blade Design，进入 Blade Design 设计界面。

**Step 2** 单击新建按钮，在弹出的对话框中选择 Normal Axial，在右下角的 Mode 中选择 Ang/Thk。并在各个输入框里按图 2-57 所示进行设置，单击 OK 按钮进入下一步。

**Step 3** 在 Initial Angle/Thickness Dialog 对话框中选择#Blades 为 4 片，并在图形界面中输入数值 60 和 8，如图 2-58 所示，单击 OK 按钮进入下一步。

**Step 4** 这时进入叶片的具体设计页面，如图 2-59 所示。左上方的显示区域表示实际叶轮的子午面投影图，箭头表示来流方向，子午面上的左边方块表示进口域，中间为叶轮域，右边方块表示出口域。左下角的显示区域表示每个翼型角度的具体设置。右上角的显示区域为各个截面上翼型形状的实时显示。右下角的显示区域为各个翼型厚度的设置区域。

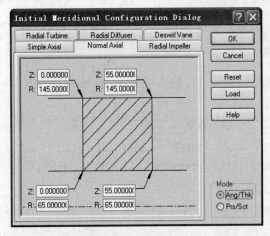

图 2-57 一般轴流叶轮外轮廓初步设计界面

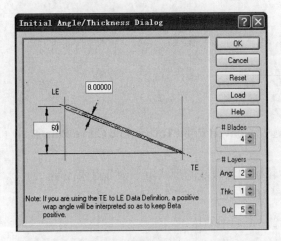

图 2-58 叶片参数初步设计界面

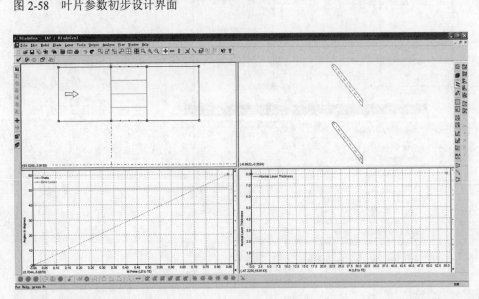

图 2-59 进入 bladegen 主界面

> **注意** 鼠标单击左上角显示区域，该方框轮廓即呈红色显示，表示该方框已经被激活，可以对方框内的参数进行详细设置。

Step 5  双击进口边的上点，在 Horizontal（轴向坐标）中输入-80，在 Vertical（径向半径）中输入 145，单击 OK 按钮关闭对话框。

Step 6  单击进口边的下点，设置 Horizontal 为-80，Vertical 为 65。

Step 7  单击出口边的上点，设置 Horizontal 为 135，Vertical 为 145。

Step 8  单击出口边的下点，设置 Horizontal 为 135，Vertical 为 145，如图 2-60 所示。

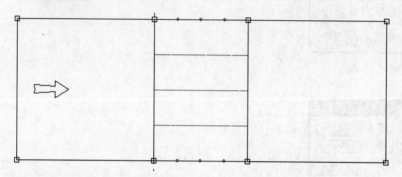

图 2-60  叶片轴面投影轮廓

Step 9  选中叶轮域的轮毂线，右击该线，选择 Convert Point To > Spline Curve Points…，如图 2-61 所示。

Step 10  在弹出的对话框中输入 3，表示叶轮域的轮毂线的形状由三个节点来控制。

Step 11  双击中间的控制点输入数值，设置 Horizontal 为 27.5，Vertical 为 70。

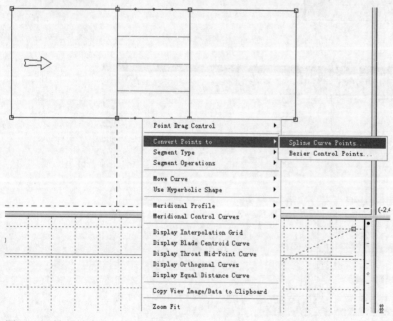

图 2-61  轴面轮廓线控制点设置

Step 12  选中叶轮域的机甲线,右击该线,选择 Convert Point To > Spline Curve Points…。
Step 13  在弹出的对话框中输入 3,表示叶轮域的机甲线的形状由三个节点来控制。
Step 14  双击中间的控制点输入数值,设置 Horizontal 为 27.5,Vertical 为 150,如图 2-62 所示。

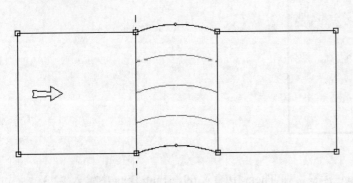

图 2-62  修改后的轴面轮廓投影图

Step 15  单击左下方的 Angles in degree 方框,使其呈红色显示,如图 2-63 所示。
Step 16  方框中最右边一栏的红色点表示激活的界面,从上至下依次是 span=1(即机甲处截面上的翼型,这里为实心黑色点,表示没有激活但已经创建好),span=0.25,0.5,0.75(这里为灰色空点点,表示还没有创建),span=0(即轮毂处截面上的翼型,这里为实心红色点,表示已创建并且已经激活)。

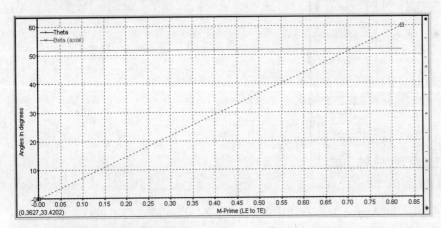

图 2-63  叶片各个翼型属性设置框

Step 17  右击 Angles in degree 方框中的任意处,选择 Adjust Blade Angles…,在弹出的对话框中选择 Leading Edge 标签,并在 Theta 中输入 0,Tang Beta 中输入 33.90,如图 2-64 所示。
Step 18  再次选择 Trailing Edge 标签,并在 Theta 中输入 56,Tang Beta 中输入 50。
Step 19  单击 Angles in degree 方框右上角的黑色点,使其呈红色显示,表示机甲截面的翼型角度设置已被激活。
Step 20  右击 Angles in degree 方框中的任意处,选择 Adjust Blade Angles…,在弹出的对话框中选择 Leading Edge 标签,在 Theta 中输入 0,Tang Beta 中输入 21。

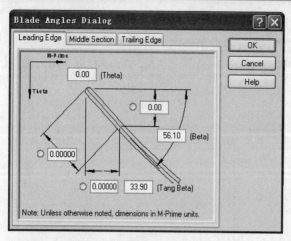

图 2-64　叶片翼型角度设置对话框

**Step 21**　再次选择 Trailing Edge 标签，在 Theta 中输入 69，Tang Beta 中输入 22.3。

**Step 22**　右击 Angles in degree 方框中的任意处，选择 Layer Control…。在弹出的对话框中勾选 span=0.5000，如图 2-65 所示，可以通过设置增加一个中间层，然后单击 OK 按钮关闭对话框。

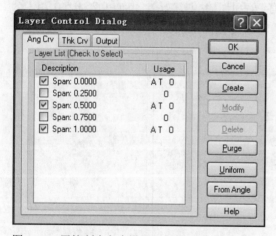

图 2-65　层控制中角度设置对话框

**Step 23**　这时 Angles in degree 方框右边中间的灰色空心点变成实心黑色点，表示该截面翼型已经被创建，单击该点激活，使其呈红色显示。

**Step 24**　右击 Angles in degree 方框中的任意处，选择 Adjust Blade Angles…。

**Step 25**　在弹出的对话框中选择 Leading Edge 标签，并在 Theta 中输入 0，Tang Beta 中输入 25.3。再次选择 Trailing Edge 标签，并在 Theta 中输入 65.7，Tang Beta 中输入 32.7。至此，三个截面上的翼型角度已经设置完毕。下面对每个翼型的厚度进行设置。

**Step 26**　单击右下角的 Normal Layer Thickness 方框，使其呈红色显示，方框右边点的意义同 Angles in degree 中点的意义一样，这里可以发现 Normal Layer Thickness 中只有一个红色实心点，因为 BladeGen 默认叶片上的各个翼型从 LE 至 TE 是等厚的，这里需要创建两个新层，即 span=1 和 span=0.5，与 Angles in degree 中的层保持一致。

Step 27 右击 Normal Layer Thickness 方框中的任意处,选择 Layer Control…,在弹出的对话框中勾选 span=0.5000 和 span=1.0000,如图 2-66 所示,单击 OK 按钮关闭对话框。

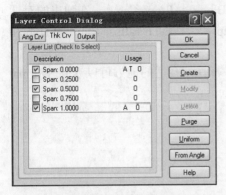

图 2-66 层控制中厚度设置对话框

Step 28 激活轮毂处的翼型厚度设置,右击 Normal Layer Thickness 方框中的任意处,选择 Convert Point To > Spline Curve Points…。

Step 29 在弹出的对话框中输入 5,表示翼型从 LE 至 TE 由 5 个节点来控制。

Step 30 从左向右依次双击线上的 5 个节点,在 Vertical Dimension > Thickness 中分别输入 3、7、6、3.5、1.7,如图 2-67 所示。BladeGen 会根据 5 个节点的数值自动创建较为光滑的翼型加厚规律,如图 2-68 所示。

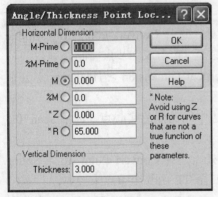

图 2-67 厚度点的数值输入对话框

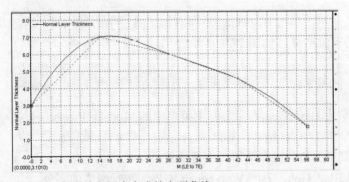

图 2-68 根据给定厚度生成的光顺曲线

Step 31 待轮毂处的厚度和角度定义完毕后，在右上方的实时显示栏中会出现最后的翼型效果图，可以发现翼型的进口边有倒圆角，而出口边没有。

Step 32 单击 BladeGen 主界面上方主菜单栏中的 Blade > Properties…，在弹出的对话框中选择 LE/TE Ellipse 标签，在 TE Type 一栏中勾选 Ellipse，并在 TE Ellipse Ratio 的 Hub 和 Shroud 中均输入 2.0，如图 2-69 所示。

Step 33 最终轮毂处的翼型效果如图 2-70 所示。若有不合适的地方可以返回 Normal Layer Thickness 和 Angles in degree 中继续修改，直到满意为止。

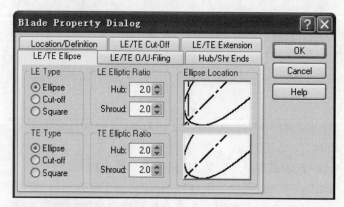

图 2-69 叶片属性设置对话框

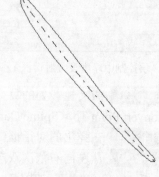

图 2-70 轮毂处翼型效果

Step 34 同理，单击 Normal Layer Thickness 方框右边最上方的黑色实心点，激活 span=1 处翼型的厚度设置。

Step 35 右击 Normal Layer Thickness 方框的任意处，选择 Convert Point To > Spline Curve Points…，在弹出的对话框中输入 5，表示翼型从 LE 至 TE 由 5 个节点控制。

Step 36 从左向右依次双击线上的 5 个节点，在 Vertical Dimension > Thickness 中分别输入 2、5、4.5、3、1。

Step 37 再次单击 Normal Layer Thickness 方框右边中间的黑色实心点，激活 span=0.5 处翼型的厚度设置。

Step 38 右击 Normal Layer Thickness 方框的任意处，选择 Convert Point To > Spline Curve Points…，在弹出的对话框中输入 5，表示翼型从 LE 至 TE 由 5 个节点来控制。

Step 39 从左向右依次双击线上的 5 个节点，在 Vertical Dimension > Thickness 中分别输入 2.5、7、5.5、4、2。

至此，几个翼型的参数已经定义完毕。单击 BladeGen 界面右边工具栏中的 ■ 按钮，这时实时显示界面将显示所设置的叶轮的三维实体，如图 2-71 所示。

> **注意** 按住鼠标左键可以旋转查看，鼠标右键为平移，滚轮为缩放。

Step 40 当设计符合要求后，单击 BladeGen 界面上方主菜单中的 Model > Properties…，将单位改成 MM，如图 2-72 所示。

Step 41 单击 BladeGen 主界面左上角的保存按钮，保存文件。

Step 42 文件保存完后，关闭 BladeGen，返回 Workbench 主界面进行网格的划分。

单向流固耦合分析　第 2 章

图 2-71　叶轮的三维模型

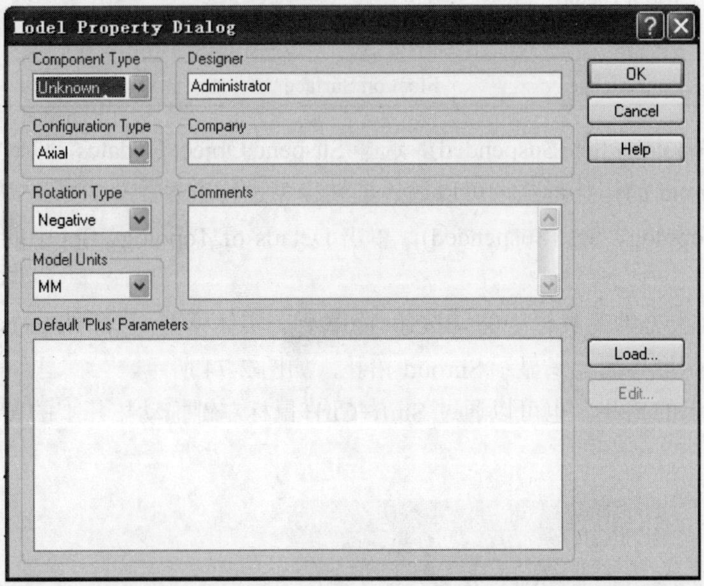

图 2-72　模型属性设置对话框

## 2.4.4　TurboGrid 结构网格划分

Step 1　双击 TurboMesh 或者右击选择 Edit，进入 TurboGrid 主界面。可以发现 TurboGrid 将模型划分成 1/4 流道。

Step 2　展开 Objects > Blade Set > Shroud Tip，双击 Shroud Tip，开始修改 Details of Shroud Tip 属性。

Step 3　在 Tip Option 一栏中选择 Constant Span，在 Span Location 中输入 0.98，如图 2-73 所示。

Step 4　双击 Objects 中的 Topology Set (Suspended)，在 Details of Topology Set 中按表 2-23 所示进行设置。

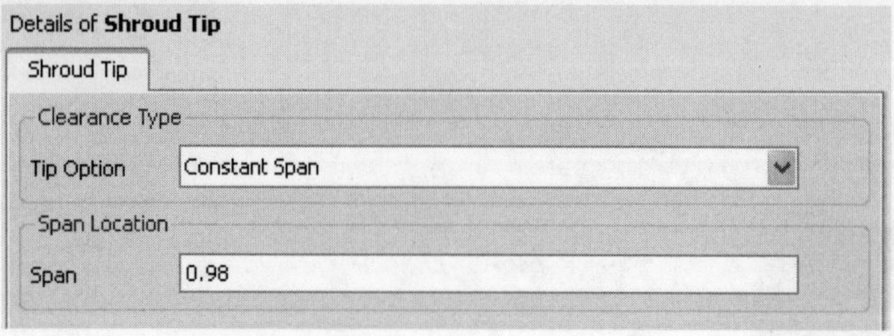

图 2-73 叶顶间隙具体参数设置

表 2-23 设置 Topology Set 的参数

| Tab | Setting | Value |
| --- | --- | --- |
| Topology Definition | Placement | Traditional with Control Points |
|  | Method | H/J/C/L-Grid |
| Include O-Grid | Width Factor | 0.5 |
| One-to-one Interface Ranges | Periodic | Full |
| Periodicity | Projection | Float on Surface |

**Step 5** 右击 Objects 中的 Topology Set (Suspended)，选择 Suspend Object Updates，这时图形显示区域中将出现 Hub 和 Shroud 的拓扑形式，可以通过旋转模型进行查看。

**Step 6** 双击 Objects 中的 Topology Set (Suspended)，单击 Details of Topology Set 中的 Freeze 按钮。

**Step 7** 单击 TuborGrid 界面上方的工具栏中的 按钮，隐藏所有实体模型，并将 Objects > Layers > Hub 前面的勾选去掉，图形界面上只显示 Shroud 拓扑，如图 2-74 所示。

**Step 8** 同样可以查看 Hub 上的拓扑。也可以通过 Shift+Ctrl+鼠标左键拖动拓扑上的黄色控制点，以便提高网格质量。

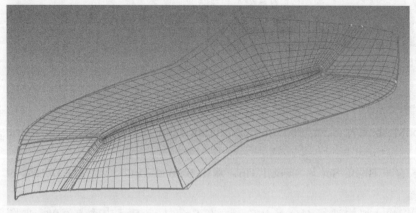

图 2-74 机甲面的拓扑效果

**Step 9** 右击图形界面的空白处，选择 Create Mesh 生成粗略网格。待网格生成完毕，双击 Mesh Analysis (Error)可以查看网格质量，如图 2-75 所示。

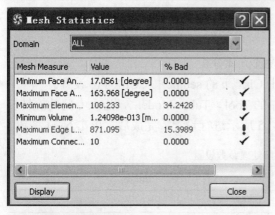

图 2-75　网格参数检查表

**Step 10** 双击 Mesh Data，在 Details of Mesh Data 中按表 2-24 所示进行设置。

表 2-24　网格数据的设置参数

| Tab | Setting | Value |
| --- | --- | --- |
| Mesh Size | Method | Target Passage Mesh Size |
| | Node Count | Medium (100000) |
| | Inlet Domain | (Selected) |
| | Outlet Domain | (Selected) |
| Passage | Spanwise Blade Distribution Parameters > Method | End Ratio |
| | Spanwise Blade Distribution Parameters > End Ratio | 200 |
| | O-Grid > Method | End Ratio |
| | O-Grid > End Ratio | 50 |

**Step 11** 右击图形界面的空白处，选择 Create Mesh 生成最终的网格。这时的网格包括进口和出口两个静止流场域，如图 2-76 所示。检查无误后，保存文件。

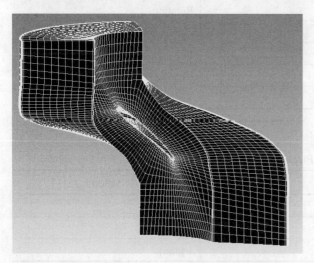

图 2-76　最后的网格模型

## 2.4.5 流体分析设置

本节主要介绍通过 CFX 中的透平机械模块设置流体分析。

Step 1 返回到 Workbench 主界面中，双击 CFX 下的 setup 进入 CFX-Pre 设置。

Step 2 单击 CFX-pre 界面上方主菜单栏中的 Tool > Tubor Mode…，进入专门的旋转机械前处理的快速设置方式。基本设置栏中按表 2-25 所示进行设置，完成后，单击 Next 按钮。

表 2-25 旋转机械前处理参数设置

| Setting | Value |
| --- | --- |
| Machine | Pump |
| Axis > Coordinate Frame | Coord 0 |
| Rotation Axis | Z |
| Axis Visibility | (Selected) |

Step 3 在 Component Definition 设置中，右击 Components 空白处，选择 Add Component，保持默认类型，如图 2-77 所示。然后对 R1 做如表 2-26 所示的设置，之后单击 Next 按钮。

图 2-77 添加新部件对话框

表 2-26 设置 R1 的参数

| Setting | Value |
| --- | --- |
| Component Type > Type | Rotating |
| Component Type > Value | -1450 [rev min^-1] |
| Mesh > Available Volumes > Volumes | Inlet, Outlet, Passage Main |
| Wall Configuration | (Selected) |
| Wall Configuration > Tip Clearance at Shroud | Yes |

Step 4 在 Physics Definition 属性中，按表 2-27 所示进行设置，之后单击 Next 按钮。

表 2-27 设置 Physics Definition 的参数

| Setting | Value |
| --- | --- |
| Fluid | Water |
| Analysis Type > Type | Steady State |
| Model Data > Reference Pressure | 1 [atm] |

续表

| Setting | Value |
| --- | --- |
| Model Data > Turbulence | k-Epsilon |
| Inflow/Outflow Boundary Templates > P-Total Inlet Mass Flow Outlet | (Selected) |
| Inflow/Outflow Boundary Templates > P-Total | 0 [atm] |
| Inflow/Outflow Boundary Templates > Mass Flow | Per Component |
| Inflow/Outflow Boundary Templates > Mass Flow Rate | 80 [kg s^-1] |
| Inflow/Outflow Boundary Templates > Flow Direction | Cartesian Components |
| Inflow/Outflow Boundary Templates > Inflow Direction (a, r, t) | 0, 0, 1 |
| Solver Parameters > Convergence Control | Physical Timescale |
| Solver Parameters > Physical Timescale | [s] |

**Step 5** 在 Interfaces 中，Tubor 模块已经自动识别交界面并做好设置，因此这里不再需要进行设置，直接单击 Next 按钮进入下一步设置。

**Step 6** 在 Boundaries Definition 设置中，Tubor 模块已经自动识别并正确定义。此时，可以双击任何一个边界条件进行查看，例如双击 R1 Inlet，可以看到其边界条件如图 2-78 所示。

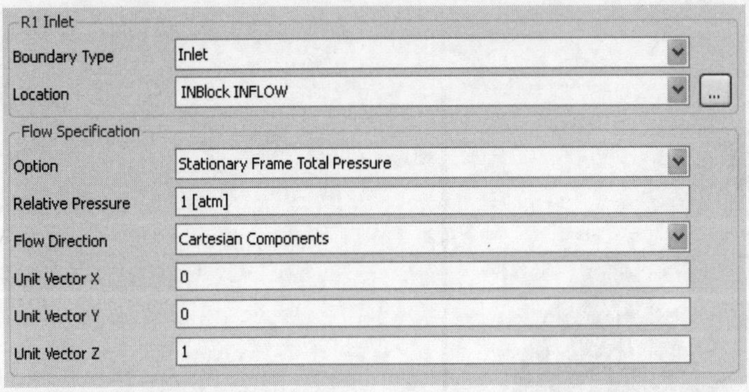

图 2-78 边界条件的设置

最后，单击 Finish 按钮完成 Tubor 部分的设置，进入 General Mode。也可以在 General Mode 里更改 Output Control 等其他设置，本例中 Tubor 模块设置完毕之后，不再进行其他设置。单击左上角的保存按钮，返回 Workbench 主界面。

## 2.4.6 流体计算和结果查看

**Step 1** 右击 CFX 模块下的 Solution，选择 Update，CFX-Solve 自动进行求解。

**Step 2** 右击 CFX 模块下的 Solution，选择 Display Monitor，将进入 CFX-Solve 界面，可实时显示计算过程。最终的收敛曲线如图 2-79 所示。当求解自动结束后，返回到 Workbench 主界面，右击 CFX 模块下的 Results，进入 CFX-post 后处理部分。

**Step 3** 在 CFX-post 中，单击 File > Report > Report Templates… > Pump Report，待 Load 结束后，单击图形显示界面下的 Report Viewer 标签，即可查看自动生成的数值计算报告。例如查看报告中的 8. Streamline Plot，其显示流线如图 2-80 所示。

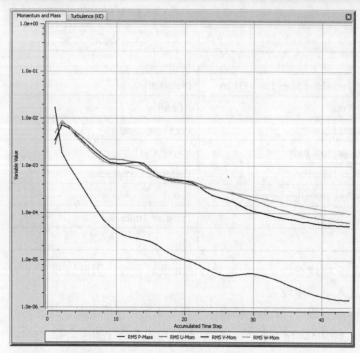

图 2-79 迭代曲线

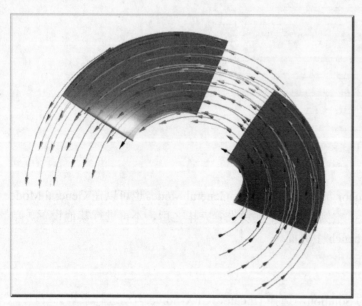

图 2-80 叶轮内流线图

## 2.4.7　Static Structural (ANSYS)结构分析

**Step 1**　右击 Static Structural (ANSYS)模块下的 Geometry，或者双击进入结构模型处理界面，选择单位为 mm。选中 ImportBDG1，单击 generate 按钮 ，生成模型，这时 Tree Outline 栏如图 2-81 所示。

图 2-81　生成模型后的树形栏

**Step 2**　展开 2Parts，2Bodies，选择第二个 Solid（流场域），右击选择 Suppress Body，如图 2-82 所示。

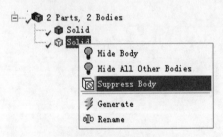

图 2-82　为部分模型设置 Suppress

**Step 3**　保存文件后，返回 Workbench 主界面。右击 Static Structural(ANSYS)模块下的 Model 选择 Edit，或者双击进入设置部分。

**Step 4**　单击 Project > Model > Mesh，左下方显示 Details of "Mesh"，展开 Sizing 栏，在 Use Advenced Size Function 中选择 On: Curvature。Sizing > Relevance Center 设置为 Medium，Smoothing 选择 Medium，Transition 选择 Fast，Span Angle Center 选择 Fine，如图 2-83 所示。

**Step 5**　设置网格属性后，开始自动划分网格。右击 Mesh，在出现的快捷菜单中选择 Generate Mesh。最终生成的网格如图 2-84 所示。

**Step 6**　展开 Project > Model > Static Structural，这时顶端工具栏将出现有关约束设置等选项图标。单击 Supports 下拉菜单，选择 Fixed Support，如图 2-85 所示。

**Step 7**　展开 Project > Model > Static Structural(D5) > Imported Load(Solution1) >Imported Pressure。在 Details of "Imported Pressure"中，Geometry 选择与之前 CFX 中设置边界条件相对应的面，在 CFD Surface 中通过下拉按钮选择对应的面。比如为叶轮叶片加载 CFX 结果文件，在 Details of "Imported Pressure"的 Geometry 中选择叶片表面，在 CFD Surface 中选择前面 CFX 中定义的边界条件 R1 Blade。

**Step 8**　选择上方主菜单栏中的 Units，将单位设置成 RPM，如图 2-86 所示。

| Details of "Mesh" | |
|---|---|
| **Defaults** | |
| Physics Preference | Mechanical |
| Relevance | 0 |
| **Sizing** | |
| Use Advanced Size Function | On: Curvature |
| Relevance Center | Medium |
| Initial Size Seed | Active Assembly |
| Smoothing | Medium |
| Transition | Fast |
| Span Angle Center | Fine |
| Curvature Normal Angle | Default (18.0 °) |
| Min Size | Default (4.5732e-005 m) |
| Max Face Size | Default (4.5732e-003 m) |
| Max Tet Size | Default (9.1464e-003 m) |
| Growth Rate | Default (1.850 ) |
| Minimum Edge Length | 9.649e-004 m |
| **Inflation** | |
| **Advanced** | |
| **Pinch** | |
| **Statistics** | |

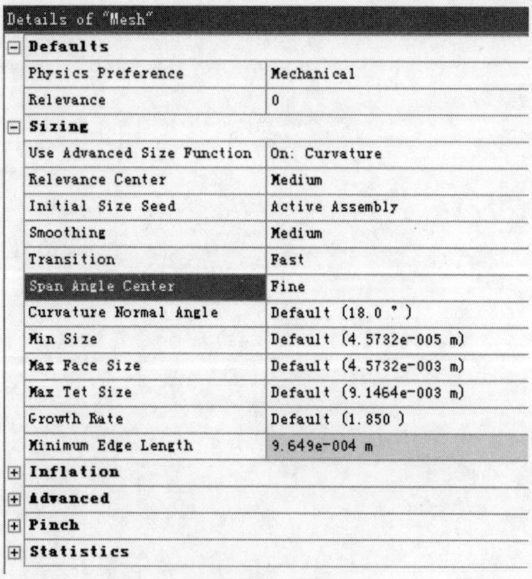

图 2-83　网格属性设置

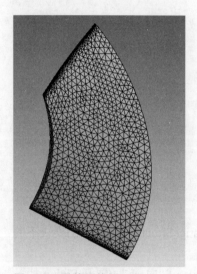

图 2-84　最终网格图

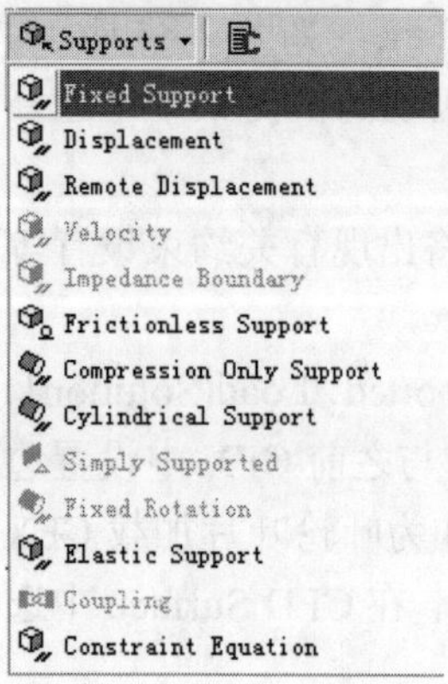

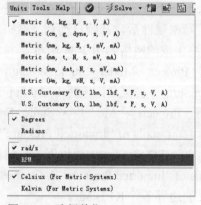

图 2-85　约束栏下拉菜单

图 2-86　选择单位

Step 9  展开 Project > Model > Static Structural(D5),选择 Inertial > Rotation Velocity,在 Detail of "Rotation Velocity"中设置 Define By 为 Components,Coordinate System 为 Global Coordinate System,在 Z Component 中输入-1450,如图 2-87 所示。

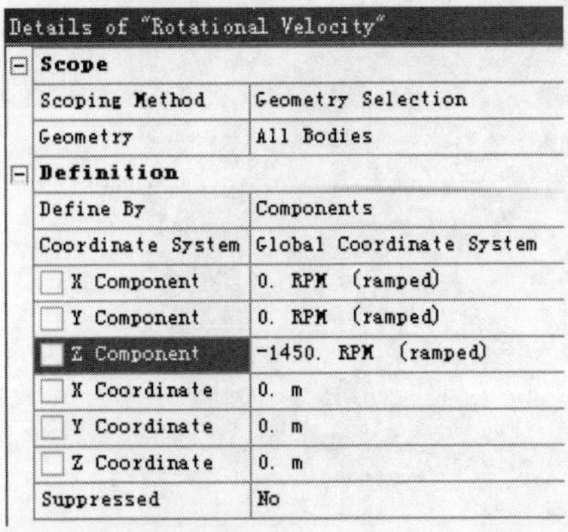

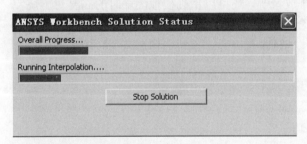

图 2-87  旋转速度属性框

至此,结构分析设置已经基本完成,接下来就可以进入求解阶段了。

Step 10  右击 Solution(D6) > Insert > Deformation > Total,设置结果显示。再次右击 Solution(D6) > Insert > Stress > Equivalent (Von-Mises)。右击 Solution(D6),选择 Solve,开始进行结构分析,图 2-88 所示。

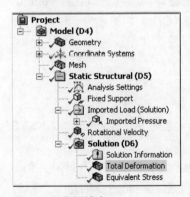

图 2-88  进入求解状态

Step 11  求解成功完成后,Outline 一栏中各节点前的图标将全部变成绿色的"√"号,表示计算成功完成,如图 2-89 所示。

图 2-89  求解结束

**Step 12** 单击 Total Deformation 可查看叶片变形情况，如图 2-90 所示。同理，单击 Equivalent Stress 查看叶片等效应力分布，如图 2-91 所示。

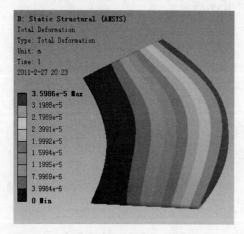

图 2-90  查看叶片变形情况

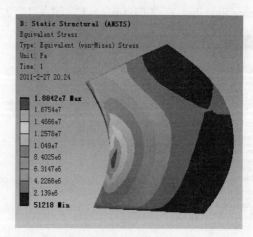

图 2-91  叶片等效应力分布

## 2.5  燃烧室流场计算及热变形分析

燃烧计算分析是 CFD 分析中的一个重要功能。对燃烧室内的燃烧流场计算分析不但可以预测燃烧室温度分布、出口组分浓度、$NO_x$ 排放量等，还可以精确模拟燃烧时的高温对燃烧室结构的影响。本例通过某燃烧室的单向热耦合分析向读者介绍 ANSYS Workbench 在燃烧以及单项耦合分析方面的应用。读者在本例中可以学到：

- IECM 划分网格
- FLUENT 有限速率模型模拟燃烧流场
- $NO_x$ 预测
- FLUENT 等值面、曲线等后处理技巧
- Workbench 实现单向耦合强度分析

### 2.5.1  问题描述

燃烧室为方形，空气由主流区流入，四周壁面开有四个燃料进口。燃料进口直径 10mm，燃烧室长 500mm，高 200mm。空气进口流速 1m/s，燃料为甲烷（$CH_4$），流速为 5m/s。燃烧室壁厚 10mm，相应的模型如图 2-92 所示。甲烷与空气中的氧气发生化学反应：

$$CH_4 + 2O_2 \rightarrow CO_2 + 2H_2O$$

### 2.5.2  ICEM CFD 划分燃烧流场网格

**Step 1** 启动 ICEM。在 Windows 系统中单击"开始"菜单，选择 All Programs > ANSYS 12.1 > Meshing > ICEM。

**Step 2** 选择 File > Import Geometry > STEP/IGES，导入几何 stp 格式文件并修补几何。选择 combustion chamber.stp 文件，单击 Apply 按钮。弹出对话框询问是否要创建一个新的 Project 文件，单击 No 按钮。

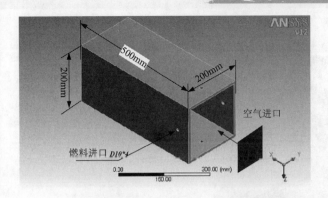

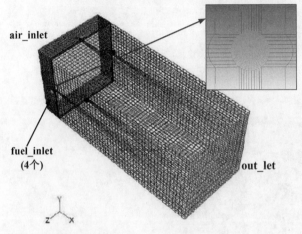

图 2-92  燃烧室模型

本例流场计算从 ICEM 网格划分开始，结构分析从结构几何导入开始。

> **注意**  如果单击 Yes，则创建一个新文件，并保存到 ICEM 默认工作目录中。

Step 3  将 ICEM 文件另存。单击 File > Save Project As 保存到指定目录。

Step 4  对模型进行初步修整。单击 Geometry > Repair Geometry，保持默认设置，单击 Apply 按钮。

Step 5  定义边界条件表面。将模型树 Geometry 中的 surface 勾选，其余不勾选。

Step 6  右击模型树中 Parts，在快捷菜单中选择 Create Part，输入边界名称并选择所要定义的表面。分别定义左侧进口为 air_inlet，定义四个燃料进口为 fuel_inlet，定义燃烧室四个壁面为 hc_wall，定义右侧面为 out_let。

Step 7  定义完毕后开始划分 block。首先，创建一个 Block，单击 Block>Create Block，然后单击 Apply 按钮生成 block。

Step 8  分割 Block。运用 Spilt Block 功能将 Block 切割成方体加四个小方柱结构。单击 Split Block > Split Method > Prescribed point，在模型树中勾选相应的 Curves 和 Points，把初始 block 分割为多块 Block，如图 2-93 所示。

Step 9  删除多余的 Block。单击 Delete > Block 图标，选择要删除的块，单击鼠标中键确定，删除后的结果如图 2-94 所示。

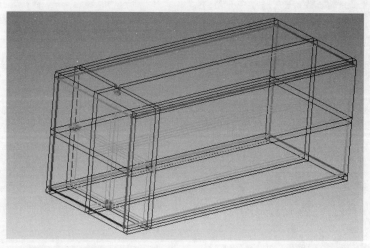

图 2-93 切割 Block

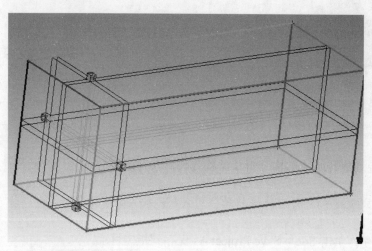

图 2-94 删除多余 Block

Step 10 将燃料进口 Block 的 Edge 对应至实体 Curve。单击 Block>Associate>Associate Edge to Curve，并勾选 Project vertices。

Step 11 将与燃料进口小圆柱连接的 Edge 在一个平面内对齐在一起。单击 Block>Move Vertices>Align Vertices，Along edge direction 中选择要对齐的边如图 2-95 所示，Reference vertex 选择基准点。对齐后的结果如图 2-96 所示。

Step 12 划分 O 型网格。单击 Block>Split Block，选择如图 2-97 所示的块及面。单击 Apply 按钮，生成 O 型 block。

Step 13 定义网格尺寸。单击 Mesh > Global Mesh Parameters，在 Global Element Seed Size 中输入 10，单击 Apply 按钮。

Step 14 预生成网格。单击 Block > Pre-Mesh Params，选择 Update All，单击 Apply 按钮。展开模型树中的 Block，勾选 Pre-Mesh，网格自动生成，在此基础上可检查网格质量。

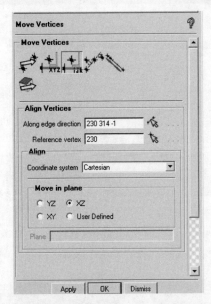

图 2-95 对齐 Edge

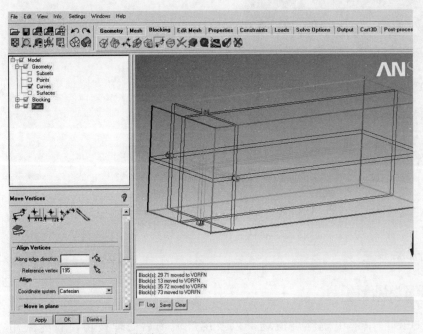

图 2-96 将 Edge 对齐后的结果

Step 15 对燃料进口小圆柱进行加密。单击 Block > Pre-Mesh Params > Meshing。对四个小圆柱长度方向设定 6 个节点，O 型网格的方形 block 设定 10 个节点，O 型网格直径方向设定 8 个节点。再次勾选 Pre-Mesh，网格会自动更新，如图 2-98 所示。

Step 16 输出网格至 FLUENT 求解器。单击 File > Mesh > Load from Blocking。然后单击 Output > Select Solve，在 Common Structural Solver 中选择 ANSYS，单击 Output Solver，选择 Fluent_V6，单击 Apply 按钮。然后单击 Output 中 Write input 图标，输出 .mesh 文件。

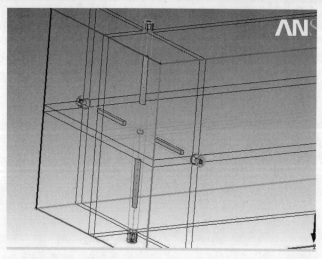

图 2-97 划分 O 型网格

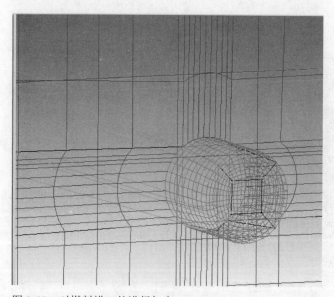

图 2-98 对燃料进口处进行加密

### 2.5.3 利用 FLUENT 求解燃烧流场

本节主要讲述 FLUENT 求解甲烷燃烧流场，以及燃烧流场后处理技巧，首先采用 Finite-Rate/Eddy-Dissipation 进行甲烷－空气一步化学反应的模拟。然后进一步采用 ED 及 EDC 模拟，并对比分析三种结果的不同，读者在本节可以了解到有限速率模型的选取和生成后处理曲线的方法。

Step 1 读入网格文件，修改尺寸及比例。将尺寸修改为 mm。启动能量方程及湍流方程。单击模型树中 Models，选择 Problem Setup > Models > Energy 勾选能量方程。单击 Models>Viscous，选择 k-epsilon(2 eqn)，其余保持默认设置，单击 OK 按钮。

Step 2 启动组分传递及燃烧反应模型。选择 Models>Species，在 Mixture Material 中选

择 methane-air（甲烷－空气一步反应），勾选 Volumetric，选择 Finite-Rate/Eddy-Dissipation 模型，单击 OK 按钮，如图 2-99 所示。四个有限速率化学反应模型分别是：

- 层流火焰模型（Laminar Finite-Rate）：层流火焰模型基于阿列纽斯定律，并且忽略湍流作用，因此该模型只适用于层流燃烧的模拟。
- 有限速率/涡耗散模型（Finite-Rate/Eddy-Dissipation）：对湍流燃烧计算既考虑阿列纽斯定律又考虑混合比率，并且在计算时取两者的最小值。
- 涡耗散模型（Eddy-Dissipation）：只考虑混合比率。
- 涡耗散概念模型（Eddy-Dissipation-Concept (EDC)）：是涡耗散模型的延伸，在计算时考虑湍流流动中的化学反应机理，并且假设化学反应发生在小的湍流扰动中，这个小尺度叫做精细尺寸（fine scales）。

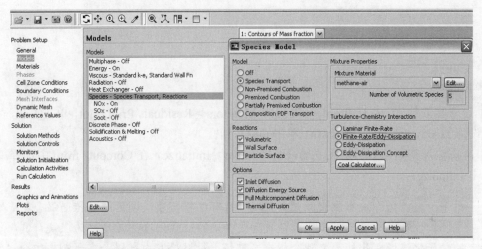

图 2-99　选定组分传递及甲烷空气组分

Step 3　设定入口边界条件。分别设置燃料进口及空气进口为速度进口，按表 2-28 所示给定进口速度、组分及温度（300K 为默认值）。

表 2-28　设定入口边界条件

| 参数 | fuel_inlet | air_inlet |
| --- | --- | --- |
| Type | velocity_inlet | velocity_inlet |
| Velocity_Magnitude | 5m/s | 1m/s |
| Specification Method | Intensity and Visosity Ratio | Intensity and Visosity Ratio |
| Turbulent Intensity | 5% | 5% |
| Turbulent Viscosity | 5 | 5 |
| Species | $CH_4$: 1 | $O_2$: 0.21[a] |

[a] 其余均设置为 0，Fluent 会自动计算 $N_2$ 体积分数（1-0.21=0.79）。

Step 4　设定 pressure_outlet 为压力出口，保持默认设置。设置 hc_wall 为绝热壁面，保持默认设置。

Step 5　修改松弛因子并设定收敛精度。Solution Controls 将 Momentum 改为 0.5，将

Turbulent 改为 0.5,将 $CO_2$ 及 $H_2O$ 改为 0.8,将 Energy 改为 0.85,如图 2-100 所示。

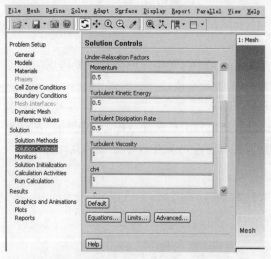

图 2-100 修改松弛因子

**Step 6** 设置收敛精度。选择 Problem Setup > Monitors > Residuals-Print, Plot,单击 Edit,将 Continuity 设为 1e-05,勾选左上角 Plot,单击 OK 按钮。

**Step 7** 冷态流场初始化。初始化流场,选择 Solve > Initialize,在 Compute from 中选择 fuel_inlet,单击 Initialize。

 所谓冷态流场即没有燃烧放热的流场,只有燃料与空气间的组分传递混合扩散,由于燃烧的模拟比其他模拟更为复杂,因此常用冷态流场作为燃烧计算的初始化流场。此外,单独分析冷态流场,对燃烧室内部涡分布预测、组分混合预测也具有工程意义。

**Step 8** 冷态流场求解。单击 Solve>Run Calculation,在 Number of Iterations 中输入 500,单击 Calculate。此例中,大约迭代 350 步左右达到收敛标准,收敛趋势如图 2-101 所示。

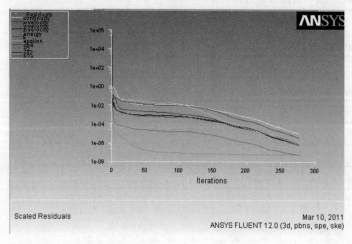

图 2-101 冷态流场收敛曲线

**Step 9** 建立等值截面，查看甲烷组分质量分数分布。单击工具栏中 Surface>Iso-Surface，在 Surface of Constant 选择 Mesh，在下面的列表中选择 Y-Coordinate，在 Iso-Value 中输入 0，表示做一个垂直于 Y 轴的等值面（Y=0），如图 2-102 所示。同理可以建立 Z=0 或其他截面的等值线。

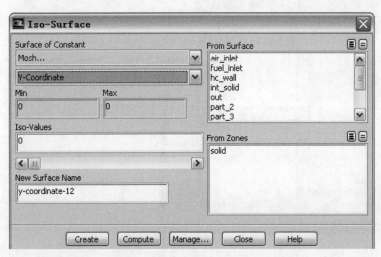

图 2-102 建立 Y、Z 截面

**Step 10** 显示 Y=0 截面甲烷质量分数。单击 Display>Graphics and Animations>Contours，在 Contours of 中选择 Species，在下面的列表中选择 Mass fraction of ch4。甲烷质量分数分布如图 2-103 所示。

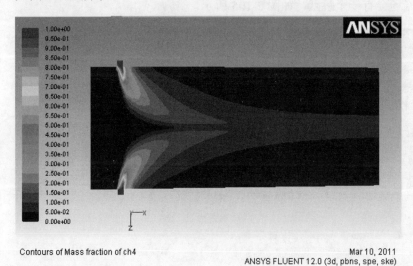

图 2-103 冷态流场甲烷质量分数分布

**Step 11** 保存冷态结果文件。单击 File>Write>Case&Date，输入名称 combustion cold 与保存 case 与 date 文件。

**Step 12** 冷态计算结束后，开始计算燃烧流场。

**Step 13** 首先，需要对流场进行"点火"，即赋予流场区域一个较高的温度。在上面的冷态结果基础上单击 Solve>Initialize,单击右下角 Patch,在弹出的 Patch 窗口中单击右侧 Zones to Patch 中的 Solid,在 Variable 中选择 Temperature,然后在 Value 中输入 2000K,如图 2-104 所示,表示将全部流场给定一个初值 2000K。

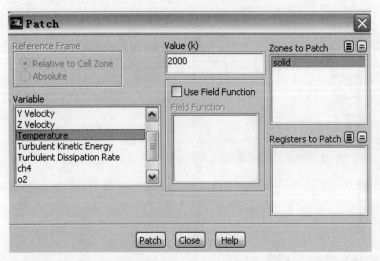

图 2-104 给流场一个初始温度值

**Step 14** 同理,在 Variable 中选择 $CO_2$ 及 $H_2O$,在 Value 中输入 0.2,表示给定一个生成物初始浓度,单击 Close 按钮关闭该窗口。然后,单击 Run Calculation。此时不需要再次单击 Solve > Initialize 中的 Initialize,进一步计算的初始流场为冷态流场的计算结果。重新给了温度值及生成物浓度后,流场会有一个跳跃,如图 2-105 所示。

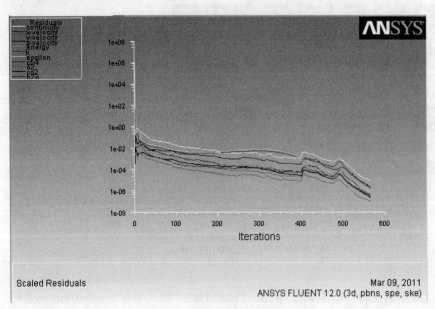

图 2-105 Finite-Rate/Eddy-Dissipation 模型收敛结果

**Step 15** 当迭代收敛后,保存文件 combustion LRED.case and date。

**Step 16** 查看最高温度及生成物浓度。单击 Display>Graphics and Animations>Contours，在 Contours of 中选择 Temperature，截面选择 Y-Coordinate 及 Z-Coordinate 以及 out，单击 Display，可以看出燃烧室内最高温度为 2240K，如图 2-106 所示。

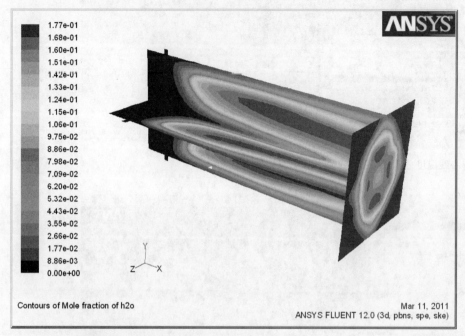

图 2-106 采用有限速率/涡耗散模型 $H_2O$ 摩尔分数

**Step 17** 同理，在 Contours of 中选择 Species，选择 Mole fraction of h2o，显示 $H_2O$ 摩尔分数，可以看出 $H_2O$ 最高摩尔分数为 17.7%。

**Step 18** 绘制燃烧室中心轴温度沿流动方向分布曲线。单击工具栏中 Surface>Iso-Surface，在 Surface of Constant 选择 Mesh，在下面的列表中选择 Y-Coordinate，在 Iso-Value 中输入 0，在右侧 From Surface 中选择之前建立好的 Z=0 截面，单击 Create 按钮。

 上述操作实际上建立的是两个截面的相交线，即燃烧室中心线。也可以利用 Surface>Line/Rake Surface 通过输入坐标点的方法建立中心线，但是对于一些复杂的几何体或者复杂曲面，如果不清楚具体坐标，用截面相交的办法生成直线或者曲线更方便。

**Step 19** 显示中心线温度分布。单击 Results>Plots>XY plot，在 Surfaces 中选择刚才建立的直线（Y-Coordinate-12），在 Y Axis Function 中选择 Temperature 及 Static Temperature，单击 Plot，可以看到中心位置温度分布曲线，如图 2-107 所示。

 也可以在 Curves 窗口中修改曲线厚度，及更改符号标记等，如图 2-108 所示。或者将数据保存为记事本格式，用其他作图软件如 Tecplot 或者 Qriginlab 进行曲线绘制。勾选 Solution XY Plot 中的 Write to File，如图 2-109 所示。

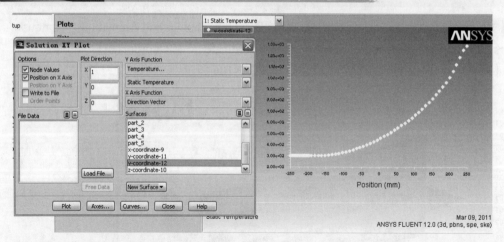

图 2-107　燃烧室中心线温度分布

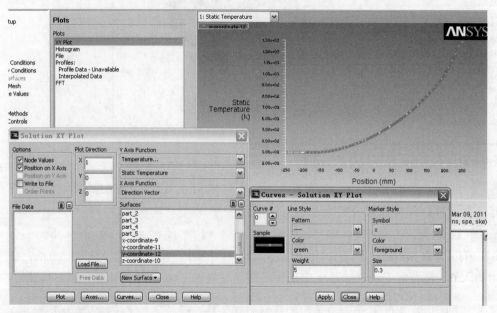

图 2-108　修改曲线特性

**Step 20**　采用 ED 模型计算燃烧场。在第 3 步中选择 ED 模型，其余操作同 Finite-Rate/Eddy-Dissipation 模型。

**Step 21**　采用 EDC 模型计算燃烧场。在第 3 步中选择 EDC 模型，其余操作同 Finite-Rate/Eddy-Dissipation 模型。

可以对三种燃烧流场的结果进行对比分析。图 2-110 至图 2-112 给出了不同模型计算的温度场。从中可以看出，三种模型所计算的最高温度分别为 $246 \times 10^3$，$256 \times 10^3$ 和 $264 \times 10^3$。有限速率/涡耗散模型计算的火焰形状较为平滑，而其他两种模型的扩散效果明显增强，甚至扩散至燃烧室壁面，涡耗散概念模型在燃烧室中前部化学反应开始位置有明显锯齿形扩散界面形状。

第 2 章 单向流固耦合分析

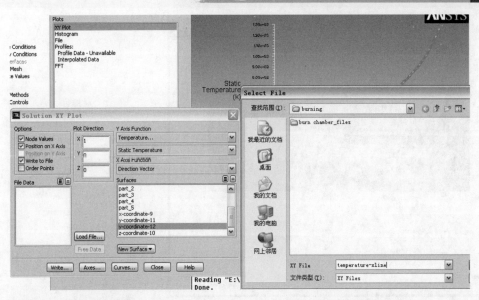

图 2-109　输出曲线数据

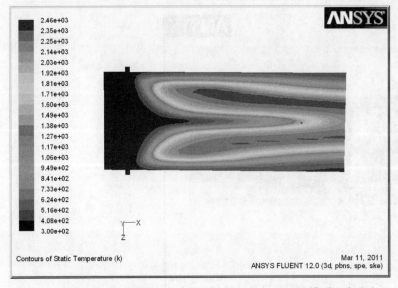

图 2-110　有限速率/涡耗散（Finite-Rate/Eddy-Dissipation）模型温度分布

## 2.5.4　$NO_x$ 排放量预测

Step 1　启动 $NO_X$ 预测模型，对 $NO_X$ 进行计算和预测。在 EDC 模型燃烧流场基础上进行，单击 Problem Setup > Model > $NO_X$，单击 Edit，勾选 Pathways 下面的 Thermal NOx 和 Prompt NOx，在 Fuel Species 下面选择 ch4，如图 2-113 所示。

Step 2　单击 Turbulence Interaction Mode 标签，在 PDF Mode 中选择 temperature，PDF Points 中默认为 10，增加这个数值，可以提高 $NO_X$ 预测精度，在 Temperature Variance 中选择 transported，单击右侧 Formation Model Parameters 中的 Thermal 标签，在[O]Model 中选择 partial-equilibrium，如图 2-114 所示。

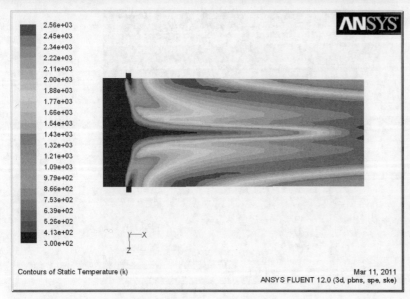

图 2-111　涡耗散模型（Eddy Dissipation）温度分布

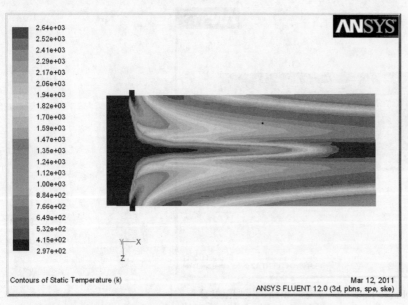

图 2-112　涡耗散概念模型（Eddy-Dissipation-Concept）温度分布

Step 3　单击 Formation Model Parameters 中的 Prompt，在 Fuel Carbon Number（燃料 C 原子数）中保持默认值 1，在 Equivalence Ratio 中输入 0.37。Fuel Carbon Number 是指燃料分子中碳原子数量，Equivalence Ratio 指燃料空气当量比，是过量空气系数的倒数。

Step 4　求解 $NO_X$ 方程。选择 Problem setup > Solution Controls >Equations，只选择 Energy 和 Pollutant no，单击 OK 按钮。单击 Run Calculation，求解 $NO_X$ 方程。

Step 5　查看 NO 分布情况。单击 Display>Graphics and Animations>Contours，在 Contours of 中选择 $NO_X$，Mass Fraction of Pollutant no，在 Surfaces 中选择中间截面，单击 Display，可以查看污染物质量分数分布，如图 2-115 所示。

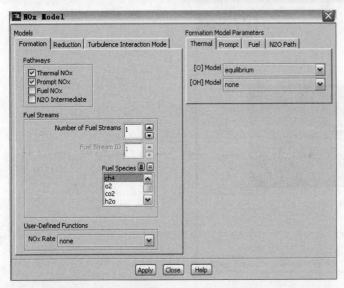

图 2-113 设置 $NO_X$ 预测模型

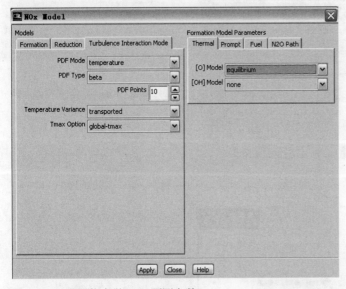

图 2-114 设置热力学 $NO_X$ 预测参数

**Step 6** 将污染物用体积比浓度（ppm）形式显示。单击 Define>**Custom Field Functions**，在 **Field Functions** 中选择 **Mole fraction of Pollutant no**，按照图 2-116 所示输入定义式，并在 New function Name 中命名。

NOx ppm 浓度计算公式：

$$NO\,ppm = \frac{NO\ mole\ fraction \times 10^6}{1 - H_2O\ mole\ fraction}$$

**Step 7** 显示 NO ppm 值。单击 Display>Graphics and Animations>Contours，在 Contours of 中选 Custom Field Functions, no ppm，在 Surfaces 中选择截面，单击 Display 按钮，如图 2-117 所示。

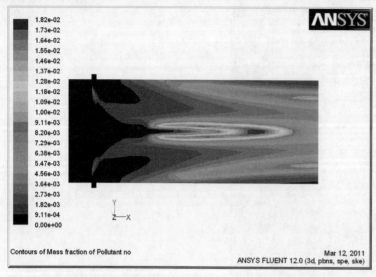

图 2-115　污染物质量分数分布

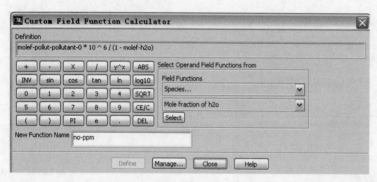

图 2-116　定义 NO ppm 计算式

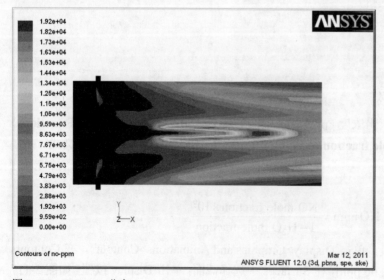

图 2-117　NO ppm 分布

### 2.5.5 Workbench 进行结构分析

本节对燃烧室进行结构强度分析。

1. 将流场结果与结构分析耦合

Step 1 启动 Workbench 平台，单击 File>Save As，另存为 combustion。读入 FLUENT 结果文件，本例选择加载 ED 模型的计算结果。

Step 2 首先加载 FLUENT 模块，双击平台左侧 Toolbox 中的 Fluid Flow(FLUENT)。右击 Fluid Flow(FLUENT)模块中的 Setup，在快捷菜单中选择 Import Fluent Case，选择上面保存的 Combition ED.cas 文件。此时，出现对话框，单击确定，表示允许将目前 case 文件中的几何和网格导入。

Step 3 导入 Workbench 将启动 FLUENT，单击 OK 按钮。在弹出的 FLUENT 启动窗口中单击 OK 按钮，如图 2-118 所示（此时 FLUENT 已经自动识别读入的 case 是 3D），进入 FLUENT 界面中。单击 File > Import > Date，选择 combustion ED.dat。

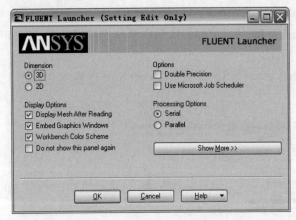

图 2-118　Workbench 平台下导入 FLUENT case 文件

Step 4 将迭代次数改为 1。单击 Solve > Run Calculation > Number of Iterations 进行修改。

Step 5 将结果导入 Workbench 平台。在 Workbench 界面中，右击 Fluid Flow(FLUENT)中的 Solution，单击 Update。此时 FLUENT 将计算一步，并把结果文件导入至 Workbench 平台的目录中，如图 2-119 所示。

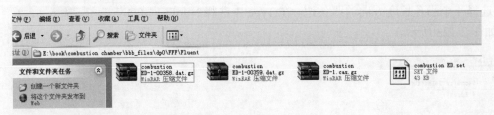

图 2-119　自动保存 FLUENT 结果文件

Step 6 启动热强度分析模块。右击 Workbench 平台右侧的 Custom Systems > Thermal-Stress，然后将 FLUENT 模块中的 Solution 分别拖到 Steady-State Thermal(ANSYS)中的 Setup 及 Static Structural(ANSYS)中的 Setup 去，如图 2-120 所示。

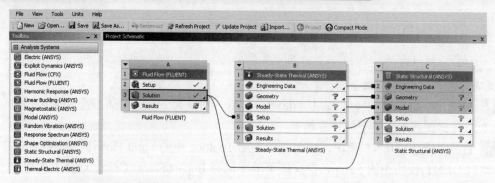

图 2-120　流场结果加载至强度分析

2. 划分结构网格

**Step 1** 导入固体几何文件。右击 Steady-State Thermal(ANSYS)中的 Geometry，导入燃烧室固体域几何 stp 文件。然后双击 Geometry，进入几何模型处理界面，单位选择 meter。

**Step 2** 退出 Geometry 并返回到 Project Schematic，然后双击 Steady-State Thermal（ANSYS）中的 Model，进入网格划分及求解界面。

**Step 3** 对模型进行网格划分。单击 Mesh > Insert > Method，选中整个燃烧室体（body），在 Method 中选择 Hex Dominant，如图 2-121 所示。

**Step 4** 设定全局网格尺寸，单击 Mesh > Insert > Size，在 Element Size 中输入 0.01m，然后单击 Apply，如图 2-122 所示。

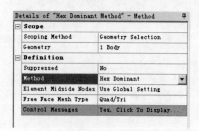

| Details of "Hex Dominant Method" - Method | |
|---|---|
| **Scope** | |
| Scoping Method | Geometry Selection |
| Geometry | 1 Body |
| **Definition** | |
| Suppressed | No |
| Method | Hex Dominant |
| Element Midside Nodes | Use Global Setting |
| Free Face Mesh Type | Quad/Tri |
| Control Messages | Yes, Click To Display... |

图 2-121　设定全局网格方案

| Details of "Body Sizing" - Sizing | |
|---|---|
| **Scope** | |
| Scoping Method | Geometry Selection |
| Geometry | 1 Body |
| **Definition** | |
| Suppressed | No |
| Type | Element Size |
| Element Size | 1. e-002 m |
| Behavior | Soft |

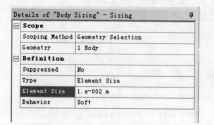

图 2-122　设定全局网格尺寸

**Step 5** 设定端面网格类型。单击 Mesh > Insert >Mapped Face Meshing，选择燃烧室进出口两个端面，单击 Apply。

**Step 6** 对小孔附近网格进行加密。单击 Mesh > Insert > Size，然后单击边选择按钮，按住 Ctrl 键选择 4 个小孔长度方向的四条边，在 Type 中选择 Number of Divisions，输入 6，单击 Apply，如图 2-123 所示。

| Details of "Edge Sizing" - Sizing | |
|---|---|
| **Scope** | |
| Scoping Method | Geometry Selection |
| Geometry | 4 Edges |
| **Definition** | |
| Suppressed | No |
| Type | Number of Divisions |
| Number of Divisions | 6 |
| Behavior | Soft |
| Bias Type | No Bias |

图 2-123　设定小孔尺寸

**Step 7** 生成网格。右击 Project 中的 Mesh，在快捷菜单中单击 Generate Mesh，生成的网格如图 2-124 所示。

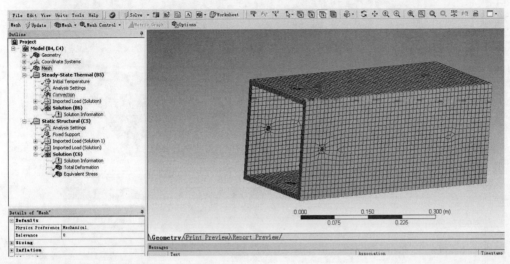

图 2-124　生成的结构网格图

### 3. 添加约束/载荷边界条件

**Step 1** 导入燃烧计算的温度场。右击 Steady-State Thermal 中的 Imported Load，选择 Insert Temperature，在左下角对话框中 Geometry 选择燃烧室四个内壁面，CFD Surfaces 中选择 hc_wall，如图 2-125 所示，然后右击 Imported Load (Solution)下面的 Import Temperature，单击 Import Load，表示将流体壁面温度加载到固体上，此时将进行流固耦合面间的数据传递，需要等待一段时间，加载后单击 Imported Load 下的 Imported Temperature 可以查看壁面温度，如图 2-126 所示。

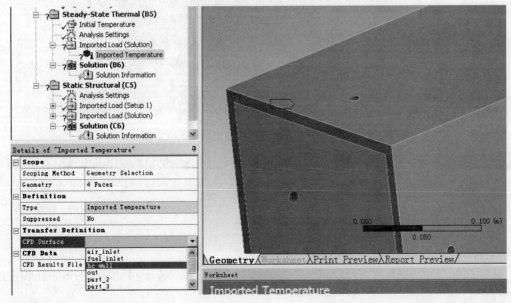

图 2-125　导入流体温度场

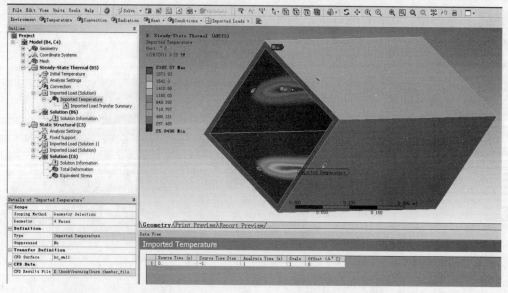

图 2-126　加载流体温度后的壁面温度分布

**Step 2**　添加约束条件。右击 Project 中的 Static Structural，在快捷菜单中选择 Insert > Fixed Support，选择空气进口端面，如图 2-127 所示。

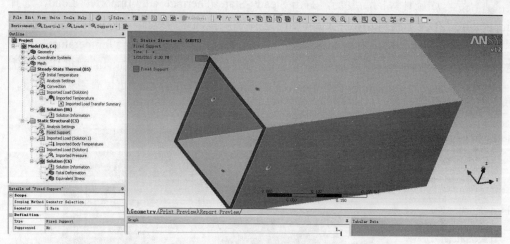

图 2-127　添加 Fixed Support

**Step 3**　添加流体压力载荷。右击 Static Structural 中的 Imported Load (Solution)，在快捷菜单中选择 Insert > Pressure，在 Details 下的 Geometry 中选择流体内壁面，在 CFD Surface 中选择 hc_wall，然后右击 Imported Load (Solution) 下面的 Import Pressure，单击 Import Load，如图 2-128 所示。

4．求解设置

**Step 1**　添加变形分析。右击 Solution，在快捷菜单中选择 Insert > Deformation > Total，如图 2-129 所示。

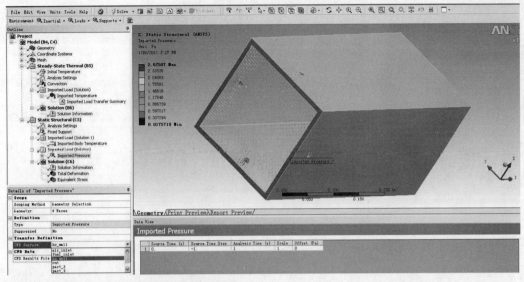

图 2-128　加载流体压力后的壁面压力分布

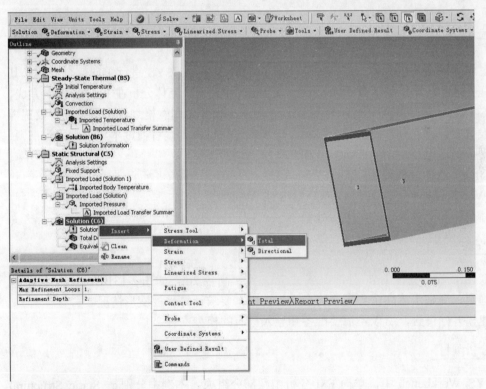

图 2-129　添加变形量求解

　　Step 2　同理也可以设置其他待求变量，设置完毕后，右击 Solution，选择 Solve 开始计算。
　　Step 3　计算结束后，可以查看变形求解结果。单击 Solution 中的 Total Deformation，如图 2-130 所示。也可以输出计算结果，单击工具栏中的 New Figure or Image>Image to file 保存图片。

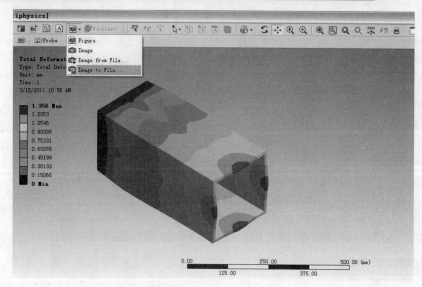

图 2-130　燃烧室变形结果和图片输出

## 2.6　水流冲击平板分析

本例通过水流冲击钢板分析来演示如何使用 FLUENT 和 ANSYS 进行单向耦合分析。其中，几何建模及网格划分分别在 DM Geometry 及 Mesh 中进行，流体分析在 FLUENT 中完成，结构分析在 Static Structural (ANSYS) 中设置。本例从建模开始到网格划分、结构分析设置再到流体分析设置、计算，到最终的结果显示，一步步进行讲解。读者通过本节可学习到：

- 模型前处理技巧
- FLUNET 流体分析设置
- 在 Workbench 平台完成 FLUENT-ANSYS 单向耦合
- 流体分析和固体分析的结果后处理

### 2.6.1　问题描述

平板厚 0.1m，长、宽各 1m，外部流域长 5m，宽、高各 2m，如图 2-131 所示。平板垂直而立，底部固定，受到水流冲击作用，将会产生变形，要求计算平板变形情况。

本例从建模开始讲解，所以不需要准备和导入已有的模型文件。

### 2.6.2　创建分析项目

在 ANSYS Workbench 中，单向 FSI 分析由两部分组成，本例中分别是 Static Structural (ANSYS) 分析系统和 Fluid Flow (FLUENT) 分析系统。

Step 1　启动 ANSYS Workbench。在 Windows 系统中单击"开始"菜单，然后选择 All Programs > ANSYS 12.1 > Workbench。选择 File > Save 或者单击 Save 按钮。出现一个"另存为"对话框，选择存储路径保存项目文件。在"文件名"处输入 water plate，然后单击"保存"按钮。

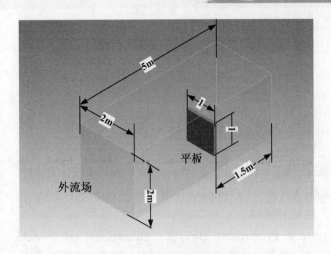

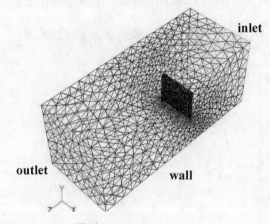

图 2-131 CFD 模型

 要预览项目文件和相应的文件夹,可以通过 Files View 查看。从 ANSYS Workbench 的主菜单选择 View > Files。

**Step 2** 展开位于 ANSYS Workbench 左侧的 Toolbox 中的 Custom Systems 选项,选择 FSI: Fluid-Flow(FLUENT) > Static Structural (ANSYS) 模块,双击此模块,或者拖动其到 Project Schematic 创建两个独立的分析模块,并自动连接完毕,如图 2-132 所示。

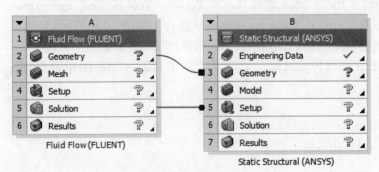

图 2-132 启动 FLUENT-Static Structural 模块

**Step 3** 也可以在 toolbox 中 Analysis Systems 分别选中 Fluid-Flow (FLUENT)及 Static Structural (ANSYS)，然后用鼠标拖动 FLUENT 中的 Solution 至 ANSYS 中的 Setup。

### 2.6.3 建立几何模型

本节主要讲述如何建立平板及外流域几何模型。

**Step 1** 双击 Fluid Flow (FLUENT)模块的 Geometry 单元，进入 Design Modeler。

**Step 2** 在弹出的单位选择列表中选择 Meter 作为建模单位。

**Step 3** 创建外部水域。单击主菜单 Create > Primitives> Box，创建外部水域。在 FD3 Point1 X Coordinate 中键入-0.5，在 FD6,Axis X、Y、Z Component 中分别键入 2，2，2,5。右击模型树中的 Box1，单击 Generate 按钮，生成外流域。

**Step 4** 创建平板。单击主菜单 Create > Primitives> Box，在 Operation 中选择 Add Frozen，在 Details View 中进行图 2-133 所示的设置，单击 Generate 按钮，生成平板模型。

**注意** Operation 中选择 Add Frozen 是为了区分两个模型，不然二者会自动合并。

Details View

| Details of Box2 | |
|---|---|
| Box | Box2 |
| Base Plane | XYPlane |
| Operation | Add Frozen |
| Box Type | From One Point and Diagonal |
| Point 1 Definition | Coordinates |
| FD3, Point 1 X Coordinate | 0 m |
| FD4, Point 1 Y Coordinate | 0 m |
| FD5, Point 1 Z Coordinate | 1.5 m |
| Diagonal Definition | Components |
| FD6, Diagonal X Component | 1 m |
| FD7, Diagonal Y Component | 1 m |
| FD8, Diagonal Z Component | 0.1 m |
| As Thin/Surface? | No |

图 2-133 平板设置信息

**Step 5** 进行几何布尔运算。单击 Create > Boolean 进行布尔操作，Operation 选择 Subtract，Target Bodies 选择 Box1，Tool Bodies 选择 Box2，Preserve Tool Bodies? 选择 Yes，也就是布尔操作后仍然保留平板模型。单击 Generate 按钮完成操作，如图 2-134 所示。

**Step 6** 右击模型树中的流体域，选择 rename 操作，将流体域重新命名为 Fluid。

**Step 7** 单击主菜单的 File > Save Project 保存文件，然后单击 File > Close DesignModeler 退出。

### 2.6.4 流体分析

本节从网格划分开始逐步介绍结构分析的设置。

1. 流场网格划分

**Step 1** 双击 Fluid Flow(FLUENT)中的 Mesh 单元。

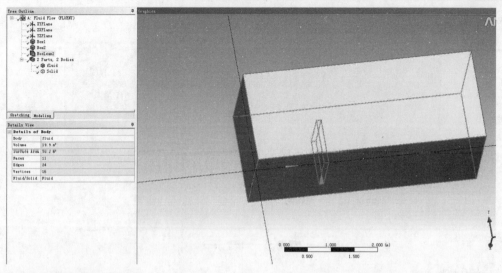

图 2-134　布尔运算后模型

**Step 2**　在 Mechanical 中，展开 Project > Model > Geometry，可以看到有两个 Solid 存在。对流体分析来说，暂时不需要平板固体域。所以，右击方形外流场的 Solid 体，从快捷菜单中选择 Suppress Body。

**Step 3**　右击 Mesh 下的 Insert，单击 Sizing，修改 Details of "Sizing"中的 Geometry，选定与平板相交的五个面（没有底面），Element size 设定为 50mm。

**Step 4**　右击 Mesh，在快捷菜单中选择 Generate Mesh，生成网格，如图 2-135 所示。

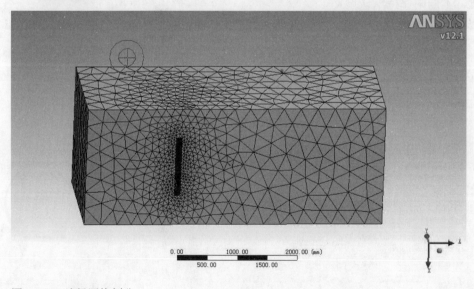

图 2-135　流场网格划分

### 2. 为流体分析指定边界名称

**Step 1**　展开 Project > Model > Geometry，右击 fluid 选择 Create Selection Group，在弹出的窗口中输入 inlet，单击 Named Selections 中的 inlet，在 Geometry 中选择离平板较近的平面。

**Step 2**　进行同样操作，定义离平板较远的平面为 outlet，定义平板与流体交界的五个面为 fsi_wall，如图 2-136 所示。

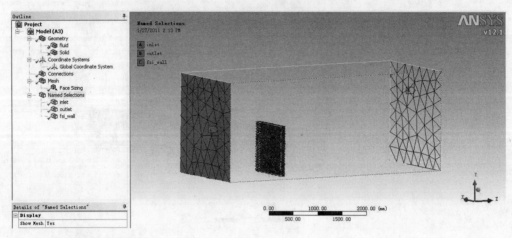

图 2-136 指定流体边界面

**Step 3** 组合面定义完毕后，退出 Mesh。
**Step 4** 右击 Fluid-Flow(FLUENT)中的 Mesh 按钮，选择 Upate 更新网格。

3. FLUENT 流体设置和求解

**Step 1** 双击 Fluid-Flow(FLUENT)中的 Setup，启动 FLUENT，在弹出的对话框中可以选择并行设置，本例中默认，单击 OK 按钮。

**Step 2** 修改网格尺寸。进入 FLUENT 界面，单击左侧 Problem Setup 中的 General，进入网格尺寸设置，本例中保持默认设置。

**Step 3** 设置重力加速度方向及大小。勾选下方的 Gravity，在 Y(m/s$^2$)中输入-9.8，如图 2-137 所示。

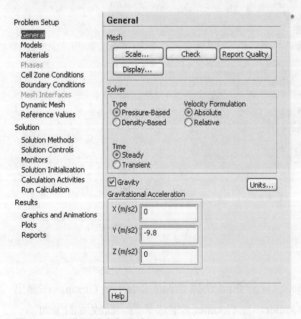

图 2-137 设置重力加速度

**Step 4** 启动湍流模型。单击左侧 Problem Setup 中的 Models，在 Models 中进行湍流方程设置。Viscou-Stannard 中选择 k-epslion 模型，其他保持默认，如图 2-138 所示。

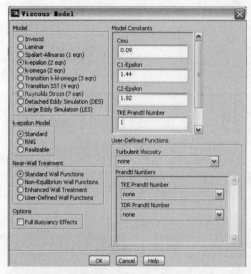

图 2-138 选择湍流模型

**Step 5** 设定流场材料。单击左侧 Problem Setup 中的 Materials，双击 Fluid，在弹出的对话框中单击 FLUENT Database…，在弹出的对话框中将 FLUENT Fluid Materials 下拉至底部，选择 water-liquid(h2o<l>)，单击 Copy 按钮，如图 2-139 所示。

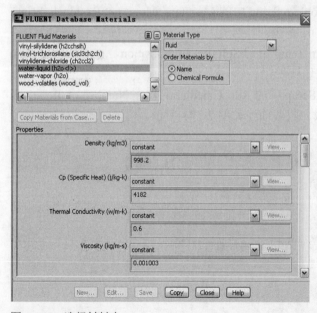

图 2-139 选择材料水

**Step 6** 设置进口边界条件。单击左侧 Problem Setup 中的 Boundary Conditions，选择 inlet，在 Type 中选择 velcocity-inlet，单击 Edit…按钮，在 Velocity Magnitude 中输入 2，在 Specification Method 中选择 Intensity and Viscosity，在 Turbulent Intensity 中输入 5，在 Turbulent

Viscosity Ratio 中输入 5，如图 2-140 所示。

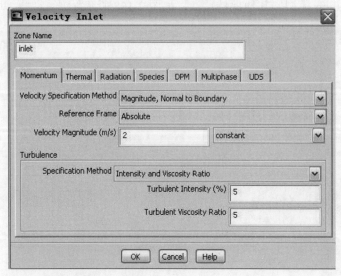

图 2-140　设定进口边界条件

**Step 7**　设置出口边界条件。设置 outlet 为出口边界条件，选择 pressure outlet，压力设为 0，湍流设置与进口边界设置相同。

**Step 8**　设置松弛因子。由于本算例流体部分较为简单，仅求解连续方程、动量方程及湍流输运方程，故松弛因子可以保持默认值。

**Step 9**　设置残差收敛标准。单击 Problem Setup 中的 Monitors，Monitors>Residuals-Print，Plot，在 Continuity 中输入 0.0001，单击 OK 按钮。

**Step 10**　初始化流场。单击 Problem Setup 中的 Solution Initialization，在 Compute from 中选择 inlet，单击下方的 Initialize 完成流场初始化。

**Step 11**　开始计算。单击 Problem Setup 中的 Run Calculation，在 Number of Iterations 中输入 1000。迭代至 600 步左右流场收敛，收敛曲线如图 2-141 所示。

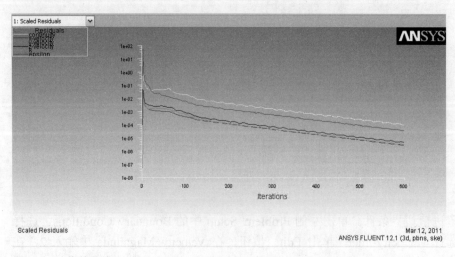

图 2-141　收敛曲线

## 4. 流体分析结果查看

**Step 1** 建立流体域中间截面。单击工具栏的 Surface>Iso-surface，在 Surface of Constant 中选择 Mesh，在下级菜单中选择 X-Coordinate，在 Iso-Values(m)中输入 0.5，单击 Create 按钮。

**Step 2** 查看中间面的压力分布。单击 Problem Setup > Graphics and Animations > Contours，在 Surfaces 中选择 X-Coordinate-5，单击 Display。压力分布如图 2-142 所示。

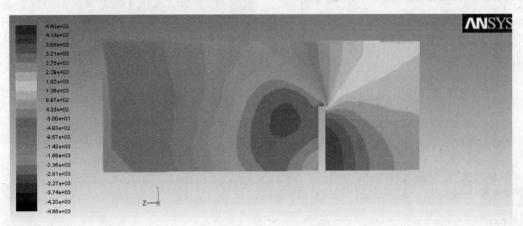

图 2-142 查看压力分布

**Step 3** 查看平板受到流体作用力大小。选择 Problem Setup> Reports> Forces，在 Direction Vector 中将 Z 设置为 1，X、Y 设置为 0，表示查看 Z 方向受力，在 Wall zones 中选择 fsi_wall，单击 Print，在 FLUENT 对话框中出现受力情况，如图 2-143 所示，可以看出平板受到水流冲击作用力的合力为 6247.1511N。

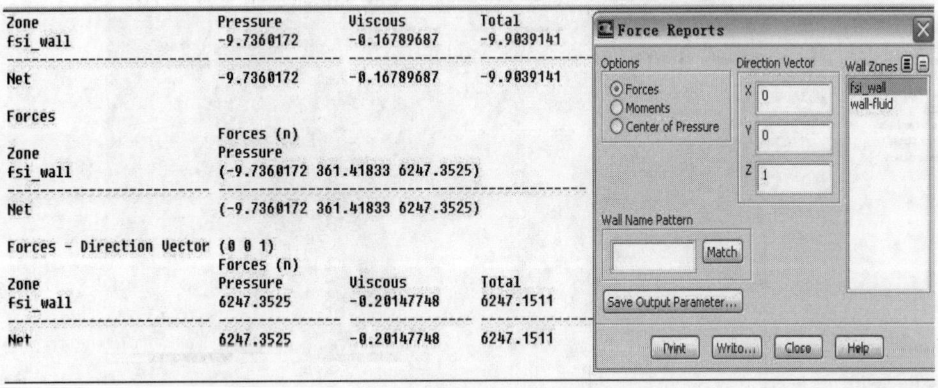

图 2-143 查看平板 Z 方向受力

**Step 4** 单击 File>Save Project 保存流场计算结果，然后退出。

## 2.6.5 结构分析

### 1. 结构网格划分

**Step 1** 双击 Static Structural (ANSYS)中的 Model，进入 Mechanical 界面，在 Project

Model 中将流体域 suppress，只保留固体域。

Step 2　右击 Project 中的 Mesh，在快捷菜单选择 Insert sizing，在 Geometry Selection 中选择平板 Z 方向一条边，在 Type 中选择 Number of Divisions，输入 5，单击 Apply 按钮，如图 2-144 所示。设置完毕后右击 Mesh，选择 Generate Mesh，生成的网格如图 2-145 所示。

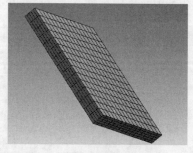

图 2-144　设定平板厚度方向网格尺度　　　　图 2-145　平板结构网格

**2. 添加约束/载荷及求解**

Step 1　右击 Static Structural，在快捷菜单中选择 Insert>Fixed Support，在 Geometry 中选择平板底面。

Step 2　在 Static Structural 中单击 Imported Load(Solution)，在 Geometry 中选择平板受到流体冲击的 5 个面，在 CFD surface 中选择 fsi_wall，右击 Import Pressure，单击 Import Load，如图 2-146 所示。对于不同的模型和网格数量，Import pressure 时间会有所不同。

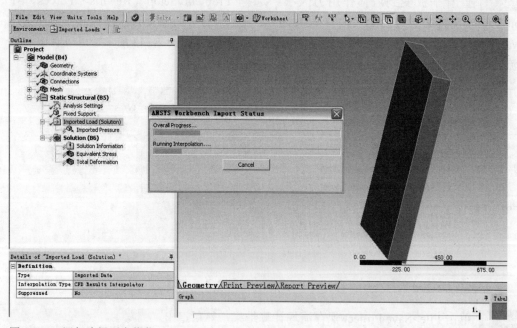

图 2-146　添加流场压力载荷

Step 3　Import Pressure 过程结束后，会出现 Import Load Transfer Summary 详细信息，单击可以查看插值结果，如图 2-147 所示，Z 方向受力为 6178.7N。

CFD 计算结果会与结构面加载、插值结果略有不同，造成这种不同的原因主要是：流体面与固体面之间网格不同所带来的误差、流体粘性力没有加载到固体表面。

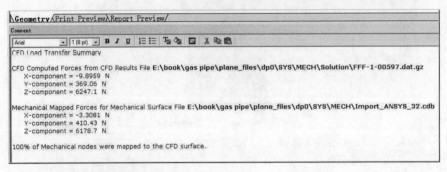

图 2-147　查看已加载到固体表面的压力及合力

Step 4　求解平板等效应力及变形量。右击 Project 中的 Solution，在快捷菜单中选择 Insert > Stress > Equivalent，同理，选择 Insert > Deformation > Total。

Step 5　设置完毕后，右击 Solution，选择 Solve 开始计算。

3. 查看结构分析结果

单击 Solution 下的 Total Deformation 及 Equivalent Stress，可以查看总变形量以及应力分布，如图 2-148 和图 2-149 所示。可以看出最大变形发生在平板顶部，有 0.043mm，而最大应力大约 1.6MPa，发生在平板底部中间部分。

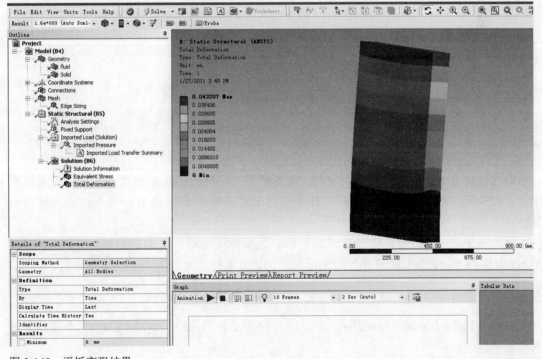

图 2-148　平板变形结果

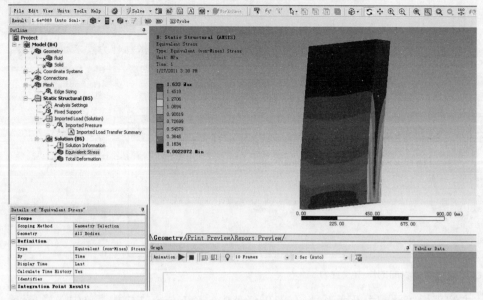

图 2-149　平板应力分布

## 2.7　泥浆搅拌器预应力下的模态分析

本例通过对某型号泥浆搅拌器进行单向耦合分析，求出搅拌器在额定工作条件下的应力分布，进而进一步求解预应力下的模态。本例首先在 FLUENT 模块中进行流场分析，再将流场分析结果导入 Static Structural (ANSYS)中，作为结构场分析的初始条件，求解出预应力后，再在 MODEL(ANSYS)下求解搅拌器的前 10 阶模态大小，读者可学习到：
- 模型前处理技巧
- 单向流固耦合的设置
- FLUENT 中 MFR 模型的应用
- Static Structural (ANSYS)中通过 FE 模块调用外部网格
- 流体分析和固体分析的结果后处理

### 2.7.1　问题描述

本例在建模方面做了一部分简化处理。流场模型由搅拌器流场域水体和搅拌桶流场域水体组成；结构模型中将轴和搅拌器叶轮作为整体进行建模，如图 2-150 所示。设计转速为 300r/min。

本例将首先在 FLUENT 中进行流场分析。之后将流场结果作为初始条件导入 ANSYS Workbench 中的 Static Structural (ANSYS)模块下，进行结构部分的应力、变形等分析。

### 2.7.2　创建分析项目

首先建立 Finite Element Modeler、Pre-Stress Model 和 Fluid Flow(FLUENT)三个模块之间的联系。

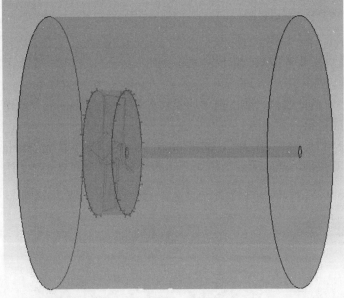

图 2-150　模型文件

Step 1　启动 ANSYS Workbench。

Step 2　选择 File > Save（单击 Save 按钮）。出现"另存为"对话框，选择存储路径保存项目文件。输入 mixer 作为文件名，然后保存该文件。

Step 3　展开位于 ANSYS Workbench 左侧的 Toolbox 中的 Component Systems 选项，选择 Finite Element Modeler 模块，双击此模块，或者拖动此模块到 Project Schematic，创建一个独立的分析模块。

Step 4　展开位于 ANSYS Workbench 左侧的 Toolbox 中的 Custom Systems 选项，选择 Pre-Stress Model 模块，双击此模块，或者拖动此模块到 Project Schematic，创建一个独立的分析模块，如图 2-151 所示。

Step 5　按住鼠标左键单击 Finite Element Modeler 模块下的 Model，将其拖动至 Static Structural(ANSYS)中的 Model 处，松开鼠标。

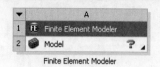

图 2-151 搅拌器单向耦合各模块之间的关系图

**Step 6** 展开位于 ANSYS Workbench 左侧的 Toolbox 中的 Custom Systems 选项，选择 Fluid Flow(FLUENT)模块，双击此模块，或者拖动此模块到 Project Schematic，创建一个独立的分析模块。也可以直接展开位于 ANSYS Workbench 左侧的 Toolbox 中的 Component Systems 选项，选择 FLUENT 模块，双击此模块，或者拖动此模块到 Project Schematic，创建一个独立的分析模块。（本例中采用的是第二种方法）

**Step 7** 按住鼠标左键单击 FLUENT 模块下的 Solution，将其拖动至 Static Structural(ANSYS)中的 Setup 处，松开鼠标。至此所有的模块之间的联系已经全部建立，如图 2-152 所示。

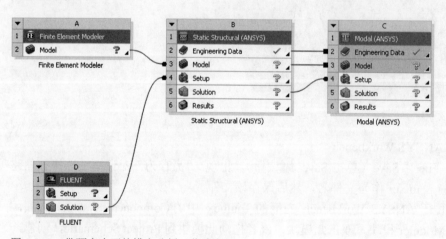

图 2-152 带预应力下的模态分析工作流程图

### 2.7.3 Fluent 流场分析

本节将详细讲述 FLUENT 中搅拌器分析的设置。

1. 读入网格文件

**Step 1** 右击 FLUENT 模块下的 Setup，并选择 Edit，在弹出的对话框中直接单击 OK

按钮，如图 2-153 所示，进入 FLUENT 界面。

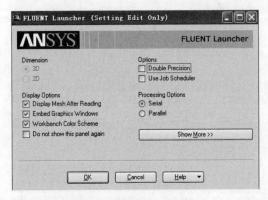

图 2-153　FLUENT Launcher 对话框

Step 2　单击 File > Import > Mesh，弹出 Select File 对话框，找到下载素材包中的素材文件 fluent.msh，单击 OK 按钮，如图 2-154 所示。

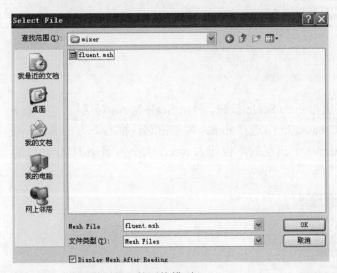

图 2-154　选择需要导入的网格模型

2. 网格处理及模型单位的转换

Step 1　单击 FLUENT 界面最左边栏中的 General，该栏右边即出现 General 中可以编辑的所有菜单，如图 2-155 所示，单击图中 General 菜单下的 Check 按钮，这时 FLUENT 界面下面的编辑栏中会提示检查结果。

这里会出现警告，并最终提示"WARNING: Mesh check failed."，如图 2-156 所示。这里主要检查网格有无负体积等（本例中网格的最小体积为"minimum volume (m3): 7.424896e-004"），出现的警告提示是因为在网格处理中有类似于 interface 等字样的名称，FLUENT 会默认将其边界条件属性设置为 interface，而在没有创建完成交界面的时候，就会有类似错误提示，只要在后面的设置中完成 interface 设置就可以了，后面将会讲解如何创建交界面。

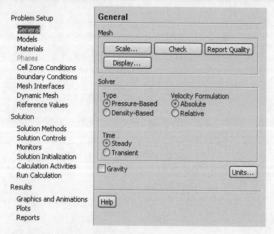

图 2-155　检查模型

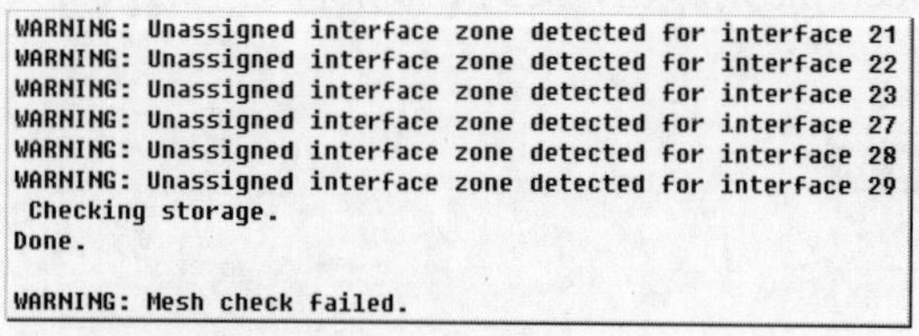

```
WARNING: Unassigned interface zone detected for interface 21
WARNING: Unassigned interface zone detected for interface 22
WARNING: Unassigned interface zone detected for interface 23
WARNING: Unassigned interface zone detected for interface 27
WARNING: Unassigned interface zone detected for interface 28
WARNING: Unassigned interface zone detected for interface 29
 Checking storage.
Done.

WARNING: Mesh check failed.
```

图 2-156　警告信息

Step 2　单击图 2-155 中 General 菜单下的 Scale 按钮，弹出 Scale Mesh 对话框，在 View Length Unit In 中选择 mm，Mesh Was Created In 中选择 mm。再单击对话框右下方的 Scale 按钮，如图 2-157 所示，这时 Domain Extents 中出现的单位即为 mm，大小为缩小 1000 倍后的实际模型大小即可。

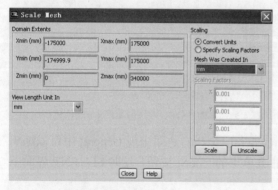

图 2-157　修改模型的单位

Step 3　单击 FLUENT 主界面上方工具栏中的 Mesh，出现下拉菜单，如图 2-158 所示，选择 Smooth/Swap...，在弹出的如图 2-159 所示的对话框中单击 Smooth 按钮之后，连续单击 Swap 按钮，直至 Number Swapped 的数值为 0 即可。

Step 4　单击左侧的 General 选项，勾选左下方的 Gravity。本例为固液两相流，因此要考虑到重力作用，并在 Gravitational Acceleration 的 Z 方向栏中输入重力加速度为 9.8。单击左下方的 Units 按钮，弹出的对话框如图 2-160 所示，Quantities 一栏中选择 angular-velocity，并在 Units 栏中选择 rpm。

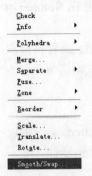

图 2-158　Mesh 选项

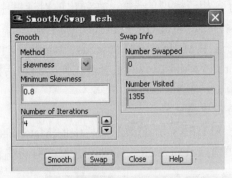

图 2-159　网格光顺对话框

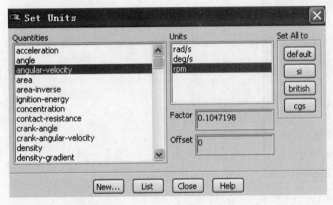

图 2-160　设置单位

### 3．计算模型的选择

**Step 1**　单击 FLUENT 界面最左边栏中的 Models，该栏右边即出现 Models 中可以编辑的所有菜单，如图 2-161 所示。

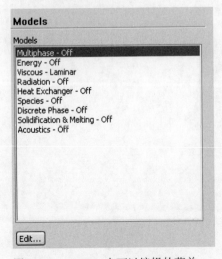

图 2-161　Models 中可以编辑的菜单

**Step 2** 单击选中 Models 中的 Multiphase-Off，再单击下方的 Edit 按钮，或者直接双击 Multiphase-Off 进行多相流模型的选择。在弹出的对话框中选择 Eulerian 模型，并在 Number of Eulerian Phases 中输入 2。单击 OK 按钮关闭对话框。

**Step 3** 单击选中 Models 中的 Viscous – Laminar，再单击下方的 Edit 按钮，或者直接双击 Viscous - Laminar 进行湍流模型的选择。在弹出的对话框中选择 k-epsilon(2 eqn)模型，单击 OK 按钮关闭对话框。

4. 流体材料的创建与选择

**Step 1** 单击 FLUENT 界面最左边栏中的 Materials，该栏右边即出现 Materials 中可以编辑的所有菜单。单击 Create/Edit…按钮，进入材料的编辑对话框，如图 2-162 所示。

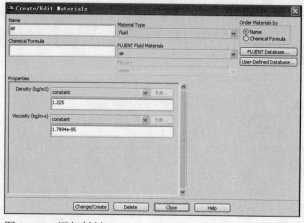

图 2-162 添加材料

**Step 2** 单击 FLUENT Database…按钮，进入 FLUENT 自带的材料库，在 FLUENT Fluid Materials 中选择 water-liquid(<h2o<l>)，如图 2-163 所示，单击 Copy 按钮，之后再单击 Close 按钮。

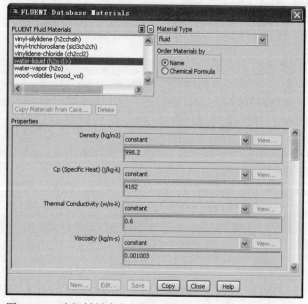

图 2-163 选择材料库中自带的材料

Step 3  在图 2-162 的 Create/Edit Materials 对话框中单击 User-Defined Database…按钮，开始创建材料泥浆的属性。在弹出的对话框中输入 mud 作为新材料的名称，如图 2-164 所示，单击 OK 按钮。提示 File mud does not exist. Create one?，单击 Yes 按钮。

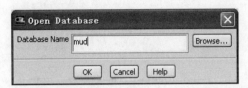

图 2-164  定义新材料名称

Step 4  在弹出的 User-Defined Database Materials 对话框中，单击左下方的 New 按钮，弹出 Material Properties 对话框，在 Name 栏中输入 mud，Types 中选择 fluid，Available Properties 中分别选择 Density 和 Viscosity，单击向右的双箭头将其调入 Material Properties 中，如图 2-165 所示。

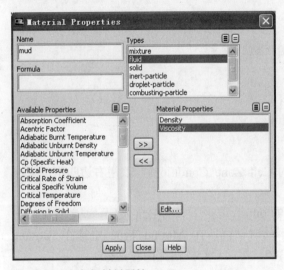

图 2-165  定义新材料属性

Step 5  选中 Material Properties 栏中的 Density，并单击 Edit 按钮，弹出相应的对话框，在 Available Properties 中选择 constant，单击向右的双箭头将其调入 Material Properties 中，并在下方的空白栏中输入 2000 作为泥浆的密度。

Step 6  同样将 0.01 赋予 Viscosity 作为泥浆的粘度。依次单击 Apply 和 OK 按钮关闭 Material Properties 对话框。

Step 7  在 User-Defined Database Materials 对话框中选中 mud，并依次单击 Save、Copy、Close 按钮，关闭对话框。这时在 Create/Edit Materials 对话框中显示材料 mud 的相关属性。

5．两相流的相定义

Step 1  单击 FLUENT 界面最左边栏中的 Phases，该栏右边即出现 Phases 中可以编辑的所有菜单。

Step 2  单击选择 Phases 中的 phase-1-Primary Phase，单击下方的 Edit 按钮，或者直接双击 phase-1-Primary Phase 进行相的定义，在弹出的对话框中选择 water-liquid，单击 OK 按钮关闭对话框。

**Step 3** 单击选中 Phases 中的 phase-2-Secondary Phase，单击下方的 Edit 按钮，或者直接双击 phase-2-Secondary Phase 进行相的定义，在弹出的对话框中选择 mud，在 Diameter 栏中输入 0.135 作为泥浆粒子的直径，如图 2-166 所示。

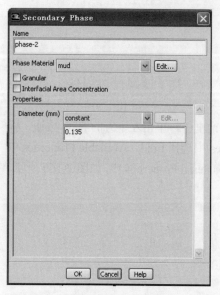

图 2-166 定义两相流中各相属性

### 6. 流体域的创建

**Step 1** 单击 FLUENT 界面最左边栏中的 Cell Zone Conditions，该栏右边即出现 Cell Zone Conditions 中可以编辑的所有菜单。

**Step 2** 单击选中 Cell Zone Conditions 中的 rator，单击下方的 Edit 按钮，或者直接双击 rotor 进行旋转域的创建，弹出如图 2-167 所示的对话框，在 Motion Type 中选择 Moving Reference Frame，在 Rotational Velocity 中输入-300。单击 OK 按钮关闭对话框。

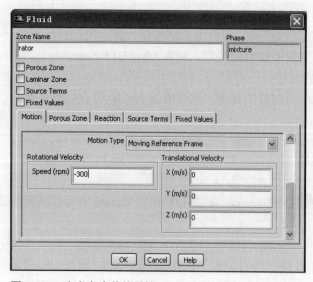

图 2-167 定义各个体的属性

**Step 3** 把 Cell Zone Conditions 中的 stator 设置为静止域，保持 FLUENT 的默认设置即可。

7. 边界条件的设置

**Step 1** 单击 FLUENT 界面最左边栏中的 Boundary Conditions，该栏右边即出现 Boundary Conditions 中可以编辑的所有项。

**Step 2** 单击选中 Boundary Conditions 中的 axis1，并将其类型在 Type 中改成 wall，如图 2-168 所示，单击下方的 Edit 按钮，或者直接双击 axis1 进行边界条件的设置，弹出的对话框如图 2-169 所示，将 Wall Motion 改成 Moving Wall，在 Motion 中选择 Absolute 和 Rotational，并在 Speed(rpm) 中输入 -300。

图 2-168 选择边界

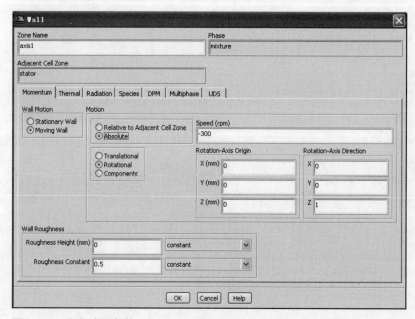

图 2-169 定义边界条件

Step 3 单击选中 Boundary Conditions 中的 blades，单击下方的 Edit 按钮，或者直接双击 blades 进行边界条件的设置。

Step 4 在弹出的对话框中，将 Wall Motion 改成 Moving Wall，在 Motion 中选择 Relative to Adjacent Cell Zone 和 Rotational 即可。

Step 5 Boundary Conditions 中 hub 的设置同 blades 的设置相同，其余采用默认设置即可。

8．设置动静耦合交接面

Step 1 单击 FLUENT 界面最左边栏中的 Mesh Interfaces，该栏右边即出现 Mesh Interfaces 中可以编辑的所有项。

Step 2 单击选中 Create/Edit...，在弹出的对话框的 Mesh Interface 中输入交界面名称（此例中为 aa），在 Interface Zone 1 中选择 interface1，对应地在 Interface Zone 2 中选择 interface11，单击 Create 按钮即完成一组交界面的设置。

Step 3 同样，再创建另外两组交界面分别为 interface2 -interface22 和 interface3 -interface33。

注意：多个交界面的名称不能相同。

9．流场初始化

Step 1 FLUENT 界面最左边栏中的 Solution Methods 和 Solution Controls 采用默认设置即可。对于 Monitors 选项，读者可以根据自己的兴趣选择需要监测的数据，这里不再进行监测设置。

Step 2 单击 FLUENT 界面最左边栏中的 Solution Initialization，该栏右边即出现 Solution Initialization 中可以编辑的所有项。在 Compute from 中选择 all-zones，在 Initial Values 的 phase-2 Volume Fraction 栏中输入 0.1，即认为流场起始时刻泥浆平均分布的浓度为 10%，如图 2-170 所示，单击 Initialize 按钮。

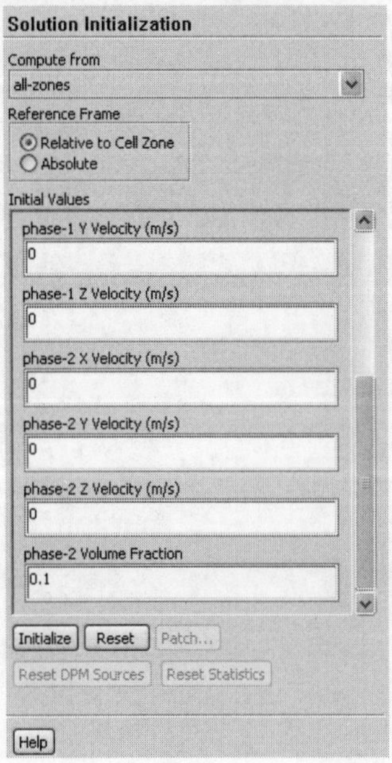

图 2-170 流场初始化

单击 Fluent 界面上方工具栏的 File > Save Project，保存整个分析文件。

10. 求解计算

Step 1　单击 FLUENT 界面最左边栏中的 Run Calculation，如图 2-171 所示，在 Number of Iterations 一栏中输入 3000 作为迭代的最大步数，单击 Calculate 按钮开始计算。

图 2-171　迭代设置

Step 2　本例中的流场计算迭代到 1468 步时自动收敛（! 1468 solution is converged），收敛曲线如图 2-172 所示。

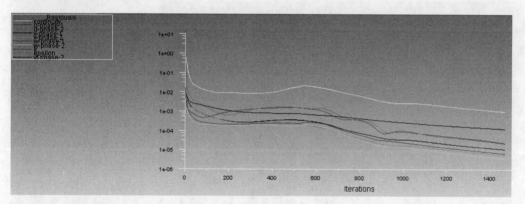

图 2-172　收敛曲线

11. FLUENT 后处理

Step 1　叶片表面压力分布。单击 FLUENT 界面最左边栏中的 Graphics and Animations。在 Graphics 一栏中双击 Contours，弹出如图 2-173 所示的对话框。在 Options 一栏中勾选 Filled，并删除 Global Range 前面的勾号。在 Contours of 中选择 Pressure 和 Static Pressure，Phase 中选择 mixture，Surfaces 中选择 blades 和 hub。单击 Display 按钮，叶轮表面压力分布如图 2-174 所示。

Step 2　查看中间轴截面泥浆浓度分布。单击 FLUENT 界面上方工具栏中的 Surfaces 选择 Iso-Surface…，在弹出的对话框的 Surface of Constant 中分别选择 Mesh…和 X-Coordinate，单击 Create 按钮生成中间轴截面，该面的默认名称为 x-coordinate-18。单击 FLUENT 界面最左边栏中的 Graphics and Animations。在 Graphics 一栏中双击 Contours，在 Option 一栏中勾选 Filled，在 Contours of 中选择 Phases…和 volume fraction，Phase 选项中选择 phase-2，Surfaces 中选择 x-coordinate-18。中间轴截面泥浆浓度分布如图 2-175 所示。

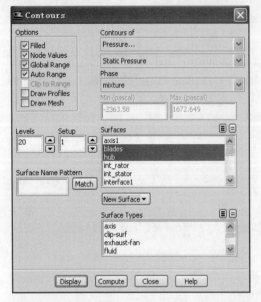 

图 2-173  云图设置　　　　　　　　　图 2-174  叶片表面压力分布云图

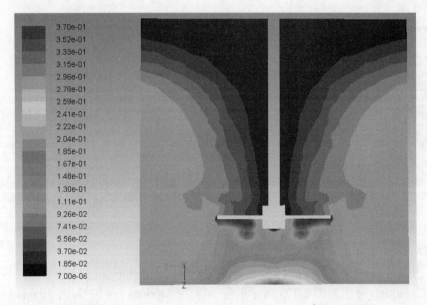

图 2-175  中间轴截面泥浆浓度分布

**Step 3** 中间轴截面水流速度分布。单击 FLUENT 界面最左边栏中的 Graphics and Animations。在 Graphics 一栏中双击 Contours，在 Options 一栏中勾选 Filled；在 Contours of 中选择 Velocity… 和 Velocity Magnitude，Phase 选项中选择 phase-1，Surfaces 中选择 x-coordinate-18。中间轴截面水流速度分布云图如图 2-176 所示。

至此，流场分析部分已经全部结束，这时返回到 Workbench 主界面可以发现 FLUENT 模块中的 Setup 和 Solution 后面全部变成绿色的钩号。

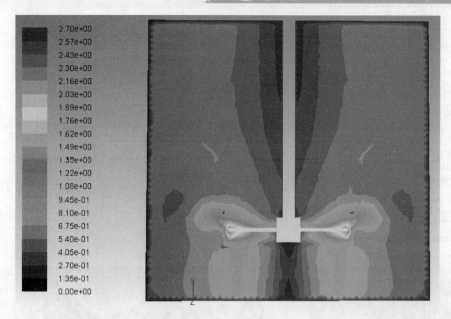

图 2-176　中间轴截面水流速度分布

## 2.7.4　结构分析

本节从导入网格开始逐步介绍结构分析的设置。

**1. 将结构部分网格导入 Finite Element Modeler**

Step 1　右击 Finite Element Modeler 模块中的 Model，选择 Add Input Meshes > Browse，将文件类型选择 CFX Input (*.def;*res)，找到下载素材包中的素材文件 solid.def，单击打开。

本例中的固体部分网格是在 ICEM 中进行划分，由于 Finite Element Modeler 直接读取 ICEM 的网格文件*.uns 容易导致模型尺寸放大 1000 倍，故此将 ICEM 生成的网格导入 CFX-pre 中，并将体和面在 CFX-pre 中单独定义出来，否则在 Static Structural 中所有的面将成为一个整体。

Step 2　右击 Finite Element Modeler 模块中的 Model，选择 Update。待更新完毕之后，右击 Finite Element Modeler 模块中的 Model，选择 Edit，进入 Finite Element Modeler 界面。单击 Outline 一栏中的 Geometry Synthesis，图形界面即会显示出固体模型网格，展开 Components 可以看到在 CFX-pre 中设置的四个壁面，如图 2-177 所示。

Step 3　单击 Initial Geometry，细心观察可以发现搅拌器部分区域有微小的变形，如图 2-178 所示，网格对壁面的捕捉虽然很好，如图 2-179 所示，但是在 Initial Geometry 部分仍然有警告显示，考虑到分析精度要求不是很高，此例中不作调整。

Step 4　返回到 Workbench 主界面，再次右击 Finite Element Modeler 模块中的 Model，选择 Update。待更新完毕后，Model 后面会出现绿色的钩号。

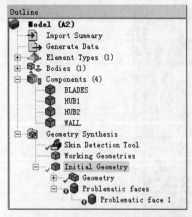

图 2-177 模块 Finite Element Modeler 中树形栏

图 2-178 三维模型表面

图 2-179 三维模型网格显示

**2. 指定结构体材料**

本例中整个结构体的材料均为 Structural Steel，所以不必考虑设置新材料。

**Step 1** 右击结构分析模块中的 B3 Model，选择 update。待更新完毕之后 Static Structural(ANSYS)和 Model(ANSYS)中的 B3 Model、C3 Model 模块后面均会出现绿色的钩号，如图 2-180 所示。

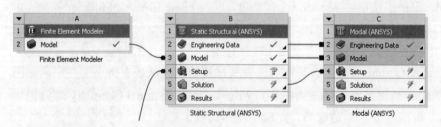

图 2-180 各个模块之间的联系

**Step 2** 右击结构分析模块中的 B3 Model，选择 Edit，进入 Mechanical [ANSYS Multiphysics]设置部分。

**Step 3** 在 Mechanical 中，展开 **Project > Model > Geometry**，可以看到只有一个 Solid 存在。单击 Solid，左下方会出现每个 Solid 的具体属性，如图 2-181 所示。可以通过 Material > Assignment 修改零件的材料属性（本例中材料选择 Structural Steel）。

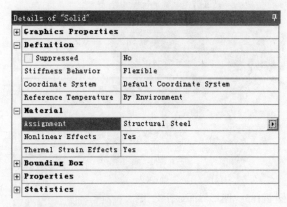

图 2-181　部件属性设置

**3. 基本设置**

展开 Project > Model > Static Structural(B4)，选择 Analysis Settings，本例为普通的单向流固耦合计算，采用默认设置即可。

**4. 载荷/约束设置**

接下来进行载荷/约束条件的设置。经过简化，本例中的约束条件主要有两个：轴端固定和零件的旋转约束。

**Step 1** 展开 Project > Model > Static Structural，这时上方界面将出现有关约束设置等选项图标，如图 2-182 所示。单击 Supports 下拉菜单，选择 Fixes Support，如图 2-183 所示。

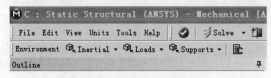

图 2-182　静力结构分析中的菜单栏和工具栏

图 2-183　约束栏中的下拉菜单

Step 2 在 Details of "Fixed Support"中,单击 Geometry 右边栏(如图 2-184 所示),选择图 2-185 中的轴端面,单击 Apply 按钮,至此,轴端约束设置完毕。

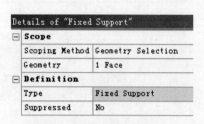

图 2-184 固定支撑细节设置

图 2-185 图形界面显示效果

Step 3 单击图 2-186 中的 Inertial,展开下拉菜单,选择 Rotational Velocity,并在 Details of "Rotational Velocity"的 Magnitude 一栏中输入 31.415926rad/s(ramped),单击 Axis 右边栏,在图形显示界面中选择如图 2-185 所示的轴端面,单击 Apply 按钮,这时界面会出现表示旋转方向的箭头,如图 2-187 所示。

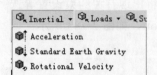

图 2-186 惯性栏的下拉菜单

图 2-187 图形界面显示效果

 需要确认叶轮的旋转方向是否正确,如果方向反了,可以将 Magnitude 栏中的转速改成负值。

5. 流固耦合面设置

Step 1 展开 Project > Model > Static Structural > Imported Load(Solution1) >Imported Pressure,在 Details of "Imported Pressure"中,Geometry 选择与之前 Fluent 中设置边界条件相对应的面,在 CFD Surface 中通过下拉箭头选择对应的面。比如为叶轮叶片加载 FLUENT 结果文件,在 Details of "Imported Pressure"的 Geometry 中选择 4 个叶片表面,如图 2-188 所示,在 CFD Surface 中选择前面 CFX 中定义的边界条件 blades。

Step 2 展开 Project > Model > Static Structural(B4),右击 Imported Load(Solution1),选择 Insert > Pressure(如图 2-189 所示),创建一组新的流固耦合面。

Step 3 以此类推,本例中共需要建立三个组,即叶片表面、叶轮轮毂、轴三部分与水接触面。

图 2-188 指定叶片耦合面

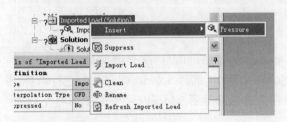

图 2-189 导入流体分析结果

Step 4 至此结构分析设置已经基本完成，此时左边的 Outline 栏显示如图 2-190 所示，最后单击 Static Structural(B4)，查看图形显示界面（见图 2-191），检查设置是否有误。

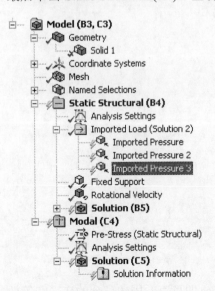

图 2-190 结构分析设置

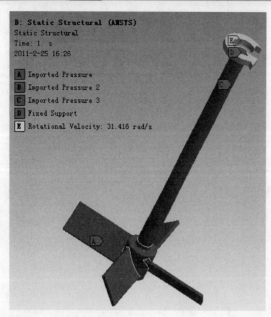

图 2-191 边界条件显示

6. 求解结构场

**Step 1** 右击 Solution(B5),选择 Insert > Deformation > Total,再次右击 Solution(B5),选择 Insert > Stress > Equivalent (Von-Mises)。右击 Solution(B5),选择 Solve,这时开始进行求解。

**Step 2** 待求解自动结束,Outline 一栏中各个选项前除了 Model(C4)外的图标将全部变成绿色的"√"号,如图 2-192 所示。

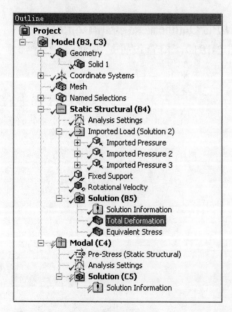

图 2-192 分析结果查看

**Step 3** 分别单击 Total Deformation 和 Equivalent Stress 即可查看固体部分的变形和等效应力分布,分别如图 2-193 和图 2-194 所示。

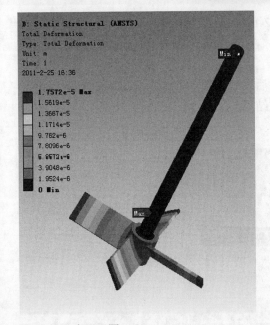

图 2-193 变形云图

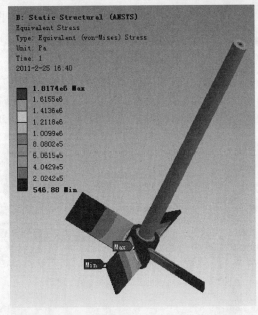

图 2-194 等效应力云图

7. 模态部分设置

**Step 1** 单击 Model(C4) > Analysis Setting，在 Detail of "Analysis Setting"的 Max Modes to Find 中将 6 改为 10，即求解前 10 阶的模态大小，如图 2-195 所示。

Details of "Analysis Settings"

| | |
|---|---|
| **Options** | |
| Max Modes to Find | 10 |
| Limit Search to Range | No |
| **Solver Controls** | |
| Solver Type | Program Controlled |
| **Output Controls** | |
| **Analysis Data Management** | |

图 2-195 求解模态的设置

**Step 2** 右击 Project > Model 下的 Solution(C5)，进行预应力下的模态求解。求解结束后，可以查看结果，得出前 10 阶模态如图 2-196 所示。

（a）

Tabular Data

| | Mode | Frequency [Hz] |
|---|---|---|
| 1 | 1. | 74.713 |
| 2 | 2. | 74.715 |
| 3 | 3. | 298.8 |
| 4 | 4. | 579.81 |
| 5 | 5. | 579.84 |
| 6 | 6. | 772.99 |
| 7 | 7. | 902. |
| 8 | 8. | 902.11 |
| 9 | 9. | 1036.4 |
| 10 | 10. | 1836.2 |

（b）

图 2-196 模态求解结果

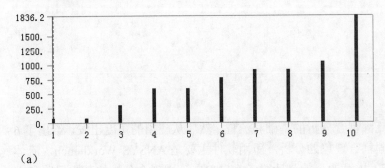

**Step 3** 求解某一模态下的振型图。右击图 2-196（a）中的二阶模态，也就是下标为 2 的红色柱，选择 Create Mode Shape Results。这时，在 Outline 一栏的 Solution(C5)下会自动产生一个待求解的 Total Deformation 结果选项。

**Step 4** 右击新生成的 Total Deformation，然后在快捷菜单中选择 Evaluate All Results，因为不是重新求解，只是估算结果，所以求解瞬间结束。

**Step 5** 求解结束后单击即可查看第二阶振型，如图 2-197 所示。

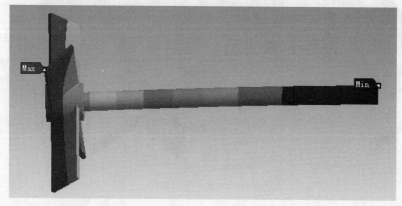

图 2-197 第二阶振型

#### 8. 保存结果文件

所有分析结束后，返回 Workbench 主界面。此时，可以发现所有相互关联的模块后面都变成了绿色的钩号，如图 2-198 所示。单击 File > Save 命令保存文件。

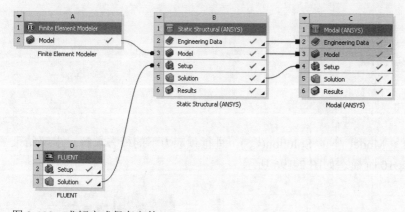

图 2-198 求解完成保存文件

## 2.8 本章小结

本章首先简单介绍了单向流固耦合分析的基础和流程，然后从应用的角度出发，给出了 6 个演示实例，其中涉及多种流固耦合现象的分析，所用软件主要是 ANSYS Workbench，流体分析分别使用 CFX 和 FLUENT。本章的目的是让读者掌握单向流固耦合分析的基本思路和方法。作为双向流固耦合分析的基础，读者必须将其中的基本概念和流程搞清楚。

# 3 ANSYS 双向流固耦合分析

相比较而言,双向流固耦合分析比单向耦合复杂得多。首先,双向耦合分析都是瞬态分析,除了对流固单独设置瞬态分析特性外,还需要统一二者的时间步,保证时间步统一;再者,双向耦合分析需要考虑大变形问题,以及大变形带来的网格变形问题,尤其是流场网格的变形问题。时间步的设置要同时考虑收敛和计算成本问题;大变形带来的网格问题,可以通过"流场域切分法"、"网格重构"以及其他手段帮助解决。不过即便如此,目前为止在高度非线性问题和大变形问题中,双向耦合分析的应用也不是很普遍,还有待于进一步提升和完善。

**本章内容包括:**
- ✓ 双向流固耦合分析基础
- ✓ 血管和血管壁耦合分析
- ✓ 泥浆冲击立柱分析
- ✓ 飞机副翼转动耦合分析
- ✓ 圆柱绕流耦合振动分析
- ✓ 水润滑橡胶轴承分析

## 3.1 双向流固耦合分析基础

图 3-1 显示了单向流固耦合分析的基本流程,同样地,流程也很简单,只是流体分析和固体分析需要事先设置好,然后同时求解计算,最后在流体模块中(如 CFX-Post)查看流体分析和固体分析结果。

ANSYS Workbench 没有提供可双击的双向耦合分析 Custom System。基本的双向流固耦合分析可以通过右击 Fluid Flow 模块中的 Solution 单元选择 Transfer Data To New>Transient Structural (ANSYS)来添加,如图 3-2 所示。生成的双向耦合模块和连接也很简单,考虑到各个模块内部的复杂设置,这里就不做介绍,图 3-3 给出了典型的双向流固耦合分析。

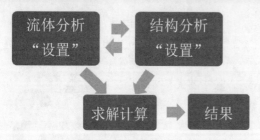

图 3-1 单向流固耦合分析流程

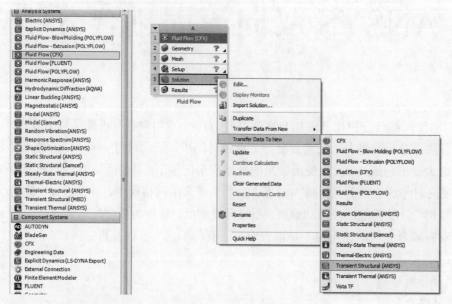

图 3-2 双向流固耦合分析设置(通过 ANSYS Workbench 实现)

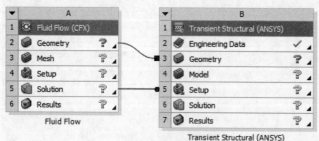

图 3-3 典型的双向流固耦合分析(通过 ANSYS Workbench 实现)

双向流固耦合分析的设置相对复杂且困难一些,如果设置不合理或者错误,就会有错误提示甚至中断计算,因此在设置时需要非常仔细。如前所说,双向流固耦合中经常发生的错误主要集中在两个问题:

- 时间步的统一问题。既要考虑流场分析又要考虑结构分析,不同的问题需要考虑的侧重点也不同,比方说,高超音速问题,流场分析收敛更困难些,所以时间步的设置应以流场分析收敛为目标;但是对橡胶等非线性材料的分析,固体分析的时间步设置更显重要一些。
- 结构大变形导致的流场网格问题。首先需要明确结构分析中的大变形选项（large deformation）是否需要打开，然后需要考虑的就是 CFX 中的流场网格设置，其中 mesh deformation 至关重要，需要用户认真比较其下设的各种选项，如 mesh stiffness 中的 increase near small volumes、increase near boundaries 以及直接 value 的区别，具体差异请参见 CFX 帮助文件。

## 3.2 血管和血管壁耦合分析

目前心脑血管的有限元分析技术已经在国内外广泛应用。通过有限元分析技术，可以了解心脑血管及血管支架的应力分布情况，估计血液流动以及血管壁和支架的疲劳寿命。本例通过一段血管壁的耦合分析向读者演示双向 FSI 在血管及血管壁分析模拟中的应用。其中，结构分析在 Transient Structural (ANSYS) 中设置，而流体分析在 Fluid Flow (CFX) 中设置，但是不论是结构还是流体分析都在流体分析的 Solution 单元求解，ANSYS Multi-field solver 负责整个耦合求解。本节从导入模型开始，到网格划分、结构分析设置再到流体分析设置、计算，到最终的结果显示，一步步进行讲解。读者可学习到：
- 模型前处理技巧
- 双向流固耦合的设置
- 壳单元的应用
- 网格处理技巧
- 流体分析和固体分析的结果后处理

### 3.2.1 问题描述

模型由一段血管和血管壁组成。血管直线距离长 200mm，主血管直径 6mm，分支血管直径 4mm，血管入口端为脉动压力，出口处为常压设置，如图 3-4 所示。初始状态时，血管内没有血液流动，要求模拟入口压力随时间波动后，血管内的血液流动和血管壁的变形情况。

本例从导入模型开始讲解，所以开始前需要准备几何文件。本例中血管和血管壁模型保存在 blood vessel.agdb 中，导入即可进行后续处理。

### 3.2.2 创建分析项目

**Step 1** 开启 ANSYS Workbench。在 Windows 系统中单击"开始"菜单，然后选择 All Programs > ANSYS 12.1 > Workbench，按 Enter 键。

注意

默认状态下，ANSYS Workbench 会显示 Getting Started 对话框，主要介绍 ANSYS Workbench 的一些基本操作。单击[X]按钮关闭对话框。若需要再次打开，从主菜单选择 Tools > Options，设置 Project Management > Startup > Show Getting Started Dialog 为 desired。

**Step 2** 选择 File > Save 或者单击按钮 Save。出现"另存为"对话框，选择存储路径保存项目文件。在"文件名"输入 blood vessel，然后单击"保存"按钮。

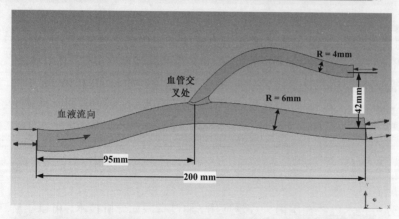

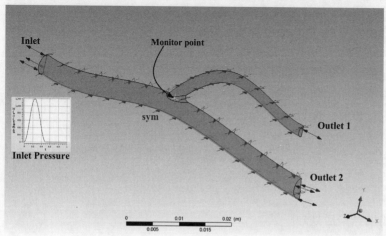

图 3-4 血管和血管壁模型

> **注意**：在 ANSYS Workbench 中，双向 FSI 分析由两部分组成，分别是 Transient Structural (ANSYS)分析系统和 Fluid Flow (CFX)分析系统。

**Step 3** 展开位于 ANSYS Workbench 左侧的 Toolbox 中的 Analysis Systems 选项，选择 Transient Structural (ANSYS) 模块，双击此模块，或者拖动此模块到 Project Schematic 创建一个独立的分析模块。

**Step 4** 右击 Transient Structural (ANSYS)模块中的 Setup 单元，选择 Transfer Data to New > Fluid Flow (CFX)。在 Project Schematic 会自动创建一个 Fluid Flow 模块，并与结构分析模块链接，如图 3-5 所示。

双向 FSI 分析时，所有流体分析结果和结构分析结果都保存在流体模块的 Results 中，结构分析模块的 Solution 和 Results 单元没有实际意义，可以删除。以下步骤介绍了如何删除这些单元：

**Step 1** 在 Structural 模块，右击 Solution 单元，然后选择 Delete。

**Step 2** 在弹出的消息框单击 OK 按钮，确定此单元要被删除。删除后，项目文件如图 3-6 所示。

**Step 3** 保险起见，单击主菜单的 File > Save 保存更改后的文件。

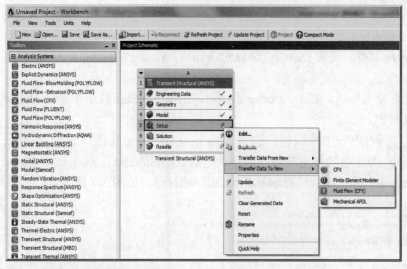

图 3-5　建立双向 FSI 分析模块

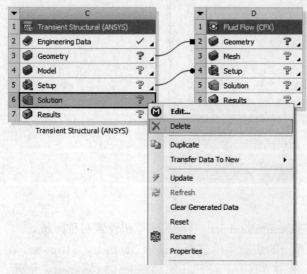

图 3-6　删除结构分析结果单元

关于每个单元右端的显示符号，请查看帮助文件中的 Understanding States in ANSYS Workbench help。比如在图 3-6 左图中，大部分单元伴随一个蓝色问号（?），这表明这些单元还没有设置完毕，需要进一步设置。但是对于已经出现对号（√）的单元，并不表示完全没有问题。比如在图 3-6 的 C2 单元中，Engineering Data 虽然已经设置了材料特性，但是此材料是默认材料（Structural Steel），并不是此例子所需的 blood vessel 材料。所以需要重新设置 Engineering Data 属性，具体方式如下。

Step 1　双击 Structural 模块中的 Engineering Data 单元。出现 Outline 和 Properties 窗口。在 Outline Filter 窗口，单击选择 Engineering Data。可以看到在 Outline of Schematic A2: Engineering Data 中只有一个默认材料 Structural Steel。

Step 2　单击 Click here to add a new material，键入 blood vessel，按回车键。

Step 3  从左侧的 Toolbar 选择 Density 选项，拖入 Property 框 ；同理，拖入 Linear Elastic 下的 IsotropicElasticity 到 Property 框 。

Step 4  修改 Properties 属性。设置 Density 为 1150kg/m^3，Young's modulus 为 5E5 Pa，Poisson's Ratio 为 0.45。

Step 5  新材料属性设置完毕后，右击 Structural Steel，在弹出的快捷菜单中选择 Delete 删除，只保留 blood vessel 材料。

Step 6  单击工具栏的 Return to Project 按钮，退出 Engineering Data 修改，返回 Project Schematic。此时 Engineering Data 中的指定材料已经自动由默认的 Structural Steel 改为 blood vessel，因为 Contents of Engineering Data 只有 blood vessel 一种材料，如图 3-7 所示。

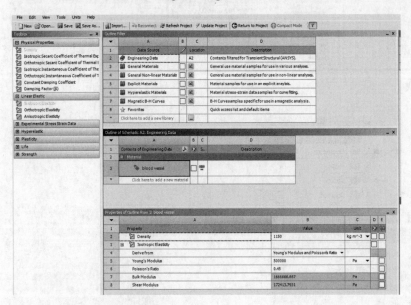

图 3-7  Engineering Data 修改

材料参数修改完之后，接下来就可以在 DesignModeler 中导入模型和设置对称区域。

Step 1  右击 A3 Geometry 单元，在弹出的快捷菜单选择 Import Geometry > Browse。在弹出的打开对话框中指定 blood vessel.x_t，单击"打开"按钮。然后双击 A3 Geometry 单元，进入 DesignModeler。在弹出的单位选择菜单中选择 mm 作为单位。

Step 2  单击 Generate 按钮 Generate，生成模型。如图 3-8 所示，模型由一个厚度为 0mm 的面和一个实体 Solid 组成。

Step 3  血管壁厚度的设置可以在 DesignModeler 中完成，也可以在 A4 Model 中完成，本例在后者中完成。

Step 4  双击 A4 Model 进入 Mechanical。单击 blood vessel，在左下角的 Details 中设置血管壁特性，Thickness 为 0.1mm，Offset Type 为 Top。

Step 5  设置对称区域。右击 Model(A4)，在弹出的快捷菜单中选择 Symmetry，在 Model(A4) 下出现 Symmetry 项 Symmetry。然后右击 Symmetry，在出现的快捷菜单选择 Insert>Symmetry Region。单击 Symmetry Region，在 Details 的 Geometry 中指定血管壁对称面上的 7 条线，Symmetry normal 指定为 Z Axis。

① 血管壁因为采用 Shell 单元处理，所以需要定义厚度和厚度方向，其中，厚度拉伸方向有三种，需要根据初始模型确定。若血管壁采用 Solid 模型和单元，则不需此步。②对 1/2 对称面模型，没有对称面设置，只有通过定义对称线来完成，如果采用 Solid 实体模型，可以在对称面上加载 Frictionless Fix 约束来模拟 1/2 模型。

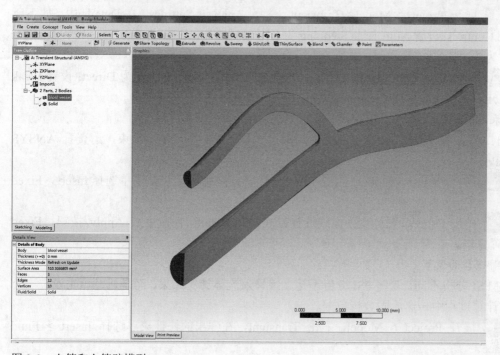

图 3-8  血管和血管壁模型

### 3.2.3 结构分析设置

本节从网格划分开始逐步介绍结构分析的设置，具体包括：结构网格划分、定义材料属性、基本设置、载荷/约束设置以及流固耦合面设置。

1. 结构网格划分

**Step 1** 双击结构分析模块中的 A4 Model 单元。在 Mechanical 中，展开 Project > Model > Geometry，可以看到有两个 Solid 存在。右击血管的 Solid 体，从快捷菜单中选择 Suppress Body。

**Step 2** 右击 Mesh 下的 FX-Mesh Method，在快捷菜单中选择 Delete。然后右击 Mesh，在快捷菜单选择 Insert > Sizing。选定 aileron 和 rod_2 为 Details 属性中的 Geometry，Definition 下的 Method 选为 Sweep，Free Face Mesh Type 选为 All Quad，Sweep Num Divs 定义为 20。

**Step 3** 修改 Details of "Sizing"中的 Geometry，选定血管壁的 3 个面，Element size 设定为 4e-4m。右击 Mesh，在快捷菜单中选择 Generate Mesh，生成网格。至此，网格划分完毕。总节点数为 3924，总单元数为 3654。

### 2. 指定材料

**Step 1** 展开 Project > Model > Geometry，选择圆形立柱 Solid。

**Step 2** 在 Details 视图中，Material > Assignment 已经自动被设定为 blood vessel。这是因为之前默认的 Structural Steel 材料已经被删除，Engineering Data 中只有一种 blood vessel 材料。

### 3. 基本设置

**Step 1** 展开 Project > Model > Transient，选择 Analysis Settings。在 Details 中，如下所示设置 Step Controls：设置 Auto Time Stepping 为 Off；设置 Defined By 为 Substeps；设置 Number of Substeps 为 1。

**Step 2** 在 Solver Controls 中进行如下所示设置：设置 Solver Type 为 Direct；设置 Weak Springs 为 Off；设置 Large Deflection 为 On。

### 4. 约束设置

对进出口的三个边施加 Fixed Support 约束。关于 Shell 单元的全约束，请查看 ANSYS Classical Help。

**Step 1** 展开 Project > Model，右击 Transient (A5)，在弹出的快捷菜单选择 Insert > Fixed Support。

**Step 2** 单击 Edge 图标变换面线选择方式。在 Details 视窗单击 Apply 按钮，Fixed Support 设置完毕。

### 5. 流固耦合面设置

与单向 FSI 分析不同，双向 FSI 分析不是直接导入流体计算结果，而是通过预先设定一个 FSI 面，在计算过程中传递流固分析数据。

**Step 1** 展开 Project > Model，右击 Transient，在弹出的快捷菜单选择 Insert > Fluid Solid Interface。

**Step 2** 单击 Face 图标变换线面选择方式。按住 Ctrl 键，依次选择血管壁的 3 个面。在 Details 视窗单击 Apply 按钮，完成 Fluid Solid Interface 设置。

至此，结构分析的设置已经全部完成。单击主菜单的 File > Save Project 保存文件，然后单击 File > Close Mechanical，退出 Mechanical application，返回 Project Schematic。

此时，结构分析的 Setup 单元呈现"需要更新"状态，右击 Setup 单元，在弹出的快捷菜单选择 Update，更新完后，结构分析模块的所有单元都显示"设置完毕"状态。

### 3.2.4 流场模型处理

本节主要介绍流场网格的划分和运用 Named Selections 功能定义面组。

**Step 1** 双击流体模块的 B3 Mesh 单元，或者右击然后选择 Edit，进入 Meshing application。

**Step 2** 在出现的 Meshing Options 中，选择 Automatic（Patch Conforming/Sweeping）为 Mesh Method，然后单击 OK 按钮。

**Step 3** 展开 Project > Model > Geometry，可以看到有两个 Solid 存在。对流体分析来说，血管壁并不需要。所以，右击血管壁的 blood vessel 体，从快捷菜单中选择 Suppress Body，只保留流体域。

Step 4  右击入口面，在弹出的快捷菜单选择 Create Selection Group。在弹出的 Selection Name 对话框输入 inlet，然后单击 OK 按钮。

Step 5  同理，定义其他面组。

至此，面组定义已经全部完成，下一步就是进行网格划分。

Step 1  展开 Project > Model > Mesh，因为之前已经更改了默认的 CFX-Mesh Method，所以此时 Mesh 项下应该没有任何子项。

Step 2  单击 Mesh，在出现的 Detail of "Mesh"中，设置 Use Advanced Size Function 为 On:Curvature、Relevance Center、Span Angle Center 和 Smoothing 都为 Fine。

Step 3  右击 Mesh，从快捷菜单选择 Insert > Inflation 。

Step 4  选择流场，然后单击 Apply 按钮。可以看到，Scope > Geometry 已经被设置为 1 Body。

Step 5  如下定义 Details 中的 Definition 属性：设定 Boundary 为 3 Face（与血管壁接触面）；设定 Inflation Option 为 Total Thickness；设定 Number of layers 为 3；设定 Maximum Thickness 为 0.5mm。

Step 6  网格属性设置完成后，右击 Mesh，在弹出的快捷菜单单击 Generate Mesh，生成流场网格，如图 3-9 所示。

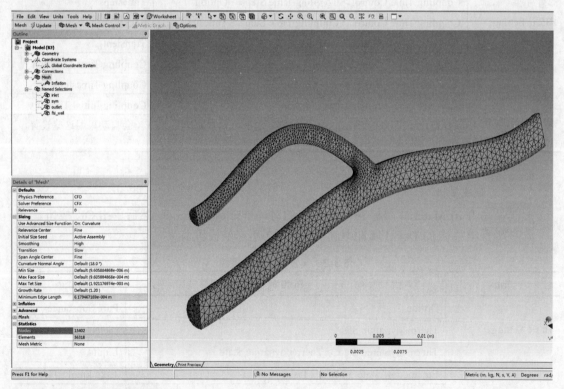

图 3-9  生成的流场网格模型

相似地，流体模块的 Mesh 单元此时呈现出"有待更新"状态，右击此单元，在弹出的快捷菜单单击 Update 进行更新。

### 3.2.5 流体分析设置

本节主要讲述设置边界条件和求解器属性，主要包括：设置分析类型、定义液体（血液）属性、创建流体域并设定初始值、编辑表达式、设置边界条件、设置求解器控制、设置输出属性。

**1．设置分析类型**

与单项 FSI 分析不同，双向 FSI 分析需要设置 Transient ANSYS Multi-field 属性。在 ANSYS CFX-Pre 中，此设置随同时间属性都在 Analysis Type 标签中完成。ANSYS CFX-Pre 会自动传递、读取 ANSYS 结构分析的输入文件。

**Step 1** 双击流体分析模块的 Setup 单元，进入 ANSYS CFX-Pre。

**Step 2** 双击 ANSYS CFX-Pre 中的 Analysis Type 项 ⓛ Analysis Type，设置如表 3-1 所示。

表 3-1　Analysis Type 的参数设置

| Tab | Setting | Value |
| --- | --- | --- |
| Basic Settings | External Solver Coupling > Option | ANSYS MultiField |
| | Coupling Time Control > Coupling Time Duration > Option | Total Time |
| | Coupling Time Control > Coupling Time Duration > Total Time | 1 [s] |
| | Coupling Time Control > Coupling Time Steps > Option | Timesteps |
| | Coupling Time Control > Coupling Time Steps > Timesteps | 0.05 [s] |
| | Analysis Type > Option | Transient |
| | Analysis Type > Time Duration > Option | Coupling Time Duration [a] |
| | Analysis Type > Time Steps > Option | Coupling Timesteps [a] |
| | Analysis Type > Initial Time > Option | Coupling Initial Time [a] |

[a] Timesteps 和 Time Duration 在 ANSYS Multi-field（耦合求解）设置完毕后，CFX 会自动采用这些设置，不需要也不能够再单独设置。

**Step 3** 单击 OK 按钮完成设置。

**2．定义血液属性**

**Step 1** 单击 Material 图标 ♣，在弹出的对话框中输入 blood，然后单击 OK 按钮。

**Step 2** 在左侧的 Detail 属性中进行如表 3-2 所示的设置。

表 3-2　设置 blood 的属性

| Tab | Setting | Value |
| --- | --- | --- |
| Basic Settings | Option | Pure Substance |
| | Thermodynamic State | (Selected) |
| | Thermodynamic State > Thermodynamic State | Liquid |
| Material Properties | Equation of State > Molar Mass | 1 [kg kmol^-1] [a] |
| | Equation of State > Density | 1060 [kg m^-3] |
| | Transport Properties > Dynamic Viscosity | (Selected) |
| | Transport Properties > Dynamic Viscosity > Dynamic Viscosity | 3.5e-3 [kg/m/s] |

[a] 摩尔质量其实在计算中没有任何作用，只是给定一个随意值。

Step 3　单击 OK 按钮完成设置。

3. 创建流体域并设置初始条件

Step 1　为了计算血管变形情况，必须打开 CFX 中的 Mesh Motion 功能。双击默认的流场域 Default Domain，进行如表 3-3 所示的设置。

表 3-3　对流场域的参数设置

| Tab | Setting | Value |
| --- | --- | --- |
| Basic Settings | Fluid and Particle Definitions | Fluid 1 |
| | Fluid and Particle Definitions > Fluid 1 > Material | blood |
| | Domain Models > Pressure > Reference Pressure | 0 [Pa] [a] |
| | Buoyancy > Option | Non Buoyant |
| | Domain Models > Mesh Deformation > Option | Regions of Motion Specified |
| Fluid Models | Heat Transfer > Option | Isothermal |
| | Heat Transfer > Fluid Temperature | 310.5 [K] |
| | Turbulence > Option | None (Laminar) |
| Initialization[a] | Domain Initialization > Initial Conditions > Cartesian Velocity Components > Option | Automatic with Value |
| | Domain Initialization > Initial Conditions > Cartesian Velocity Components > U | 0 [m s^-1] |
| | Domain Initialization > Initial Conditions > Cartesian Velocity Components > V | 0 [m s^-1] |
| | Domain Initialization > Initial Conditions > Cartesian Velocity Components > W | 0 [m s^-1] |
| | Domain Initialization > Initial Conditions > Static Pressure > Option | Automatic with Value |
| | Domain Initialization > Initial Conditions > Static Pressure > Relative Pressure | 0 [Pa] |

[a] 血管内的压力很小，此处不使用标准大气压作为参考压力。

Step 2　单击 OK 按钮完成设置。

4. 编辑表达式

本例中用到的表达式只有一个，就是血管入口压力随时间变化函数。

Step 1　右击 Expressions，在弹出的快捷菜单选择 Insert>Expression，在弹出的对话框键入 pin，然后单击 OK 按钮。

Step 2　在 Definition 中输入 pin = if(t<0.5[s], -0.6e3[Pa]* cos(t*4*pi/1[s])+ 0.6e3[Pa],0[Pa])。

Step 3　单击 Apply 按钮完成设置。

Step 4　单击 Plot 标签，设置时间 t 范围，Start of Range 为 0，End of Range 为 1。

Step 5　单击 Plot Expression 按钮，可以看到如图 3-10 所示入口压力曲线。

5. 设置边界条件

本例用到最多的是 wall 边界，除此之外还有 top 面的 opening 边界和立柱表面的流固耦合 wall。

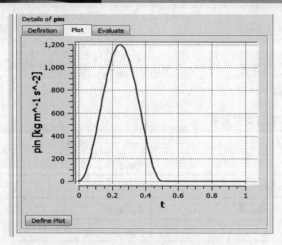

图 3-10　入口压力随时间变化曲线

双向 FSI 分析中流固耦合面是非常重要的，通过此面设置，可以把 ANSYS 计算得到的变形量传递给 CFX，CFX 根据变形后的流场计算后，把计算得到的此耦合面上的力传递回给 ANSYS，ANSYS 再次计算变形量，依次循环得到最终结果。

**Step 1**　流固耦合面的设置。新建一个名为 fsi wall 的 wall boundary。对 fsi wall 进行如表 3-4 所示的设置，设置完成之后单击 OK 按钮确定。

表 3-4　对 fsi wall 的参数设置

| Tab | Setting | Value |
| --- | --- | --- |
| Basic Settings | Boundary Type | wall |
|  | Location | fsi wall |
| Boundary Details | Mesh Motion > Option | ANSYS MultiField |
|  | Mesh Motion > Receive From ANSYS | Total Mesh Displacement |
|  | Mesh Motion > ANSYS Interface | FSIN_1 [a] |
|  | Mesh Motion > Send to ANSYS | Total Force |

[a] 如果在 ANSYS 结构网格中定义了多个流固耦合面，需要在此准确对应，如 FSIN_1、FSIN_2 等，不然会出现传递错误。

**Step 2**　对称边界。新建一个名为 sym 的对称边界。对 sym 边界作如表 3-5 所示的设置，设置完成之后单击 OK 按钮确定。

表 3-5　sym 边界的参数设置

| Tab | Setting | Value |
| --- | --- | --- |
| Basic Settings | Boundary Type | Symmetry |
|  | Location | sym |
| Boundary Details | Mesh Motion > Option | Unspecified |

**Step 3**　设置入口边界条件，建立支架边界。右击 Flow Analysis 1>Default Domain>Insert>Boundary，在出现的对话框键入 inlet，然后单击 OK 按钮。在出现的 inlet 属性框里进行如表

3-6 所示的设置，设置完成之后单击 OK 按钮确定。

表 3-6 Inlet 的参数设置

| Tab | Setting | Value |
| --- | --- | --- |
| Basic Settings | Boundary Type | Opening |
| | Location | inlet |
| Boundary Details | Mass And Momentum > Option | Opening Pres. And Dirn |
| | Mass And Momentum > Relative Pressure | pin |

**Step 4** 设置出口边界条件。右击 Flow Analysis 1>Default Domain>Insert>Boundary，在出现的对话框键入 outlet，然后单击 OK 按钮。在出现的 outlet 属性框里进行如表 3-7 所示的设置，完成设置后单击 OK 按钮退出 outlet 设置。

表 3-7 outlet 的参数设置

| Tab | Setting | Value |
| --- | --- | --- |
| Basic Settings | Boundary Type | Opening |
| | Location | outlet |
| Boundary Details | Mass And Momentum > Option | Entrainment |
| | Wall Roughness > Option | 50 [Pa] |

6. 设置求解器属性

对于 ANSYS Multi-field 的设置大部分都包含在 **Solver Control** 下的 **External Coupling** 部分。一般分析中，默认设置都不需要更改。在任何一个时间步，耦合和交叉迭代会确保 CFX 求解器、固体求解器和数据交换都是同时进行。但是具体计算中，流体求解和固体求解的顺序是可以根据实际情况由用户自己定义的。比如，如果整个流固耦合分析开始时是固体变形引起流场变化，最好选择先计算固体结果；反之，如果是流场的波动引起的固体变形，最好在固体计算之前开始流体计算。单击 Solver Control 按钮，按如表 3-8 所示的设置，完成设置后单击 OK 按钮退出设置。

表 3-8 求解控制的设置

| Tab | Setting | Value |
| --- | --- | --- |
| Basic Settings | Convergence Control > Min. Coeff. Loops | 2 |
| | Convergence Control > Max. Coeff. Loops | 10 |
| External Coupling | Coupling Step Control > Solution Sequence Control > Solve ANSYS Fields | After CFX Fields[a] |

[a] 采取常规的流➔固求解顺序。

7. 设置输出控制

单击 Output Control 按钮，再单击 Trn Results 标签。

**Step 1** 在 Transient Results 属性框里，单击 Add new item 图标，接受默认名称，单击 OK 按钮。对 Transient Results 1 作如表 3-9 所示的设置。

表 3-9  Transient Results 的参数设置

| Setting | Value |
| --- | --- |
| Option | Selected Variables |
| Output Variable List | Pressure, Velocity, Total Mesh Displacement |
| Output Frequency > Option | Timestep Interval[a] |
| Output Frequency > Time Interval | 1[a] |

[a] 此设置等同于每 0.1s 保存一次。设置两个保存结果是为了节省资源，有时候并不需要看每个时间步上的所有参数。

**Step 2** 单击 Monitor 标签，选择 Monitor Options。单击 Add new item 图标，保持默认名称，单击 OK 按钮。设定 Option 为 Expression，在 Expression Value 中输入 force_y()@fsi wall，用来监视立柱在 Y 方向的总作用力。

**Step 3** 再次单击 Add new item 图标，单击 OK 按钮。

**Step 4** 设定 Option 为 Cartesian Coordinates。在 Output Variables List 中选择 Total Mesh Displacement Y，然后单击血管交叉处的任意一点，用来监视此点 Y 方向的变形量。

**Step 5** 单击 OK 按钮，完成设置，如图 3-11 所示。

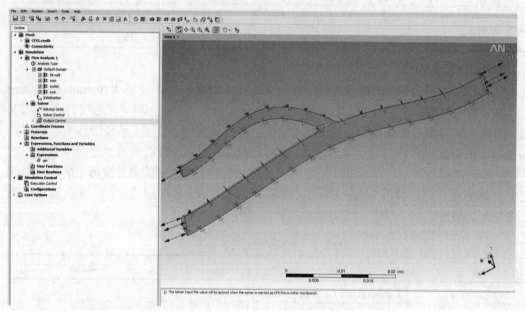

图 3-11  设置完毕后的流体模型

以上为流体分析的全部设置，选择 File > Save Project 保存设置后，再选择 File > Quit 就可关闭 ANSYS CFX-Pre，返回到 Project Schematic。

### 3.2.6 求解计算和结果监视

**Step 1** 返回 Project Schematic 界面，双击 CFX 模块的 Solution 单元。ANSYS Workbench 会自动生成 CFX-Solver 输入文件，并把它导入 ANSYS CFX-Solver Manager。

Step 2　在弹出的 Define Run 对话框中，Solver Input File 已经自动设置完毕。

Step 3　在 Run Definition 标签下，设置 Run Mode 为 HP MPI Local Parallel，然后单击 Add Partition 按钮，增加 Partitions 数值到 2，如图 3-12 所示，单击 Start Run 按钮开始计算。

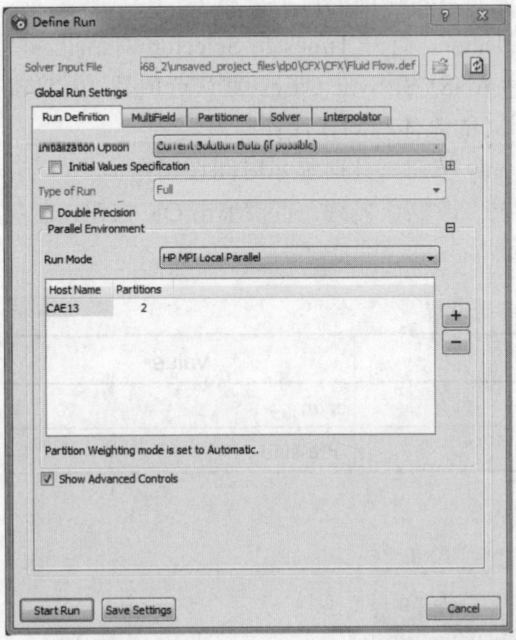

图 3-12　求解器设定

如前所述，计算的结果可实时监控，图 3-13 显示了血管壁 Y 方向上总作用力和血管交叉处的变形情况。可以看出，不管是 Y 方向所受合力还是交叉处 Y 方向变形量，都紧随入口压力而变化。在大约 0.3[s]时刻达到最大值，然后逐渐减少到初始值。

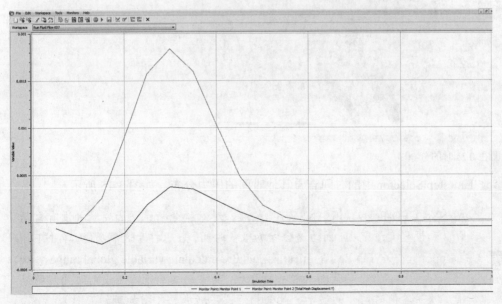

图 3-13　实时监视窗口

### 3.2.7 查看流体计算结果

计算在运行 7 分钟后自动达到设置求解时间而终止。在运行结束后，双击 Project Schematic 中的 Results 单元，进入 CFX-POST 进行编辑。首先查看对称面的压力分布。

**Step 1** 单击工具条上的 Tools > Timestep Selector，打开 Timestep Selector 对话框。注意，可以看到有两列 Timesteps 列表，分别是 CFX 和 ANSYS。Sync Cases 默认选项是 By Time Value，也就是 CFD-Post 会自动载入并匹配相同时间的流体和固体计算结果。

**Step 2** 单击 CFX 下的 0.2 [s]，然后单击 Apply 按钮，此时显示时间设置完毕。

**Step 3** 单击 Insert>Location>Contour，不需要修改默认名称，直接单击 OK 按钮，在左侧的 Detail of Contour 1 中做如表 3-10 所示的设置。

表 3-10 云图的参数设置

| Tab | Setting | Value |
| --- | --- | --- |
| Geometry | Location | sym |
| | Variable | Pressure |

**Step 4** 单击 Apply 按钮，结果如图 3-14 所示。

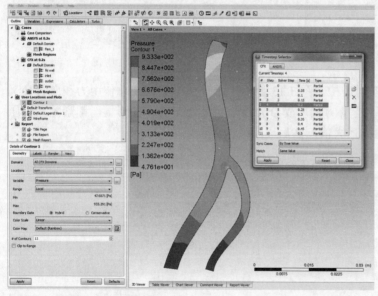

图 3-14 液面在 0.2s 时的分布

通过修改 Timestep Selector 中的时间查看其他时间的压力分布，如图 3-15 所示。

> **注意**　ANSYS CFD-Post 读入 ANSYS 结构后，对结构分析结果的变量并没有自动计算和设置变量范围，因为这会增加很多时间。若想打开这个功能，单击 Edit > Options，在 CFD-Post > Files 下勾选 Pre-calculate variable global ranges，如图 3-16 所示。当全局范围功能被打开后，变量的全局范围是当前时间步的范围，随着其他时间步的显示，此全局范围不断调整（增加新的范围）。

ANSYS 双向流固耦合分析　第 3 章

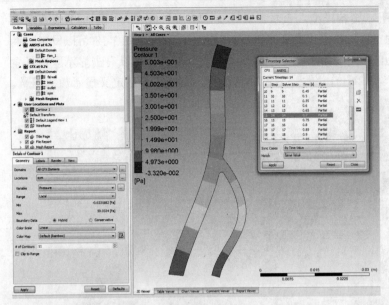

图 3-15　液面在 0.5s 时的分布

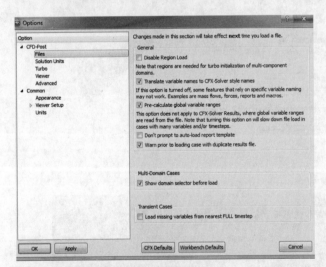

图 3-16　设置变量的全局范围显示

## 3.2.8　查看结构计算结果

**Step 1**　展开 Cases> ANSYS at 0.6s> Default Domain，单击 Fam_1。在弹出的 Details of Fam_1 中作如表 3-11 所示的设置。

表 3-11　Details of Fam_1 的参数设置

| Tab | Setting | Value |
| --- | --- | --- |
| Color | Mode | Variable |
|  | Variable | Total Mesh Displacement |
|  | Range | Local |

133

**Step 2** 单击 Apply 按钮，旋转模型，查看血管壁变形情况。除了使用结构分析查看变形情况，还可以通过流体域的 fsi wall 来查看变形情况，比较图 3-17 和图 3-18 可以发现，两种方式查看的结果基本是相同的。同时为了更好地显示网格变形情况，可以右击显示区域任意一点，在弹出的快捷菜单选择 Deformation＞5×Auto 或通过 Custom…自定义显示放大倍数。

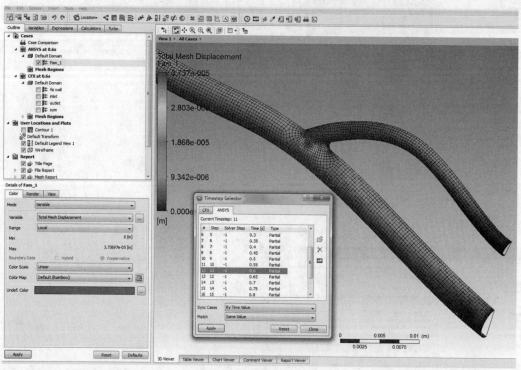

图 3-17 血管壁变形

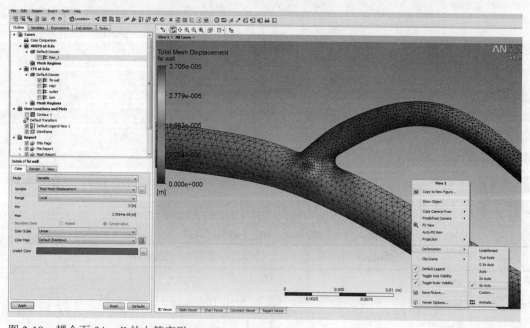

图 3-18 耦合面 fsi wall 的血管变形

## 3.2.9 创建动画文件

Step 1　打开 Timestep Selector 对话框，双击 0.05 [s]，使其为初始显示时间。

Step 2　单击 Insert > Vector，在 Details of Vector 1 中作如表 3-12 所示的修改。

表 3-12　设置 Details of Vector 的参数

| Tab | Setting | Value |
| --- | --- | --- |
| Geometry | Definition > Location | Sym[a] |
| Symbol | Normalize Symbols | √ |
|  | Symbol Size | 0.2 |

[a]血管也就是流体域的对称面。

Step 3　单击 Apply 按钮，显示 vector 分布，如图 3-19 所示。

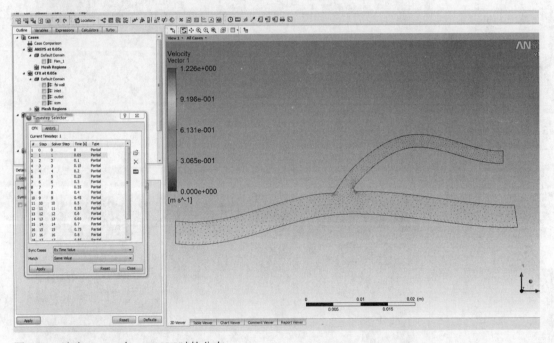

图 3-19　速度 Vector 在 t=0.05[s]时的分布

Step 4　单击 Animation 按钮，在弹出的 Animation 对话框选择默认的 Quick Animation，勾选 Save Movie，设置 Format 为 MPEG1。

Step 5　单击 Save Movie 右边的 Browse 按钮，设置动画的存储路径和文件名。如果不设置路径，文件会自动保存在.res 所在文件夹。

Step 6　单击 Play the animation 按钮，开始生成动画。

注意　动画生成过程视分析模型而定，但是一般来说都很耗时，因为 CFX-post 需要加载并显示每一个时间步的结果文件。

Step 7 动画生成后，从主菜单单击 File > Save Project 保存文件。然后单击 File > Exit 退出 CFX-post，图 3-20 到图 3-22 所示的是不同时刻的 Vector 分布。

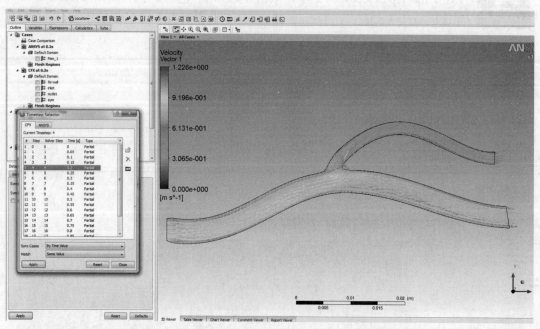

图 3-20　速度 Vector 在 t=0.2[s]时的分布

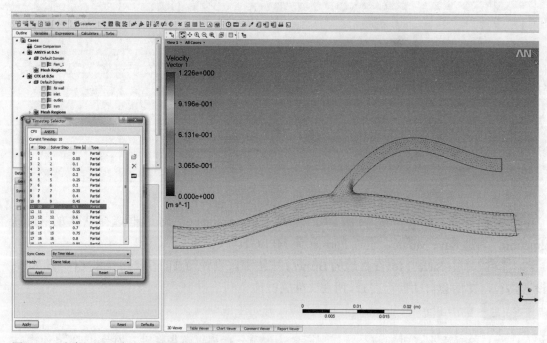

图 3-21　速度 Vector 在 t=0.5[s]时的分布

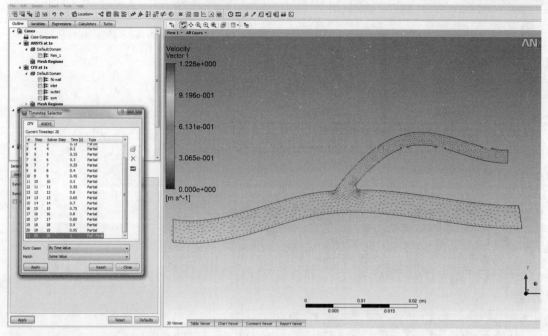

图 3-22 速度 Vector 在 t=1.0[s]时的分布

## 3.3 泥浆冲击立柱分析

本例通过泥浆冲击立柱分析来演示双向 FSI 的应用。其中，结构分析在 Transient Structural (ANSYS) 中设置，而流体分析在 Fluid Flow (CFX)中设置，但不论是结构还是流体分析都在流体分析的 Solution 单元求解，ANSYS Multi-field solver 负责整个耦合求解。本节从建模开始，到网格划分、结构分析设置再到流体分析设置、计算，到最终的结果显示，一步步进行讲解。读者可学习到：

- 模型前处理技巧
- 双向流固耦合的设置
- 两相流分析设置
- 自由液面的设置
- 流体分析和固体分析的结果后处理

### 3.3.1 问题描述

模型由一个方形腔和一个立柱组成。腔体长×宽×高=40m×20m×15m，顶面开口，两侧面为对称设置，其他面全部为封闭墙面。立柱直径 2m、高 12.5m。处于方腔内（不是正中心），底面全约束固定，具体尺寸如图 3-23 所示。初始状态时，方形腔的一面有一定容积的泥浆，要求模拟泥浆在撤去阻挡后的流动情况以及对立柱的冲击影响。

基于上述尺寸的描述，可以在 ANSYS Workbench 中建立几何模型，具体如图 3-24 所示，为了更好地理解几何模型的特点，还在图上进行了简单说明。

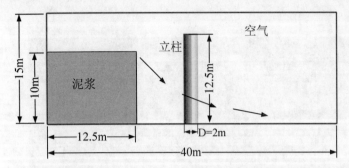

图 3-23 模型尺寸

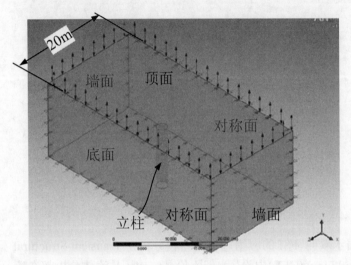

图 3-24 几何模型

本例从建模开始讲解,可以在 ANSYS Workbench 直接建立几何模型,因此不需要准备和导入已有的模型文件。

### 3.3.2 创建分析项目

**Step 1** 启动 ANSYS Workbench。

> 注意：默认状态下,ANSYS Workbench 会显示 Getting Started 对话框,主要介绍 ANSYS Workbench 的一些基本操作。单击[X]按钮关闭对话框。若需要再次打开,从主菜单选择 Tools > Options,设置 Project Management > Startup > Show Getting Started Dialog 为 desired。

**Step 2** 选择 File > Save（单击 Save 按钮）。出现"另存为"对话框,选择存储路径保存项目文件。输入 mud flow 作为文件名,然后保存该文件。

**Step 3** 要预览项目文件和相应的文件夹,可以通过 Files View 查看。从 ANSYS Workbench 的主菜单选择 View > Files。

在 ANSYS Workbench 中,Two-way FSI 分析由两部分组成,分别是 Transient Structural (ANSYS)分析系统和 Fluid Flow (CFX)分析系统。

**Step 4** 展开位于 ANSYS Workbench 左侧的 Toolbox 中的 Analysis Systems 选项，选择 Transient Structural (ANSYS)模块，双击此模块，或者拖动此模块到 Project Schematic 创建一个独立的分析模块。

**Step 5** 右击 Transient Structural (ANSYS)模块中的 Setup 单元，选择 Transfer Data to New > Fluid Flow (CFX)。在 Project Schematic 会自动创建一个 Fluid Flow 模块，并与结构分析模块链接，如图 3-25 所示。

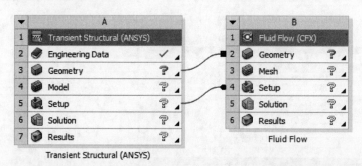

图 3-25　Two-way FSI analysis

双向 FSI 分析时，所有流体分析结果和结构分析结果都保存在流体模块的 Results 中，结构分析模块的 Solution 和 Results 单元没有实际意义，可以删除。以下步骤介绍了如何删除这些单元：

**Step 1** 在 Structural 模块，右击 Solution 单元，然后选择 Delete。

**Step 2** 在弹出的消息框单击 OK 按钮，确定此单元要被删除。删除后的项目文件如图 3-26 所示。

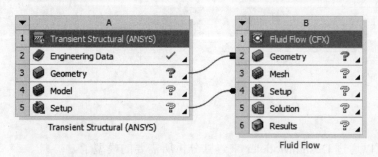

图 3-26　删除结构分析结果的 two-way FSI analysis

**Step 3** 保险起见，单击主菜单的 File > Save 保存更改后的文件。

### 3.3.3　添加新材料（concrete）

创建完项目之后，接下来需要添加新材料，因为模型中用到了水泥材料，本节主要讲述如何添加水泥材料。

**Step 1** 双击 Structural 模块中的 Engineering Data 单元。接着会弹出 Outline 和 Properties 窗口，如图 3-27 所示，材料的添加可以在这两个窗口中完成。

**Step 2** 在 Outline Filter 窗口，单击选择 Engineering Data。可以看到在 Outline of Schematic A2: Engineering Data 中只有一个默认材料 Structural Steel。

Step 3　单击 Outline Filter 中的 General Materials，在 Outline of General Materials 中，选择 concrete，单击 Add 按钮，在 C5 栏里面出现图标。

Step 4　再次在 Outline Filter 窗口单击选择 Engineering Data。可以看到在 Outline of Schematic A2: Engineering Data 中有两种材料 Structural Steel 和 concrete。

Step 5　右击 Structural Steel，在快捷菜单中选择 Delete 删除，只保留 concrete 材料。

Step 6　单击工具栏的 Return to Project 按钮，退出 Engineering Data 修改，返回 Project Schematic。

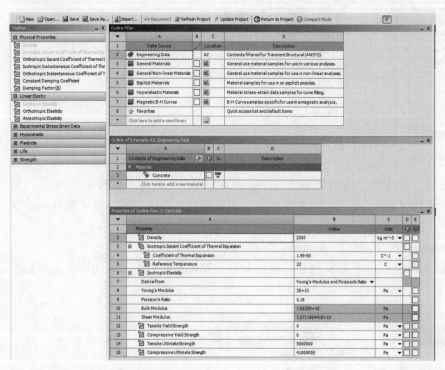

图 3-27　Engineering Data 修改

### 3.3.4　建立模型

定义完水泥材料之后，就可以通过 DesignModeler 来建立分析所需要的模型了。

Step 1　双击结构模块的 Geometry 单元，进入 DesignModeler。

Step 2　在弹出的单位选择菜单选择 Meter 作为建模单位，表示模型尺寸是以米为单位的。

Step 3　单击主菜单 Create > Primitives > Cylinder，创建圆形立柱。在 FD7,Axis Y Component 中输入 12，在 FD10,Radius (>0)中输入 1。其他尺寸均设为 0。

Step 4　单击 Generate 按钮，生成立柱。

Step 5　单击主菜单 Create > Primitives > Box，创建方形外流场。在 Details View 中如图 3-28 所示进行设置。

Step 6　单击 Generate 按钮，生成 Frozen 方形外流场。

Step 7　单击 Create > Boolean 进行布尔操作。Operation 选择 Subtract，Target Bodies 选择 Box1，Tool Bodies 选择 Cylinder1，Preserve Tool Bodies? 选择 Yes。

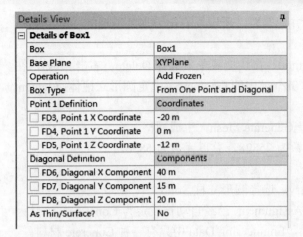

图 3-28　Box 设置信息

**Step 8**　单击 Generate，完成操作，最终模型如图 3-29 所示。

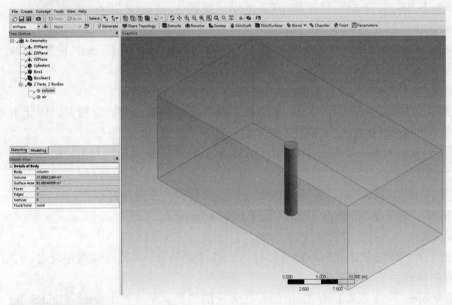

图 3-29　最终模型

**Step 9**　单击主菜单的 File > Save Project 保存文件，然后单击 File > Close DesignModeler 退出建模。

### 3.3.5　结构分析设置

本节从网格划分开始逐步介绍结构分析的设置，具体包括：结构网格划分、定义材料属性、基本设置、载荷/约束设置和流固耦合面设置。

**1. 结构网格划分**

**Step 1**　双击结构分析模块中的 A4 Model 单元。

**Step 2**　在 Mechanical 中，展开 Project > Model > Geometry，可以看到有两个 Solid 存在。

**Step 3** 对结构分析来说，方形外流场并不需要。所以，右击方形外流场的 Solid 体，从快捷菜单中选择 Suppress Body。

**Step 4** 右击 Mesh 下的 FX-Mesh Method，在快捷菜单中选择 Delete，右击 Mesh，在快捷菜单选择 Insert > Sizing。修改 Details of "Sizing"中的 Geometry，选定圆形立柱体，Element size 设定为 0.25m。

**Step 5** 右击 Mesh，在快捷菜单中选择 Generate Mesh，生成网格。

**Step 6** 至此，网格划分完毕。总节点数为 25828，总单元数为 5850。

2．指定材料

**Step 1** 展开 Project > Model > Geometry，选择圆形立柱 Solid。

**Step 2** 在 Details 视图中，Material > Assignment 已经自动被设定为 Concrete。这是因为之前默认的 Structural Steel 材料已经被删除，Engineering Data 中只有一种 Concrete 材料。

3．基本设置

**Step 1** 展开 Project > Model > Transient，选择 Analysis Settings。

**Step 2** 在 Details 中，如下所示设置 Step Controls：设置 Auto Time Stepping 为 Off；设置 Defined By 为 Substeps；设置 Number of Substeps 为 1。

**Step 3** 在 Solver Controls 中进行如下所示设置：设置 Solver Type 为 Direct；设置 Weak Springs 为 Off；设置 Large Deflection 为 On。

4．载荷/约束设置

接下来就进入到载荷/约束条件的设置了，本例约束条件是立柱底面的固定约束，因此本例设置中选择立柱底面的 fixed support 来固定。

**Step 1** 展开 Project > Model，右击 Transient (A5)，在弹出的快捷菜单选择 Insert > Fixed Support。

**Step 2** 按住鼠标滚轮旋转立柱，看到立柱底面后停止旋转，左键选择底面。

**Step 3** 在 Details 视窗单击 Apply 按钮，设置 fixed support。

5．流固耦合面设置

与单向 FSI 分析不同，双向 FSI 分析不能直接导入流体计算结果，而是通过预先设定一个 FSI 面，在计算过程中传递流固分析数据。

**Step 1** 展开 Project > Model，右击 Transient，在弹出的快捷菜单选择 Insert > Fluid Solid Interface。

**Step 2** 旋转立柱选择合适视角。按住 Ctrl 键，依次选择除底面的两个面。

**Step 3** 在 Details 视窗单击 Apply 按钮，完成 Fluid Solid Interface 设置。

> **注意** 此 interface number 被自动设置为 1，如果需要多个 interface，会生成不同 interface number，此 number 在 CFX 中需要一一对应指定。

至此，结构分析的设置已经全部完成。单击主菜单的 File > Save Project 保存文件，然后单击 File > Close Mechanical，退出 Mechanical application，返回 Project Schematic。

此时，结构分析的 Setup 单元呈现"需要更新"状态，右击 Setup 单元，在弹出的快捷菜单选择 Update，更新完毕后，结构分析模块的所有单元都显示"设置完毕"状态。

### 3.3.6 流场模型处理

在完成上述设置后，接下来就需要对流场模型进行处理了，本节主要介绍流场网格的划分和运用 Named Selections 功能定义面组。

**Step 1** 双击流体模块的 B3 Mesh 单元，或者右击然后选择 Edit，进入 Meshing application。

**Step 2** 因为 Fluid flow(CFX)模块默认使用 CFX-Mesh Method 作为网格划分方法，所以打开 Meshing 后，会直接进入 CFX-Mesh，此例中，不需要使用 CFX-Mesh Method 来划分网格，所以单击主菜单 File > Close CFX-Mesh，退出 CFX-Mesh 返回到 Meshing。

**Step 3** 展开 Project > Model > Mesh，右击 CFX-Mesh Method，在弹出的快捷菜单选择 Delete，删除 CFX-Mesh Method。

为了更好地在 CFX-Pre 中设置各个边界，首先在 Mesh Application 中先定义相应的面组，具体的操作如下所示。

**Step 4** 展开 Project > Model > Geometry，可以看到有两个 Solid 存在。

**Step 5** 对结构分析来说，立柱体并不需要。所以，右击立柱 Solid 体，从快捷菜单中选择 Suppress Body。

**Step 6** 右击剩下的方形外流场 Solid，在弹出的快捷菜单选择 Create Selection Group。

**Step 7** 在弹出的 Selection Name 对话框输入 inlet，然后单击 OK 按钮。

**Step 8** 展开 Named Selections 项，单击 inlet。注意到 details of inlet 中 Scope > Geometry 被设定为 1 Body。

**Step 9** 单击 1 Body，使其变为 Apply 按钮，然后选择 inlet 面并单击 Apply 按钮完成设置。

**Step 10** 同理定义其他面组，完成后的面组定义如图 3-30 所示。

至此，面组定义已经全部完成，下一步就是进行网格划分。

### 3.3.7 流场网格划分

**Step 1** 展开 Project > Model > Mesh，因为之前已经删除了 CFX-Mesh Method，所以此时 Mesh 项下应该没有任何子项。

**Step 2** 单击 Mesh，在出现的 Detail of "Mesh"中，设置 Sizing>Element Size 为 0.6m。

**Step 3** 右击 Mesh，从快捷菜单选择 Insert > Method 。

**Step 4** 单击方形外流场模型上任意一点，然后单击 Apply 按钮。可以看到，Scope > Geometry 已经被设置为 1 Body。

**Step 5** 如下定义 details 中的 Definition 属性：设定 Definition > Method 为 MultiZone；设定 Mapped Mesh Type 为 Hexa；设定 Src/Trg Selection 为 Manual Source；设置 Source1 为 Face（立柱上表面）。

**Step 6** 右击 Mesh，从快捷菜单选择 Insert > Inflation，设置边界层特性。

**Step 7** 单击方形外流场模型上任意一点，然后单击 Apply 按钮。可以看到，Scope > Geometry 已经被设置为 1 Body。

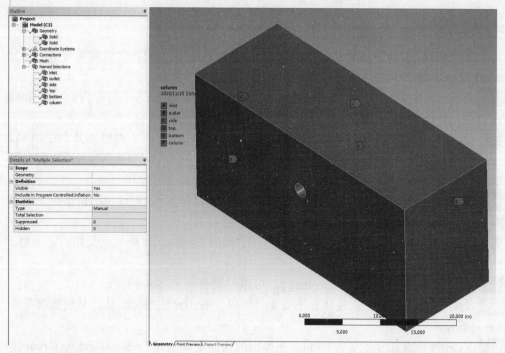

图 3-30 面组定义

Step 8 如下定义 details 中的 Definition 属性：设定 Boundary 为 2 Face（立柱表面的两个面）；设定 Inflation Option 为 Total Thickness；设定 Number of Layers 为 3；设定 Maximum Thickness 为 0.4m。

Step 9 至此，网格属性已经全部完成。右击 Mesh，在快捷菜单单击 Generate Mesh，生成网格。

Step 10 生成的网格为圈 Hexa 网格，包含 72386 个节点和 66908 个单元，如图 3-31 所示。从主菜单选择 File > Save Project，保存网格文件，然后单击 File > Close Meshing，返回到 Project Schematic。

相似地，流体模块的 Mesh 单元这时呈现出"有待更新"状态，右击此单元，在弹出菜单中选择 Update 进行更新。

### 3.3.8 流体分析设置

本节主要讲述设置边界条件和求解器属性。

1. 设置分析类型

与单项 FSI 分析不同，双向 FSI 分析需要设置 Transient ANSYS Multi-field 属性。在 ANSYS CFX-Pre 中，此设置随同时间属性都在 Analysis Type 标签中完成。ANSYS CFX-Pre 会自动传递、读取 ANSYS 结构分析的输入文件。

Step 1 双击流体分析模块的 Setup 单元，进入 ANSYS CFX-Pre。

Step 2 双击 ANSYS CFX-Pre 中的 Analysis Type 项 Analysis Type。

Step 3 如表 3-13 所示进行设置，所有设置完成之后单击 OK 按钮完成。

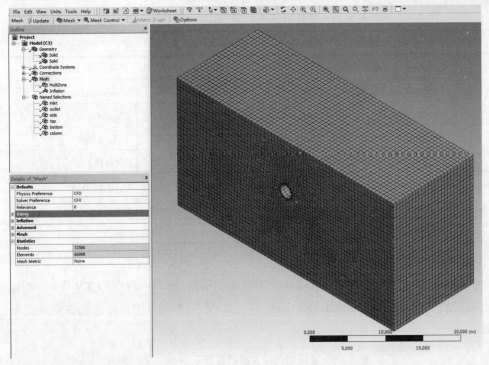

图 3-31 生成的外流场网格模型

表 3-13 设置 Analysis Type 的相关参数

| Tab | Setting | Value |
| --- | --- | --- |
| Basic Settings | External Solver Coupling > Option | ANSYS MultiField |
| | Coupling Time Control > Coupling Time Duration > Option | Total Time |
| | Coupling Time Control > Coupling Time Duration > Total Time | 2 [s] |
| | Coupling Time Control > Coupling Time Steps > Option | Timesteps |
| | Coupling Time Control > Coupling Time Steps > Timesteps | 0.02 [s] |
| | Analysis Type > Option | Transient |
| | Analysis Type > Time Duration > Option | Coupling Time Duration [a] |
| | Analysis Type > Time Steps > Option | Coupling Timesteps [a] |
| | Analysis Type > Initial Time > Option | Coupling Initial Time [a] |

[a] Timesteps 和 Time duration 在 ANSYS Multi-field（耦合求解）设置完毕后，CFX 会自动采用这些设置，不需要也不能够再单独设置。

**2. 定义泥浆属性**

本例中采用的是两相流，一种为默认的 air at 25，另一种泥浆材料需要自定义。

Step 1　单击 Material 图标，在弹出的对话框中输入 mud，然后单击 OK 按钮。

Step 2　在左侧的 Detail 属性中进行如表 3-14 所示的设置，所有设置完成之后单击 OK 按钮完成。

表 3-14 设置 Material 材料属性

| Tab | Setting | Value |
|---|---|---|
| Basic Settings | Option | Pure Substance |
| | Thermodynamic State | (Selected) |
| | Thermodynamic State > Thermodynamic State | Liquid |
| Material Properties | Equation of State > Molar Mass | 1 [kg kmol^-1] [a] |
| | Equation of State > Density | 2000 [kg m^-3] |
| | Transport Properties > Dynamic Viscosity | (Selected) |
| | Transport Properties > Dynamic Viscosity > Dynamic Viscosity | 0.01 [Pa s] |

[a] 摩尔质量其实在计算中没有任何作用,只是给定一个随意值。

3. 创建流体域并设置初始条件

为了允许 ANSYS 求解器能同 CFX 求解器传递网格变形结果,必须打开 CFX 中的 Mesh Motion 功能。双击默认的流场域 Default Domain,进行如表 3-15 所示的设置,设置完成之后单击 OK 按钮。

表 3-15 流场域的相关参数设置

| Tab | Setting | Value |
|---|---|---|
| Basic Settings | Fluid and Particle Definitions | Air |
| | Fluid and Particle Definitions > Air > Material | Air at 25 C |
| | Fluid and Particle Definitions | mud |
| | Fluid and Particle Definitions > Fluid 1 > Material | mud |
| | Domain Models > Pressure > Reference Pressure | 101325 [Pa] [a] |
| | Buoyancy > Option | Buoyant |
| | Buoyancy > Gravity X Dirn. | 0 [m s^-2] |
| | Buoyancy > Gravity Y Dirn. | -g |
| | Buoyancy > Gravity Z Dirn. | 0 [m s^-2] |
| | Buoyancy > Buoy. Ref. Density | 1.185 [kg s^-3] |
| | Domain Models > Mesh Deformation > Option | Regions of Motion Specified |
| Fluid Models | Multiphase | Homogeneous Model |
| | Multiphase > Free Surface Model | Standard |
| | Heat Transfer > Option | None |
| | Turbulence > Option | k-Epsilon |
| Fluid Specific Models | Fluid > air > Fluid Buoyancy Model > Option | Density Difference |
| | Fluid > mud > Fluid Buoyancy Model > Option | Density Difference |

续表

| Tab | Setting | Value |
| --- | --- | --- |
| Fluid Pair Models | Fluid Pair> air\|mud > Surface Tension Coefficient | 0.072 [N m^-1] |
| | Surface Tension Force> Option | Continuum Surface Force |
| | Surface Tension Force> Primary Fluid | mud |
| | Surface Tension Force> Volume Fraction Smoothing Type > Smoothing Type | Volume-Weighted |
| | Interface Transfer> Option | Free-Surface |
| Initialization[a] | Domain Initialization > Initial Conditions > Cartesian Velocity Components > Option | Automatic with Value |
| | Domain Initialization > Initial Conditions > Cartesian Velocity Components > U | 0 [m s^-1] |
| | Domain Initialization > Initial Conditions > Cartesian Velocity Components > V | 0 [m s^-1] |
| | Domain Initialization > Initial Conditions > Cartesian Velocity Components > W | 0 [m s^-1] |
| | Domain Initialization > Initial Conditions > Static Pressure > Option | Automatic with Value |
| | Domain Initialization > Initial Conditions > Static Pressure > Relative Pressure | Hydro static pressure[b] |
| | Fluid Specific Initialization > air > Volume Fraction > Option | Automatic with Value |
| | Fluid Specific Initialization > air > Volume Fraction > Volume Fraction | 1-vof[c] |
| | Fluid Specific Initialization > mud > Volume Fraction > Option | Automatic with Value |
| | Fluid Specific Initialization > mud > Volume Fraction > Volume Fraction | vof[c] |

[a] 流场域初始条件设置，所有瞬态分析都需要设置初始条件；[b] Hydro static pressure 表达式是为了计算初始状态的液压分布，表达式调用了 vof 表达式；[c] vof 表达式设定了初始状态 air 和 mud 的分布状态。关于两个表达式的设置，随后会有介绍，可以忽略提示错误，先设定。

**4. 编辑表达式**

本例中用到的表达式共有两个，一个是定义空气和泥流初始分布的 vof 表达式，另一个是根据 vof 分布和各自密度计算出来的初始静压力分布表达式 Hydro static pressure。设置完毕后，因为找不到此表达式的错误提示会自动消失。

**Step 1** 右击 Expressions，在弹出的快捷菜单选择 Insert>Expression，在弹出的对话框输入 vof，然后单击 OK 按钮。

**Step 2** 在 Definition 中输入 if(y<10[m],1,0)*if(x<-7.5[m],1,0)。

**Step 3** 单击 Apply 按钮完成设置。

**Step 4** 同理设置另一个新表达式，命名为 Hydro static pressure。

**Step 5** 在 Definition 中输入 Density*g*(10[m]-y)*vof。

**Step 6** 单击 Apply 按钮完成设置。

### 5. 设置边界条件

本例用到的最多的是 wall 边界，除此之外还有 top 面的 opening 边界和立柱表面的流固耦合 wall。

双向 FSI 分析中流固耦合面是非常重要的，通过此面设置，可以把 ANSYS 计算得到的变形量传递给 CFX，CFX 根据变形后的流场计算后，把计算得到的此耦合面上的力传递回给 ANSYS，ANSYS 再次计算变形量，依次循环得到最终结果。

**Step 1** 新建一个名为 column 的 wall boundary。对 column 进行如表 3-16 所示的设置，设置完成之后单击 OK 按钮。

表 3-16 设置 column 的相关参数

| Tab | Setting | Value |
| --- | --- | --- |
| Basic Settings | Boundary Type | Wall |
|  | Location | F77.78,F76.78 [a] |
| Boundary Details | Mesh Motion > Option | ANSYS MultiField |
|  | Mesh Motion > Receive From ANSYS | Total Mesh Displacement |
|  | Mesh Motion > ANSYS Interface | FSIN_1 [b] |
|  | Mesh Motion > Send to ANSYS | Total Force |

[a] 两个面分别是立柱的曲面和顶面，虽然在 Mesh 单元中已经定义了叫 column 的面组，但丢失面组信息的情况也时有发生，若丢失，则需要手动点选此面组；[b] 如果在 ANSYS 结构网格中定义了多个流固耦合面，需要在此准确对应，如 FSIN_1、FSIN_2 等，不然会出现传递错误。

**Step 2** 对称边界的设置。新建一个名为 sym 的对称边界。对 sym 边界作如表 3-17 所示的设置，设置完成之后单击 OK 按钮。

表 3-17 对称边界的设置

| Tab | Setting | Value |
| --- | --- | --- |
| Basic Settings | Boundary Type | Symmetry |
|  | Location | side |

**Step 3** 设置流场顶端开口条件，建立支架边界。右击 Flow Analysis 1>Default Domain>Insert>Boundary，在出现的对话框输入 top，然后单击 OK 按钮。在出现的 top 属性框里进行如表 3-18 所示的设置，设置完成之后单击 OK 按钮。

表 3-18 流场顶端开口条件的参数设置

| Tab | Setting | Value |
| --- | --- | --- |
| Basic Settings | Boundary Type | Opening |
|  | Location | top |
| Boundary Details | Mass And Momentum > Option | Opening Pres. And Dirn |
|  | Wall Roughness > Relative Pressure | 0 [Pa] |

续表

| Tab | Setting | Value |
|---|---|---|
| Fluid Values | Boundary Conditions > air > Volume Fraction> Option | Value |
| | Boundary Conditions > air > Volume Fraction> Volume Fraction | 1 |
| | Boundary Conditions > mud > Volume Fraction> Option | Value |
| | Boundary Conditions > mud > Volume Fraction> Volume Fraction | 0 |

**Step 4** 建立地面边界。右击 Flow Analysis 1>Default Domain>Insert>Boundary，在出现的对话框输入 bottom，然后单击 OK 按钮。在出现的 bottom 属性框里进行如表 3-19 所示的设置，设置完成后单击 OK 按钮退出。

表 3-19 底面边界条件的参数设置

| Tab | Setting | Value |
|---|---|---|
| Basic Settings | Boundary Type | Wall |
| | Location | bottom |
| Boundary Details | Mass And Momentum > Option | No Slip Wall |
| | Wall Roughness > Option | Smooth Wall |

**Step 5** 设置流场外壁边界条件。右击 Flow Analysis 1>Default Domain>Insert>Boundary，在出现的对话框输入 wall，然后单击 OK 按钮。在出现的 wall 属性框里进行如表 3-20 所示的设置，设置完成后单击 OK 按钮退出。

表 3-20 流场外壁边界条件的设置

| Tab | Setting | Value |
|---|---|---|
| Basic Settings | Boundary Type | Wall |
| | Location | inlet, outlet[a] |
| Boundary Details | Mass And Momentum > Option | No Slip Wall |
| | Wall Roughness > Option | Smooth Wall |

[a] 虽然面组定义的时候定义为 inlet、outlet 面，但是此处一并设置为 wall 边界。

#### 6. 设置求解器属性

对于 ANSYS Multi-field 的设置大部分都包含在 Solver Control 下的 External Coupling 部分。一般分析中，默认设置都不需要更改。在任何一个时间步，耦合和交叉迭代会确保 CFX 求解器、固体求解器和数据交换都是同时进行。但是具体计算中，流体求解和固体求解的顺序是可以根据实际情况由用户自己定义的。比如，如果整个流固耦合分析开始时是固体变形引起流场变化，那么最好选择先计算固体结果；反之，如果是流场的波动引起的固体变形，那么最好在固体计算之前开始流体计算。

单击 Solver Control 图标，按如表 3-21 所示的设置，设置完成后单击 OK 按钮退出。

表 3-21 求解器的设置

| Tab | Setting | Value |
| --- | --- | --- |
| Basic Settings | Transient Scheme > Option | Second Order Backward Euler |
| | Convergence Control > Max. Coeff. Loops | 3 |
| External Coupling | Coupling Step Control > Solution Sequence Control > Solve ANSYS Fields | After CFX Fields |

[a] 此例是流体冲击立柱分析，所以采取常规的流➔固求解顺序。

7. 设置输出控制

**Step 1** 单击 Output Control 按钮，单击 Trn Results 标签。

**Step 2** 在 Transient Results 属性框里，单击 Add new item 图标，接受默认名称，单击 OK 按钮。

**Step 3** 对 Transient Results 1 作如表 3-22 所示的设置。

表 3-22 Transient Results 1 参数的设置

| Setting | Value |
| --- | --- |
| Option | Standard |
| Output Frequency > Option | Time Interval[a] |
| Output Frequency > Time Interval | 0.2 [s][a] |

[a] 此设置等同于每 10 个 timestep 保存一次。

**Step 4** 设置完毕后，再次单击 Add new item 图标，接受默认名称，单击 OK 按钮。

**Step 5** 对 Transient Results 2 作如表 3-23 所示的设置。

表 3-23 设置 Transient Results 2 参数

| Setting | Value |
| --- | --- |
| Option | Selected Variables |
| Output Variable List | Pressure,air.Volume Fraction,mud.Volume Fraction,Density, Total Mesh Displacement |
| Output Frequency > Option | Timestep Interval[a] |
| Output Frequency > Time Interval | 5 [a] |

[a] 此设置等同于每 0.1s 保存一次。设置两个保存结果是为了节省资源，有时候并不需要看每个时间步上的所有参数。

**Step 6** 单击 Monitor 标签，选择 Monitor Options。

**Step 7** 单击 Add new item 图标，在弹出的对话框输入 force x。

**Step 8** 设定 Option 为 Expression。

**Step 9** 在 Expression Value 中输入 force_x()@column，用来监视立柱在 X 方向收到的总力。

**Step 10** 再次单击 Add new item 图标，在弹出的对话框中输入 max deformatin。

Step 11  设定 Option 为 Expression。

Step 12  在 Expression Value 中输入 maxVal(Mesh Displacement X )@column，用来监视立柱上 X 方向的最大变形量。

Step 13  单击 OK 按钮，完成设置。

以上为流体分析的全部设置，选择 File > Save Project 保存设置后，再选择 File > Quit 就可关闭 ANSYS CFX-Pre，返回到 Project Schematic。

### 3.3.9  求解和计算结果

**1. 求解**

Step 1  返回 Project Schematic 界面，双击 CFX 模块的 Solution 单元。ANSYS Workbench 会自动生成 CFX-Solver 输入文件，并把它导入 ANSYS CFX-Solver Manager。

Step 2  在弹出的 Define Run 对话框中，Solver Input File 已经自动设置完毕。

Step 3  勾选 Double Precision 选项，采用双精度计算。双精度对大网格模型的自由液面分析至关重要，因为单精度在曲率计算时会存在大的舍入误差，从而导致溢出错误。

Step 4  在 Run Definition 标签下，设置 Run Mode 为 HP MPI Local Parallel，然后单击 Add Partition 按钮，增加 Partitions 数值到 2，具体参数如图 3-32 所示。

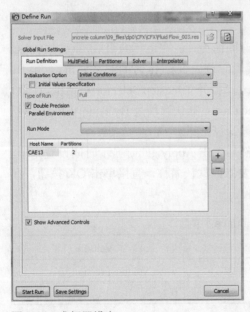

图 3-32  求解器设定

Step 5  单击 Start Run 按钮开始计算。

> Run Definition 的 Initialization Option 中有两种设置：Current Solution Data (if possible)和 Initial Values。前者是指计算时忽略 CFX-Pre 中设置的初始值，用前一个计算的计算结果为本次计算的初始值；后者是根据 cfx 中设定的初始值开始计算。如果是第一次计算，计算会自动生成一个输入文件 ds.dat，里面包含了必要的 ANSYS 命令流，然后才能启动 ANSYS 和 CFX 进行计算。

如前所述，计算的结果可实时监控，图 3-33 显示了立柱所受总力随时间的变化情况。可以看出，立柱 x 方向所受合力从 0.7[s]开始逐渐增加，到 1.2[s]时出现最大合力，然后又开始逐渐减小。对比结果文件可以发现，0.7[s]左右为下落泥浆接触到立柱时刻，随着泥浆不断下滑，冲击力不断增加，但是在 1.2[s]之后，由于高位泥浆大部分已经下滑完毕，冲击力开始显著减小。

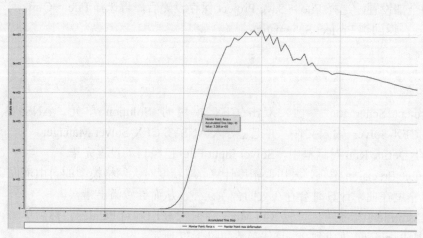

图 3-33 实时监视窗口

**2. 查看流体计算结果**

计算在运行 4 小时 50 分钟后自动达到设置求解时间而终止。在运行结束后，双击 Project Schematic 中的 Results 单元，进入 CFX-POST 进行编辑。首先查看 1s 时的泥浆分布。

**Step 1** 单击工具条上的 Tools > Timestep Selector，打开 Timestep Selector 对话框。注意，有两列 Timesteps 列表，分别是 CFX 和 ANSYS。Sync Cases 默认选项是 By Time Value，也就是 CFD-Post 会自动载入并匹配相同时间的流体和固体计算结果。

**Step 2** 单击 CFX 下的 Step 50，也就是 1 [s]，然后单击 Apply，此时显示时间设置完毕。

**Step 3** 单击 Insert>Location>Isosurface，不需要修改默认名称，直接单击 OK 按钮，在左侧的 Detail of Isosurface 1 中做如表 3-24 所示的设置。

表 3-24 设置 Detail of Isosurface 1 参数

| Tab | Setting | Value |
| --- | --- | --- |
| Geometry | Definition>Variable | water.Volume Fraction |
| | Definition>Value | 0.7 |

**Step 4** 单击 Apply 按钮，结果如图 3-34 所示。

同理，可以通过修改 Timestep Selector 中的时间查看其他时间的液面分布，如图 3-35 所示就是液面在 2.0s 时的分布。

ANSYS CFD-Post 读入 ANSYS 结构计算结果文件时，已经包含诸如 stresses 和 strains 的所有变量。网格区域显示中，除了结构体的边界条件，还包括一些特定的加载区域。例如在本例中，Cases>Ansys at 1.6s>Mesh Regions 下，有两个网格域，一个是结构分析定义的固定面，一个是流固耦合面。

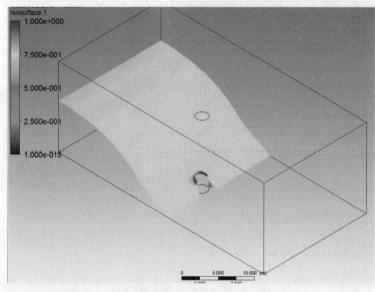

图 3-34 液面在 1s 时的分布

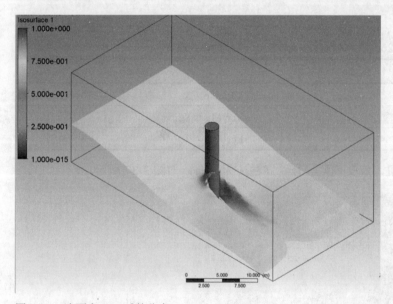

图 3-35 液面在 2.0s 时的分布

ANSYS CFD-Post 读入 ANSYS 结构后，对结构分析结果的变量并没有自动计算和设置变量范围，因为这会增加很多时间。若想打开这个功能，单击 Edit > Options，在 CFD-Post > Files 下勾选 Pre-calculate variable global ranges。当全局范围功能被打开后，变量的全局范围是当前时间步的范围，随着其他时间步的显示，此全局范围不断调整（增加新的范围），如图 3-36 所示。

3. 查看结构计算结果

Step 1 展开 Cases> Case 1(ANSYS at 1s)> Default Domain，双击 Default Boundary。

Step 2 在弹出的 Details of Default Boundary 中作如表 3-25 所示的设置。

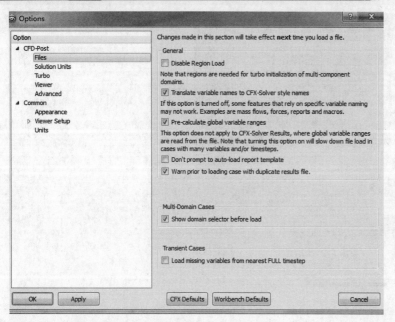

图 3-36 设置变量的全局范围显示

表 3-25 Details of Default Boundary 的参数设置

| Tab | Setting | Value |
| --- | --- | --- |
| Color | Mode | Variable |
| | Variable | Von Mises Stress |
| | Range | Local |

**Step 3** 单击 Apply 按钮，旋转模型，查看立柱应力分布，如图 3-37 所示。

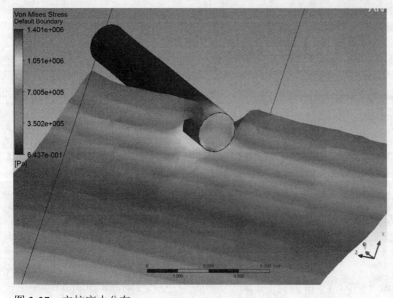

图 3-37 立柱应力分布

## 4. 创建动画文件

Step 1 打开 Timestep Selector 对话框，双击 0 [s]，确保当前结果为初始结果。

Step 2 勾选 Isosurface 1，保持先前的设置。

Step 3 勾选 Mesh Regions 下的 Fsin_1，按表 3-26 所示进行设置。

表 3-26 Mesh Regions 参数的设置

| Tab | Setting | Value |
| --- | --- | --- |
| Color | Mode | Variable |
|  | Variable | Von Mises Stress |

Step 4 单击 Apply 按钮。单击 Animation 按钮，在弹出的 Animation 对话框选择默认的 Quick Animation，勾选 Save Movie，设置 Format 为 MPEG1，单击 Save Movie 右边的 Browse 按钮，设置动画的存储路径和文件名。如果不设置路径，文件会自动保存在.res 所在文件夹。

Step 5 单击 Play the animation 按钮，开始生成动画。

动画生成过程视分析模型而定，但是一般来说都很耗时，因为 CFX-post 需要加载并显示每一个时间步的结果文件。

Step 6 动画生成后，从主菜单单击 File > Save Project 保存文件。然后单击 File > Exit 退出 CFX-post。图 3-38 到图 3-40 给出了在不同时刻的液面流动情况和流固耦合面应力分布情况。

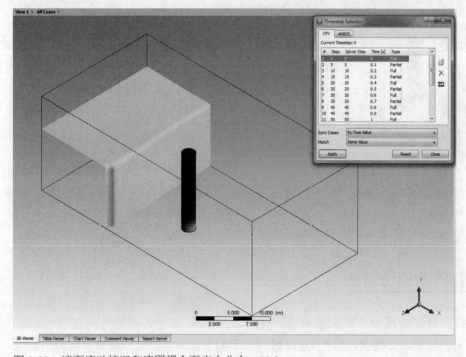

图 3-38 液面流动情况和流固耦合面应力分布 t=0[s]

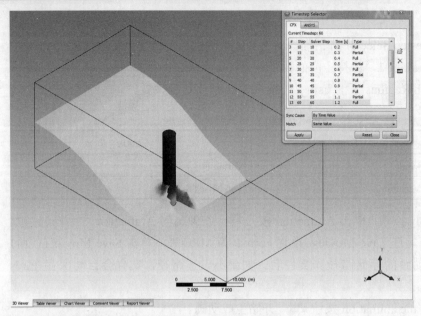

图 3-39 液面流动情况和流固耦合面应力分布 t=1.2[s]

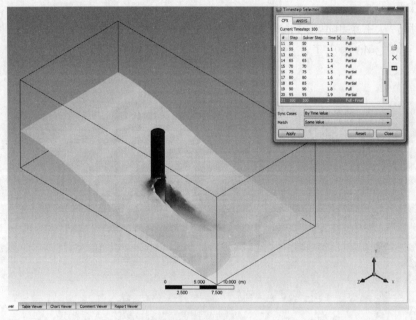

图 3-40 液面流动情况和流固耦合面应力分布 t=2.0[s]

## 3.4 飞机副翼转动耦合分析

本例通过飞机副翼转动耦合分析来演示双向 FSI 的应用。其中，结构分析在 Transient Structural (ANSYS)中设置，而流体分析在 Fluid Flow (CFX)中设置，但是不论是结构分析还是流体分析都在流体分析的 Solution 单元求解，ANSYS Multi-field solver 负责整个耦合求解。本

节从导入模型开始,到网格划分、结构分析设置再到流体分析设置、计算,到最终的结果显示,一步步进行讲解。读者可学习到:
- 模型前处理技巧
- 结构网格划分技巧
- 双向流固耦合的设置
- 结构动态设置
- 流体分析和固体分析的结果后处理

### 3.4.1 问题描述

模型主要由两部分组成,分别是外流场模型、带副翼的机翼模型(由 NACA0012 修改而得),其中机翼模型由机翼、副翼和转动杆组件组成,如图 3-41 所示。机翼正前方为空气来流方向,设定空气速度为 1m/s,后端为 outlet 型出口,两侧采用对称设置。机翼部分始终固定不动,初始状态时副翼处于水平位置,要求模拟副翼随时间转动对机翼(包括副翼)性能的影响。

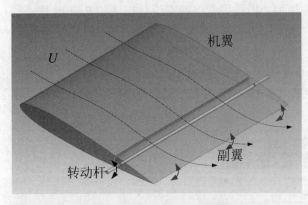

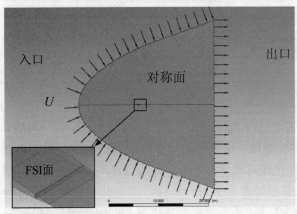

图 3-41 飞机副翼模型

本例从导入模型开始讲解,所以需要准备和导入已有的模型文件。

### 3.4.2 创建分析项目

Step 1 启动 ANSYS Workbench。在 Windows 系统中单击"开始"菜单,然后选择 All

Programs > ANSYS 12.1 > Workbench，按 Enter 键。

Step 2  选择 File > Save 或者单击 Save 按钮■。出现一个"另存为"对话框，选择存储路径保存项目文件。在"文件名"处输入 naca0012_aileron，然后单击"保存"按钮。

Step 3  要预览项目文件和相应的文件夹，可以通过 Files View 查看。从 ANSYS Workbench 的主菜单选择 View > Files。

Step 4  在 ANSYS Workbench 中，two-way FSI 分析由两部分组成，分别是 Transient Structural (ANSYS)分析系统和 Fluid Flow (CFX)分析系统。

Step 5  展开位于 ANSYS Workbench 左侧的 Toolbox 中的 Analysis Systems 选项，选择 Transient Structural (ANSYS) 模块，双击此模块，或者拖动此模块到 Project Schematic，创建一个独立的分析模块。

Step 6  右击 Transient Structural (ANSYS)模块中的 Setup 单元，选择 Transfer Data to New > Fluid Flow (CFX)。在 Project Schematic 会自动创建一个 Fluid Flow 模块，并与结构分析模块链接。

双向 FSI 分析时，所有流体分析结果和结构分析结果都保存在流体模块的 Results 中，结构分析模块的 Solution 和 Results 单元没有实际意义，可以删除。以下步骤介绍了如何删除这些单元：

Step 7  在 Structural 模块，右击 Solution 单元，然后选择 Delete。

Step 8  在弹出的消息框单击 OK 按钮，确定此单元要被删除。删除后，项目文件如图 3-42 所示。

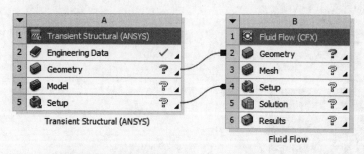

图 3-42  删除结构分析结果的 two-way FSI analysis

Step 9  选择主菜单的 File > Save，保存更改后的文件。

关于每个单元右端的显示符号，请查看帮助文件中的 Understanding States in ANSYS Workbench help。比如在图 3-42 中，大部分单元伴随一个蓝色问号（?），这表明这些单元还没有设置完毕，需要进一步设置。但是对于已经出现对号（√）的单元，也并不表示完全没有问题。比如 A2 单元中，Engineering Data 虽然已经设置了材料特性，但是此材料是默认材料（Structural Steel），并不是此例子所需的铝合金材料。所以需要重新设置 Engineering Data 属性。

### 3.4.3  选用新材料（Aluminum Alloy）

本节主要讲述如何添加选用铝合金材料。

Step 1  双击 Structural 模块中的 Engineering Data 单元，出现 Outline 和 Properties 窗口。在 Outline Filter 窗口，单击选择 Engineering Data，如图 3-43 所示。可以看到在 Outline of

Schematic A2: Engineering Data 中只有一个默认材料 Structural Steel。

**Step 2** 单击 Outline Filter 中的 General Materials，在 Outline of General Materials 中，选择 Aluminum Alloy，单击 Add 按钮，在 C5 栏出现图标。

**Step 3** 再次在 Outline Filter 窗口单击选择 Engineering Data。可以看到在 Outline of Schematic A2: Engineering Data 中有两种材料：Structural Steel 和 Aluminum Alloy。

**Step 4** 单击工具栏的 Return to Project 按钮，退出 Engineering Data 修改，返回 Project Schematic。

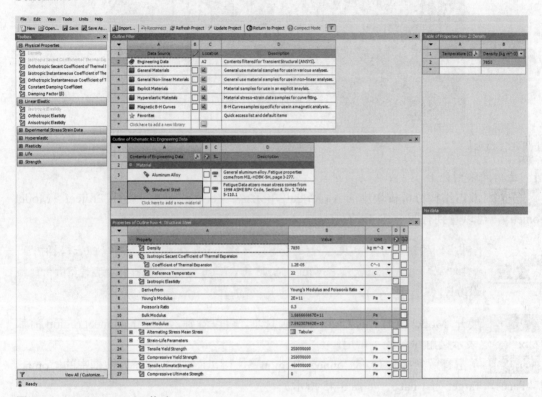

图 3-43 Engineering Data 修改

### 3.4.4 导入模型

本节主要介绍在 DesignModeler 中导入模型和设置对称区域。

**Step 1** 右击 A3 Geometry 单元，在弹出的快捷菜单选择 Import Geometry > Browse。

**Step 2** 在弹出的打开对话框中指定 naca0012_aileron.agdb，单击"打开"按钮。双击 A3 Geometry 单元，进入 DesignModeler。在弹出的单位选择菜单选择 Meter 作为单位。

**Step 3** 单击 Generate 按钮，生成模型。如图 3-44 所示，模型由两个机翼体、一个 air 外流场组合体和一个 rod 组合体构成。

### 3.4.5 结构分析设置

本节从网格划分开始逐步介绍结构分析的设置，具体包括：结构网格划分、定义材料属性、基本设置、载荷/约束设置、流固耦合面设置。

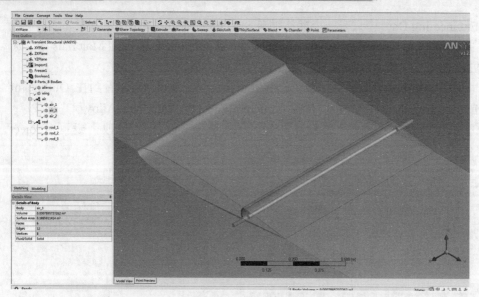

图 3-44 生成模型

1. 结构网格划分

**Step 1** 双击结构分析模块中的 A4 Model 单元。在 Mechanical 中，展开 Project > Model > Geometry，可以看到有四个 Solid 存在。

> **注意**：对此例的结构分析来说，外流场和机翼的 wing 体都不需要。所以，同时选择外流场的 air 组合体和 wing 体，右击，在出现的快捷菜单中选择 Suppress Body。

**Step 2** 展开 Model (A4)下的 **Connections** 选项，可以看到，大部分 connect region 前都有图标×，这表示接触对已经不可用。

**Step 3** 单击有效的接触对 Connect Region 5，可以看到 Details 属性框中的 Contact 项为 4 Faces，Target 为 1 Face，如图 3-45 所示。

**Step 4** 仔细观察模型会发现，真正的接触对只有 rod_2 的一个外表面和 aileron 转动轴的一个内表面。所以单击 Contact 4 Faces 项，按住 Ctrl 键，连选 aileron 体的三个外表面，然后单击 Apply 按钮。

**Step 5** 接触对设置修改完毕后，右击 Mesh，在快捷菜单选择 Insert > Method。选定 aileron 和 rod_2 为 Details 属性中的 Geometry，Definition 下的 Method 选为 Sweep，Free Face Mesh Type 选为 All Quad，Sweep Num Divs 定义为 20。

**Step 6** 再次右击 Mesh，在快捷菜单选择 Insert > Method。选定 rod_1 和 rod_3 为 Details 属性中的 Geometry，Definition 下的 Method 选为 Sweep，Free Face Mesh Type 选为 All Quad，Sweep Num Divs 定义为 5。

**Step 7** 右击 Mesh，在快捷菜单选择 Insert > Sizing。选定 aileron 侧面的一个面为 Details 属性中的 Geometry，Definition 下的 Element Size 定义为 1e-2m。

**Step 8** 再次右击 Mesh，在快捷菜单选择 Insert > Sizing。选定 rod_1 的侧面为 Details 属性中的 Geometry，Definition 下的 Element Size 定义为 4e-3m。

Step 9  最后，右击 Mesh，在快捷菜单中选择 Generate Mesh，生成网格（忽略警告提示）。至此，网格划分完毕。总节点数为 18207，总单元数为 3670，如图 3-46 所示。

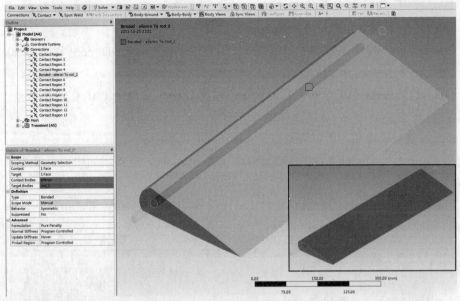

图 3-45  初始（右）和修正后（左）的接触对设置

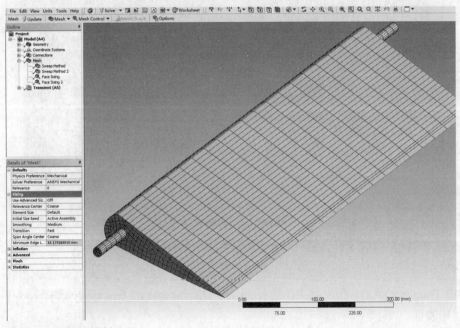

图 3-46  结构网格划分

2. 指定材料

Step 1  展开 Project > Model > Geometry，单击副翼 aileron。在 Details 属性中，Material > Assignment 选择 Aluminum Alloy。

Step 2  同理，单击 rod。在 Details 属性中，Material > Assignment 选择 Structural Steel。

3. 基本设置

Step 1　展开 Project > Model > Transient，选择 Analysis Settings。

Step 2　在 Details 中，如下所示设置 Step Controls：设置 Auto Time Stepping 为 Off；设置 Defined By 为 Substeps；设置 Number of Substeps 为 1。

Step 3　在 Solver Controls 中进行如下所示设置：设置 Solver Type 为 Direct；设置 Weak Springs 为 Off；设置 Large Deflection 为 On。

Step 4　在 Output Controls 中进行如下所示设置：设置 Calculate Result At 为 Last。

4. 约束设置

本例中副翼 aileron 绕 rod 转动，所以需要定义 aileron 的转动位移。

Step 1　展开 Project > Model(A4)，右击 Coordinate Systems，在弹出的快捷菜单选择 Insert > Coordinate System。

Step 2　单击新建的 Coordinate System，选择 rod_1 的端面为 Geometry，Definition>Type 更改为 Cylindrical，新建轴坐标系如图 3-47 所示。

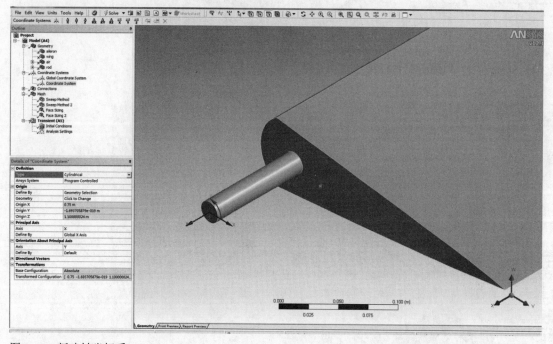

图 3-47　新建轴坐标系

Step 3　右击 Transient (A5)，在快捷菜单选择 Insert>Displacement，Geometry 选择 rod_1 和 rod_3 的两个圆周表面。

Step 4　Definition>Coordinate System 更改为新建的 Coordinate System。在 Definition> Y Component 中键入 =(360*time)*1e-3。

Step 5　完成 rod 的转动设置后，可通过 Graph 和 Tabular Data 查看 rod 随时间转动量，如图 3-48 所示。

因为选择了新建的圆柱坐标为基准坐标，所以，Y Component 定义的函数实际上是 rod 转动角函数。Y Component 定义完毕后，还需要限制 X 和 Z 方向的约束。但是因为定义了函数，X Component 和 Z Component 此时已经不允许更改，所以需要再新建一个 displacement 约束。

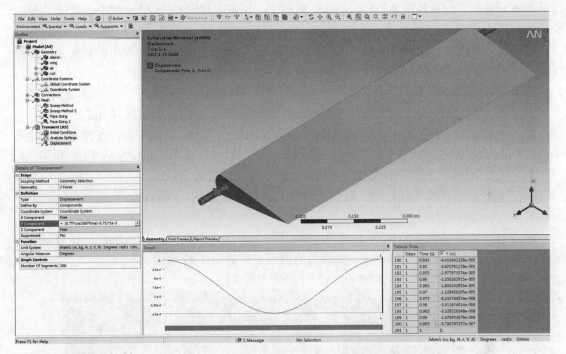

图 3-48　副翼转动控制

**Step 6**　右击 Transient (A5)，在快捷菜单选择 Insert>Displacement，同样，Geometry 再次选择 rod_1 和 rod_3 的两个圆周表面。

**Step 7**　Definition>Coordinate System 更改为新建的 Coordinate System。在 Definition> X Component 和 Z Component 中都键入 0。

至此，副翼的转动约束已经全部设置完毕。

5. 流固耦合面设置

**Step 1**　展开 Project > Model，右击 Transient，在弹出的快捷菜单选择 Insert > Fluid Solid Interface。

**Step 2**　旋转立柱，选择合适视角。然后按住 Ctrl 键，依次选择 aileron 体的三个表面（除去连接 rod 的一个内表面和两个侧面）。

**Step 3**　在 Details 视窗单击 Apply 按钮，完成 Fluid Solid Interface 设置。

至此，结构分析的设置已经全部完成。单击主菜单的 File > Save Project，保存文件，然后单击 File > Close Mechanical，退出 Mechanical application，返回 Project Schematic。此时，结构分析的 Setup 单元呈现"需要更新"状态，右击 Setup 单元，在弹出的快捷菜单选择 Update，更新完毕后，结构分析模块的所有单元都显示"设置完毕"状态。

### 3.4.6 流场模型处理

本节主要介绍流场网格的划分和运用 Named Selections 功能定义面组。

Step 1　双击流体模块的 B3 Mesh 单元，或者右击然后选择 Edit，进入 Meshing application。

Step 2　因为 Fluid flow(CFX) 模块默认使用 CFX-Mesh Method 作为网格划分方法，所以打开 Meshing 后，会直接进入 CFX-Mesh，此例中，不需要使用 CFX-Mesh Method 来划分网格，所以单击主菜单 File > Close CFX-Mesh，退出 CFX-Mesh 返回到 Meshing。

Step 3　展开 Project > Model > Mesh，右击 CFX-Mesh Method，在弹出的快捷菜单选择 Delete，删除 CFX-Mesh Method。

为了更好地在 CFX-Pre 中设置各个边界，首先在 Mesh Application 中先定义相应的面组。

Step 4　展开 Project > Model > Geometry，suppress 掉 wing、aileron 和 rod 三个体。

Step 5　点选 air_1、air_2 和 air_3 同一方向上的三个侧面，然后右击，在弹出的快捷菜单选择 Create Selection Group。在弹出的 Selection Name 对话框输入 sym1，然后单击 OK 按钮。

Step 6　同理，选择三个体相反方向上的三个面，定义为 sym2。

Step 7　点选机翼飞行方向正对面的两个面，定义为 inlet。相似地，点选竖直的两个平面，定义为 outlet。

Step 8　放大机翼部分视图，选择原 wing 所在区域的三个面，定义为 wing；选择原 aileron 所在区域的三个面，定义为 aileron。完成后的面组定义如图 3-49 所示。

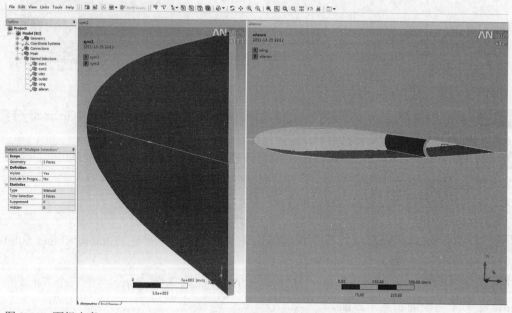

图 3-49　面组定义

### 3.4.7 流场网格划分

Step 1　展开 Project > Model > Mesh。右击 Mesh，从快捷菜单选择 Insert > Sizing 。

Step 2　Scope > Geometry 设定为 aileron 前方的水平线。然后如下定义 Details 中的 Definition 属性：

- 设定 Definition > Type 为 Number of Divisions；
- 设定 Number of Divisions 为 40；
- 设定 Bias Type 为 ── ─ - -；
- 设定 Bias Factor 为 100。

**Step 3** 右击 Mesh，从快捷菜单选择 Insert > Sizing，Geometry 设定为 aileron 后方的水平线。然后如下定义 Details 中的 Definition 属性：

- 设定 Definition > Type 为 Number of Divisions；
- 设定 Number of Divisions 为 40；
- 设定 Bias Type 为 - - ── ──；
- 设定 Bias Factor 为 100。

**Step 4** 再次右击 Mesh，从快捷菜单选择 Insert > Sizing，Geometry 设定为 aileron 后上方的垂直线（air_1）。然后如下定义 Details 中的 Definition 属性：

- 设定 Definition > Type 为 Number of Divisions；
- 设定 Number of Divisions 为 40；
- 设定 Bias Type 为 - - ── ──；
- 设定 Bias Factor 为 100。

**Step 5** 再次右击 Mesh，从快捷菜单选择 Insert > Sizing，Geometry 设定为 aileron 后下方的垂直线（air_2）。然后如下定义 Details 中的 Definition 属性：

- 设定 Definition > Type 为 Number of Divisions；
- 设定 Number of Divisions 为 40；
- 设定 Bias Type 为 ── ─ - -；
- 设定 Bias Factor 为 100。

**Step 6** 放大机翼部分视图。再次右击 Mesh，从快捷菜单选择 Insert > Sizing，Geometry 设定为机翼的上下缘曲线（两条）。然后如下定义 Details 中的 Definition 属性：

- 设定 Definition > Type 为 Number of Divisions；
- 设定 Number of Divisions 为 40；
- 设定 Behavior 为 Hard；
- 设定 Bias Type 为 No Biad。

**Step 7** 同理再次 Insert > Sizing，Geometry 设定为副翼的上下缘曲线（两条）。然后如下定义 Details 中的 Definition 属性：

- 设定 Definition > Type 为 Number of Divisions；
- 设定 Number of Divisions 为 20；
- 设定 Behavior 为 Hard；
- 设定 Bias Type 为 No Biad。

**Step 8** 再次右击 Mesh，选择 Insert > Sizing，Geometry 设定为机翼与副翼之间空隙体的两条线（air_3）。然后如下定义 Details 中的 Definition 属性：

- 设定 Definition > Type 为 Number of Divisions；
- 设定 Number of Divisions 为 2；
- 设定 Behavior 为 Hard；

- 设定 Bias Type 为 No Biad。

Step 9 再次右击 Mesh，选择 Insert > Sizing，Geometry 设定为机翼前方外流场边缘的两条线。然后如下定义 Details 中的 Definition 属性：
- 设定 Definition > Type 为 Number of Divisions；
- 设定 Number of Divisions 为 102；
- 设定 Behavior 为 Hard；
- 设定 Bias Type 为 No Biad。

> **注意**：采用分线划分网格方法的时候，最好确保所选多条线都在同一平面，不然网格划分有可能失败。本例中，所选线都在同一平面，或者也可以把所有线都按相应关系对应设置。

Step 10 网格属性设置完成后。右击 Mesh，在快捷菜单单击 Generate Mesh 生成网格。

Step 11 生成的网格为圈 Hexa 网格，包含 23961 个节点和 15552 个单元，如图 3-50 所示。从主菜单选择 File > Save Project，保存网格文件，然后单击 File > Close Meshing，返回到 Project Schematic。

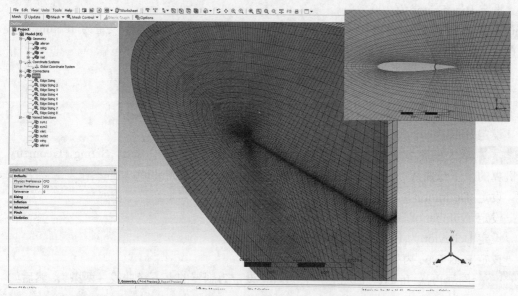

图 3-50 生成的外流场网格模型和局部放大图

Step 12 相似地，流体模块的 Mesh 单元这时呈现出"有待更新"状态，右击此单元，在弹出的快捷菜单单击 Update 进行更新。

### 3.4.8 流体分析设置

本节主要讲述设置边界条件和求解器属性。

1. 设置分析类型

Step 1 双击流体分析模块的 Setup 单元，进入 ANSYS CFX-Pre。

Step 2 双击 ANSYS CFX-Pre 中的 Analysis Type 项 Analysis Type，进行如表 3-27 所示的设置。

表 3-27　Analysis Type 参数的设置

| Tab | Setting | Value |
|---|---|---|
| Basic Settings | External Solver Coupling > Option | ANSYS MultiField |
| | Coupling Time Control > Coupling Time Duration > Option | Total Time |
| | Coupling Time Control > Coupling Time Duration > Total Time | 1 [s] |
| | Coupling Time Control > Coupling Time Steps > Option | Timesteps |
| | Coupling Time Control > Coupling Time Steps > Timesteps | 0.01 [s] |
| | Analysis Type > Option | Transient |
| | Analysis Type > Time Duration > Option | Coupling Time Duration [a] |
| | Analysis Type > Time Steps > Option | Coupling Timesteps [a] |
| | Analysis Type > Initial Time > Option | Coupling Initial Time [a] |

[a] Timesteps 和 Time Duration 在 ANSYS Multi-field（耦合求解）设置完毕后，CFX 会自动采用这些设置，不需要也不能够再单独设置。

**Step 3** 单击 OK 按钮完成设置。

2. 创建流体域并设置初始条件

**Step 1** 双击默认的流场域 Default Domain，进行如表 3-28 所示的设置。

表 3-28　流场域的参数设置

| Tab | Setting | Value |
|---|---|---|
| Basic Settings | Fluid and Particle Definitions | Fluid 1 |
| | Fluid and Particle Definitions > Fluid 1 > Material | Air at 25 C |
| | Domain Models > Pressure > Reference Pressure | 101325 [Pa] |
| | Buoyancy > Option | Non Buoyant |
| | Domain Models > Mesh Deformation > Option | Regions of Motion Specified |
| Fluid Models | Heat Transfer > Option | Isothermal |
| | Heat Transfer > Fluid Temperature | 298.15 [K] |
| | Turbulence > Option | k-Epsilon |
| Initialization[a] | Domain Initialization > Initial Conditions > Cartesian Velocity Components > Option | Automatic with Value |
| | Domain Initialization > Initial Conditions > Cartesian Velocity Components > U | 1 [m s^-1] [a] |
| | Domain Initialization > Initial Conditions > Cartesian Velocity Components > V | 0 [m s^-1] |
| | Domain Initialization > Initial Conditions > Cartesian Velocity Components > W | 0 [m s^-1] |
| | Domain Initialization > Initial Conditions > Static Pressure > Option | Automatic with Value |
| | Domain Initialization > Initial Conditions > Static Pressure > Relative Pressure | 0 [Pa] |

[a] 假设速度仅限于此例中。

**Step 2** 单击 OK 按钮完成设置。

3. 设置边界条件

**Step 1** 设置入口边界条件。右击 Flow Analysis 1>Default Domain>Insert>Boundary，在出现的对话框键入 inlet，然后单击 OK 按钮。在出现的 inlet 属性框里进行如表 3-29 所示的设置，单击 OK 按钮退出。

表 3-29 入口边界条件的设置

| Tab | Setting | Value |
| --- | --- | --- |
| Basic Settings | Boundary Type | inlet |
| | Location | inlet |
| Boundary Details | Mass And Momentum > Option | Cart. Vel. Components |
| | Mass And Momentum > U | 1 [m s^-1] |
| | Mass And Momentum > V | 0 [m s^-1] |
| | Mass And Momentum > W | 0 [m s^-1] |

**Step 2** 设置出口边界条件。右击 Flow Analysis 1>Default Domain>Insert>Boundary，在出现的对话框键入 outlet，然后单击 OK 按钮。在出现的 outlet 属性框里进行如表 3-30 所示的设置，单击 OK 按钮退出。

表 3-30 出口边界条件的设置

| Tab | Setting | Value |
| --- | --- | --- |
| Basic Settings | Boundary Type | outlet |
| | Location | outlet |
| Boundary Details | Mass And Momentum > Option | Average Static Pressure |
| | Mass And Momentum > Relative Pressure | 0 [Pa] |

**Step 3** 设置对称边界。新建一个名为 sym 的对称边界。对 sym 边界作如表 3-31 所示设置，单击 OK 按钮退出。

表 3-31 对称边界的设置

| Tab | Setting | Value |
| --- | --- | --- |
| Basic Settings | Boundary Type | Symmetry |
| | Location | sym1，sym2 |
| Boundary Details | Mesh Motion > Option | Unspecified |

**Step 4** 设置机翼边界条件。右击 Flow Analysis 1>Default Domain>Insert>Boundary，在出现的对话框键入 wing，然后单击 OK 按钮。在出现的 wing 属性框里进行如表 3-32 所示设置，单击 OK 按钮退出。

表 3-32 机翼边界条件的设置

| Tab | Setting | Value |
| --- | --- | --- |
| Basic Settings | Boundary Type | Wall |
| | Location | wing[a] |
| Boundary Details | Mass And Momentum > Option | No Slip Wall |
| | Wall Roughness > Option | Smooth Wall |

**Step 5** 流固耦合面的设置。新建一个名为 fsi wall 的 wall boundary，对 aileron 进行如表 3-33 所示的设置，单击 OK 按钮退出。

表 3-33 流固耦合面的设置

| Tab | Setting | Value |
| --- | --- | --- |
| Basic Settings | Boundary Type | Wall |
|  | Location | aileron |
| Boundary Details | Mesh Motion > Option | ANSYS MultiField |
|  | Mesh Motion > Receive From ANSYS | Total Mesh Displacement |
|  | Mesh Motion > ANSYS Interface | FSIN_1 |
|  | Mesh Motion > Send to ANSYS | Total Force |

**Step 6** 设置流场外壁边界条件。右击 Flow Analysis 1>Default Domain>Insert>Boundary，在出现的对话框键入 wall，然后单击 OK 按钮。在出现的 wall 属性框里进行如表 3-34 所示的设置，单击 OK 按钮退出。

表 3-34 流场外壁边界条件的设置

| Tab | Setting | Value |
| --- | --- | --- |
| Basic Settings | Boundary Type | Wall |
|  | Location | inlet, outlet[a] |
| Boundary Details | Mass And Momentum > Option | No Slip Wall |
|  | Wall Roughness > Option | Smooth Wall |

[a] 虽然面组定义的时候定义为 inlet、outlet 面，但是此处一并设置为 wall 边界。

### 4. 设置求解器属性

单击 Solver Control，按如表 3-35 所示设置，单击 OK 按钮完成并退出。

表 3-35 求解控制参数的设置

| Tab | Setting | Value |
| --- | --- | --- |
| Basic Settings | Convergence Control > Min. Coeff. Loops | 2 |
|  | Convergence Control > Max. Coeff. Loops | 5 |
| External Coupling | Coupling Step Control > Max. Iterations | 10 |
|  | Coupling Step Control > Min. Iterations | 2 |

### 5. 设置输出控制

**Step 1** 右击 Coordinate Frames，在弹出的快捷菜单选择 Insert> Coordinate Frame，使用默认名称 Coord 1。按表 3-36 所示的参数来修改 Details of Coord 1。

表 3-36 Coord 1 参数的修改

| Setting | Value |
| --- | --- |
| Option | Axis Points |
| Origin | 0.75,0,0 |
| Z Axis Point | 0.75,0,1 |
| X-Z Plane Pt | 1,0,0 |

**Step 2** 单击 OK 按钮完成新坐标设置，此坐标为在转矩计算时会用到。

**Step 3** 单击 Output Control 按钮，单击 Trn Results 标签。在 Transient Results 属性框里，单击 Add new item 图标，接受默认名称，单击 OK 按钮。对 Transient Results 1 作如表 3-37 所示的设置。

表 3-37 Transient Results 1 的参数设置

| Setting | Value |
| --- | --- |
| Option | Standard |
| Output Frequency > Option | Time Interval[a] |
| Output Frequency > Time Interval | 0.1 [s][a] |

[a] 此设置等同于每 10 个 Timestep 保存一次。

**Step 4** 单击 Monitor 标签，选择 Monitor Options。单击 Add new item 图标，在弹出的对话框输入 force x aileron。

**Step 5** 设定 Option 为 Expression。在 Expression Value 中输入 force_x()@aileron，用来监视副翼 X 方向受到的总力。

**Step 6** 同理，分别添加设置新变量：force_y@aileron、force_x@wing、force_y@wing、torque_z_Coord 1@aileron，用来监控副翼、机翼受到的力以及副翼受到的转矩。

**Step 7** 单击 OK 按钮，完成设置。

以上为流体分析的全部设置，选择 File > Save Project 保存设置后，再选择 File > Quit 就可关闭 ANSYS CFX-Pre，返回到 Project Schematic。完成设置后的计算模型如图 3-51 所示。

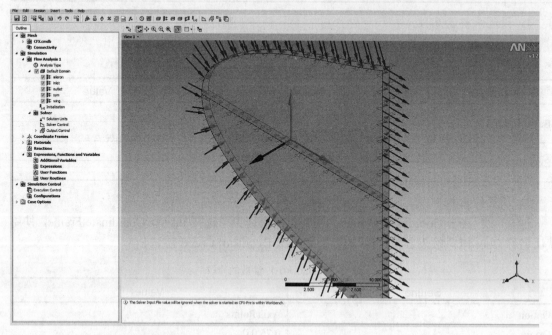

图 3-51 完成设置后的计算模型

### 3.4.9 求解和计算结果

**1. 求解**

Step 1  返回 Project Schematic 界面，双击 CFX 模块的 Solution 单元。ANSYS Workbench 会自动生成 CFX-Solver 输入文件，并把它导入 ANSYS CFX-Solver Manager。

Step 2  在 Run Definition 标签下，设置 Run Mode 为 Serial。

Step 3  单击 Start Run 按钮开始计算。

图 3-52 显示了 CFX 计算过程中变量的变化情况。最下面的三个窗口分别监视了 aileron 上受到的总力、wing 上受到的合力和 aileron 受到的转矩。通过处理这些数据，很容易可以看出副翼转动对机翼、副翼受力的影响。

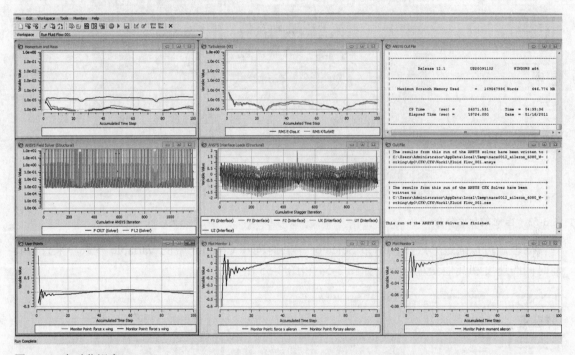

图 3-52  实时监视窗口

**2. 查看流体计算结果**

计算在运行 1 小时 22 分钟后自动达到设置求解时间而终止。在运行结束后，双击 Project Schematic 中的 Results 单元，进入 CFX-POST 进行编辑。首先查看 1s 时的泥浆分布。

Step 1  单击工具条上的 Tools > Timestep Selector，打开 Timestep Selector 对话框。注意，有两列 Timesteps 列表，分别是 CFX 和 ANSYS。Sync Cases 默认选项是 By Time Value，也就是 CFD-Post 会自动载入并匹配相同时间的流体和固体计算结果。

Step 2  单击 CFX 下的 Step 10，也就是 0.1 [s]，然后单击 Apply 按钮，此时显示时间设置完毕。

Step 3  单击 Insert>Location>Contour，不需要修改默认名称，直接单击 OK 按钮，在左侧的 Detail of Contour 1 中做如表 3-38 所示的设置。

表 3-38　云图参数的设置

| Tab | Setting | Value |
| --- | --- | --- |
| Geometry | Location | sym |
| | Definition>Variable | Velocity |
| | Definition>Value | Global |

**Step 4**　单击 Apply 按钮，调整 Default Legend View 1 属性，结果如图 3-53 所示。

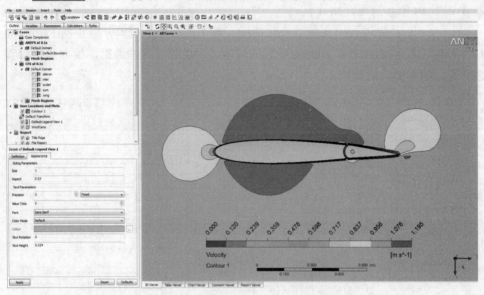

图 3-53　1s 时的速度分布

同理，可以通过修改 Timestep Selector 中的时间和 Contour 中的 Variable 参数，来查看其他时间的速度和其他变量分布，如图 3-54 和图 3-55 所示。

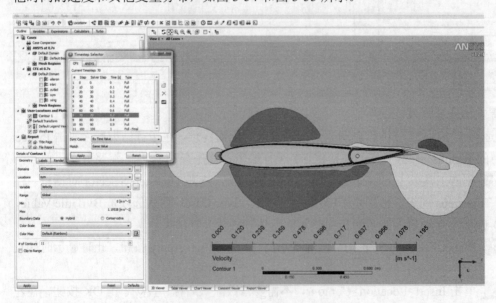

图 3-54　0.7s 时的速度分布

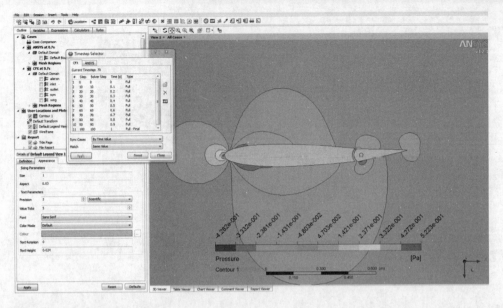

图 3-55　0.7s 时的压力分布

3. 查看结构计算结果

Step 1　单击 Insert>Location>Contour，不需要修改默认名称，直接单击 OK 按钮，在 Detail of Contour 2 中做如表 3-39 所示的设置。

表 3-39　云图参数的设置

| Tab | Setting | Value |
| --- | --- | --- |
| Geometry | Location | Default Boundary |
|  | Variable | Von Mises Stress |
|  | Range | User specified |
|  | Min | 0 [Pa] |
|  | Max | 2000 [Pa] |

Step 2　单击 Apply 按钮，放大副翼部分视图，查看副翼应力和应变的分布云图，如图 3-56 和图 3-57 所示。

4. 副翼表面压强分布

为了便于分析机翼各部分对产生升力的贡献，可绘出机翼上下表面压强分布图。但是，通常在压强分布图上绘出的不是各点绝对压强值，而是压力系数 $Cp$。其定义为：

$$Cp = (P - P_\infty)/(0.5 \cdot \rho_\infty C_\infty^2)$$

式中 $P$ 是机翼上某点的绝对压强，$P_\infty$、$\rho_\infty$ 和 $C_\infty$ 分别是远前方未受扰动气流压强、密度和速度。本节主要讲述运用 CFX 自带的 Chart 功能绘制副翼上下缘的压力分布。

Step 1　单击 Insert>Location>Plane，修改 Plane 1 属性，设置 Method:XY Plane，Z 为 0.5 [m]，单击 Apply 键。

Step 2　单击 Insert>Location>Polyline 1，修改 Polyline 1 属性。勾选 Mesh Regions 下的 Fsin_1，按如表 3-40 所示进行设置。

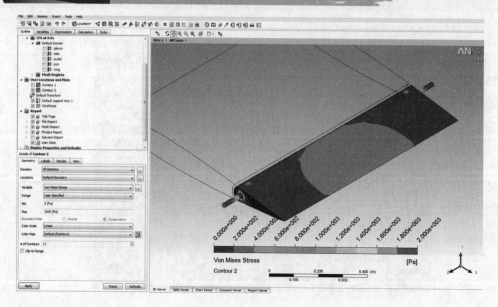

图 3-56　副翼应力分布

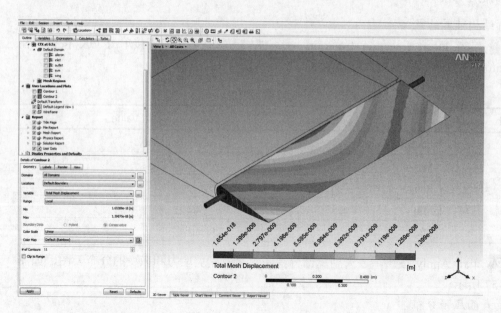

图 3-57　副翼变形情况

表 3-40　多段线的设置参数

| Tab | Setting | Value |
| --- | --- | --- |
| Geometry | Method | Boundary Intersection |
|  | Boundary List | aileron |
|  | Intersect With | Plane 1 |

**Step 3** 单击 Apply 按钮，生成多段线。

Step 4 编制 Cp 函数。单击 Insert>Expression，定义表达式名称为 cp，在 Details of cp 中键入：Pressure/(0.5*massFlowAve(Density)@inlet*1 [m s^-1]^2)。

Step 5 单击 Apply 按钮。

Step 6 单击 Insert>Variabal，定义参数名称为 CP，修改 Details of CP > Expression 值为 cp。单击 Apply 按钮。

Step 7 单击 Insert> Chart，使用默认名称，在 Details of Chart 1 中作如表 3-41 所示的修改。

表 3-41　Details of Chart 1 的参数设置

| Tab | Setting | Value |
| --- | --- | --- |
| General | Type | XY |
|  | Title | Cp on aileron |
| Data Series | Name | Series 1 |
|  | Data Source > Location | Polyline 1 |
| X Axis | Data Selection > Variable | X |
| Y Axis | Data Selection > Variable | CP |

Step 8 单击 Apply 按钮，生成如图 3-58 所示的压力系数分布图。

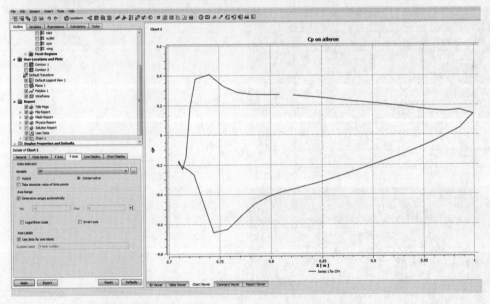

图 3-58　0.6s 时的副翼上的压力系数分布

动画生成过程视分析模型而定，但是一般来说都很耗时，因为 CFX-post 需要加载并显示每一个时间步的结果文件。

## 3.5　圆柱绕流耦合振动分析

绕流问题是流体力学的经典和基础问题，具有很深的工程背景，如桥梁建筑、深海立杆、涡街流量计等。不同雷诺数的流体绕过圆柱后会产生不同的流场及涡结构,当圆柱在垂直来流方向上不受固定约束时,它会因为受到流体不平衡作用力而产生竖直方向上的振动。本例主要通过升力方向非固定圆柱的绕流模拟来演示双向耦合分析的应用。其中,结构分析在 Transient Structural (ANSYS)中设置,而流体分析在 Fluid Flow (CFX)中设置,ANSYS Multi-field solver 负责结构耦合求解。本节从导入模型开始,到网格划分、结构分析设置再到流体分析设置、计算,到最终的结果显示,一步步进行讲解。读者可学习到:

- 模型前处理技巧
- 网格处理技巧
- 双向流固耦合的设置
- 流体分析和固体分析的结果后处理

### 3.5.1 问题描述

本例模拟二维圆柱绕流,圆柱为空心结构,外径 10mm,内径 9mm,外部流域为 200mm×100mm 的方形流场,工质为水,来流速度 0.02m/s。雷诺数近似等于 224,由经典流体力学可知,在 Re=200 附近时,圆柱后方将产生涡街,如图 3-59 所示,并且圆柱的升力、阻力呈现周期性变化,如果圆柱在升力方向受到的约束量级和升力相当,那么圆柱将沿升力方向有规律地振动。

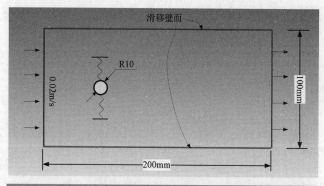

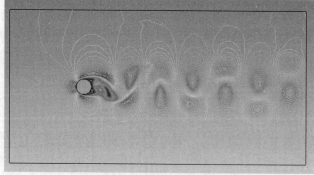

图 3-59 模型典型的圆柱绕流尾迹

本例从划分圆柱绕流外流场网格导入模型开始讲解,首先进行无耦合的圆柱绕流分析,然后进行圆柱绕流双向 FSI 分析。流场网格划分在 ICEM CFD 中完成,空心圆柱网格及约束设置在 Transient Structural (ANSYS)中完成，流场分析在 CFX 中完成，后处理在 CFX-POST 中完成。开始前需要准备几何文件，本例中圆柱和圆柱流场几何文件为 STP 格式。

### 3.5.2 ICEM CFD 划分流场网格

本节讲述 ICEM CFD 划分流场网格。

Step 1 启动 ICEM。在 Windows 系统中单击"开始"菜单，然后选择 All Programs > ANSYS 12.1 > Meshing > ICEM。

Step 2 打开 ICEM CFD 后，开始导入几何 STP 文件。单击 File > Import Geometry > STEP/IGES，选择 cylinder fluid.stp 文件，单击 Apply 按钮。弹出对话框问是否创建一个新的 project 文件，单击 No 按钮，然后保存文件。

Step 3 修补几何文件。单击 Geometry > Repair Geometry，保持默认设置，单击 Apply 按钮。因为模型简单，没有导入几何错误问题。

Step 4 定义边界条件表面。将模型树 Geometry 中的 surface 勾选，其余不勾选。然后右击模型树中的 Parts，选择 Create Part，输入边界名称并选择要定义的表面。

分别定义距离圆柱较近处为 inlet, 定义距离圆柱较远处为 outlet, 定义两侧表面为 slipwall, 定义高度方向两个平面为 SYMM。

Step 5 各面组合定义完毕后，开始划分 Block。

Step 6 建立圆柱上两个点。单击模型树 Geometry 中的 point, 在工具栏中选择 Geometry > Create Point > Parameter along a Curve，设定为 0.5，然后选择圆柱的圆边，单击 Apply 按钮，生成一个中心点。

Step 7 同样操作，建立另一条边上的中心点，完成后这个圆柱边上共有四个点。

Step 8 切割 Block。运用 Spilt Block 功能将 Block 切割成 9 个小方体。单击 Split Block>Split Method>Prescribed point，在模型树中勾选 Curves 和 Points。分别以圆柱的四个点为基准，切割 Block。

Step 9 对应 Edge 至 Curve。将圆柱 Block 的 Edge 对应至实体 Curve。单击 Block > Associate >Associate Edge to Curve ，并勾选 Project vertices。对应 Edge 至 Curve 后如图 3-60 所示。

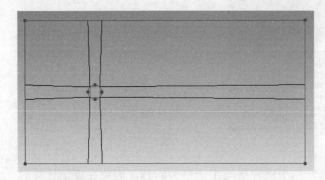

图 3-60 对应 Edge 到 curve

Step 10 划分 O 型网格。单击 Block > Split Block ，选择圆柱中的 block 及两侧端面，在 Ogrid Block 对话框中勾选 Around blocks，并在 Offset 中输入 0.1，如图 3-61 所示，单击 Apply 按钮。

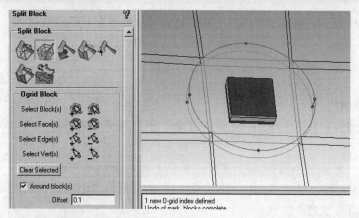

图 3-61 划分 O 型网格

Step 11 将 Edge 平行对齐。单击 Block>Move Vertices>Align Vertices，Along edge direction 中选择要对齐的边，如图 3-62 所示，Reference vertex 选择基准点。全部对齐后如图 3-63 所示。

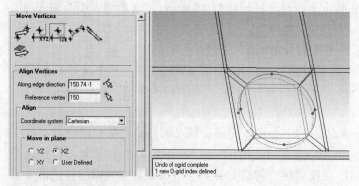

图 3-62 调整 Edge

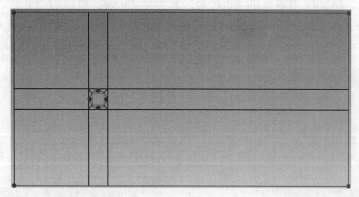

图 3-63 对齐后的 Block

Step 12 删除中心的一个多余 Block。由于圆柱绕流中圆柱为固体，因此在流场计算时不需要网格，将圆柱中心 block 删除，单击 Delete>Block，然后选择相应 Block 删除。

Step 13 定义网格尺寸。单击 Mesh>Global Mesh Parameters，在 Global Element Seed Size 中输入 10，单击 Apply 按钮。

Step 14 预生成网格。单击 Block>Pre-Mesh Params，选择 Update All，单击 Apply 按钮。打开模型树中的 Block，勾选 Pre-Mesh，可以看到预生成的网格。

Step 15 设定局部网格尺度及网格疏密比例。单击 Block > Pre-Mesh Params > Meshing，勾选设定圆柱周围的 edge 节点数（nodes）为 30，然后勾选 Pre-Mesh Params 下方 Copy Parameters，按图 3-64 设置其余边尺寸，同时将 Mesh Law 选为 linear，调整边网格节点疏密比例，使得接近圆柱处较密，远离圆柱处较稀疏，如图 3-65 所示。

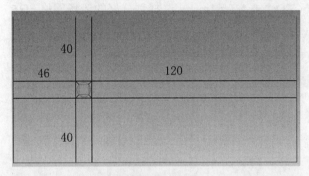

图 3-64 设置 Edge 节点数

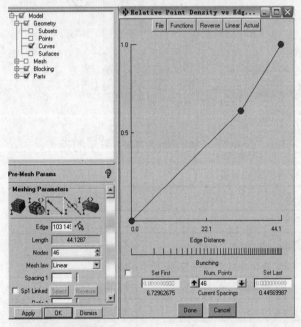

图 3-65 调整比例

Step 16 再次预生成网格。打开模型树中的 Block，勾选 Pre-Mesh。

Step 17 检查无误后，单击 File > Save Project 保存文件。

Step 18 输出网格至 CFX 求解器。单击 File > Mesh > Load from Blocking，然后单击 Output>Select Solve，在 Common Structural Solver 中选 ANSYS，单击 Output Solver，选择 ANSYS CFX，单击 Apply 按钮。然后单击 Output 中 Write input 按钮，输出.cfx5 文件。

### 3.5.3 无耦合的圆柱绕流分析

**1. 设置分析类型**

Step 1  启动 ANSYS CFX。在 Windows 的"开始"菜单中启动 CFX，单击 CFX-Pre12.1 按钮。打开 CFX-Pre 后，单击 File>New Case，在弹出的菜单中选择 General，新建一个文件。

Step 2  导入流场网格。单击 File>Import>Mesh，在弹出的对话框中，右侧 Mesh Units 选择 mm，在下方 Files of Type 中选择 ICEM CFD(*cfx*cfx5*msh)，选择划分好的流场网格 cfx5 文件，单击 Open 按钮，如图 3-66 所示。

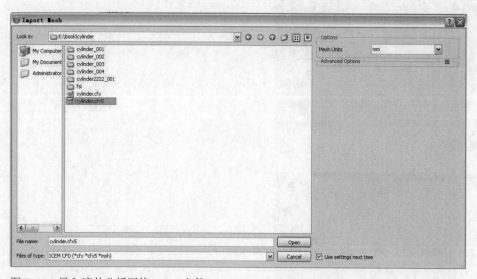

图 3-66  导入流体分析网格*.cfx5 文件

Step 3  双击 ANSYS CFX-Pre 中的 Analysis Type 项，进行如表 3-42 所示的设置。

表 3-42  分析类型的设置

| Tab | Setting | Value |
| --- | --- | --- |
| Basic Settings | External Solver Coupling > Option | None |
| | Coupling Time Control > Coupling Time Duration > Option | Total Time |
| | Coupling Time Control > Coupling Time Duration > Total Time | 40 [s] |
| | Coupling Time Control > Coupling Time Steps > Option | Timesteps |
| | Coupling Time Control > Coupling Time Steps > Timesteps | 0.05 [s] |
| | Analysis Type > Initial Time > Option | Automatic With Value |

Step 4  单击 OK 按钮完成设置。

**2. 创建流域及设置边界条件**

Step 1  单击 Outline 中 Principal 3D Regions 的 SOLID，右击 SOLID，选择 Insert>Domain，如图 3-67 所示。

Step 2  双击 Simulation 中 Flow Analysis 1 中的 SOLID，如表 3-43 所示进行设置。

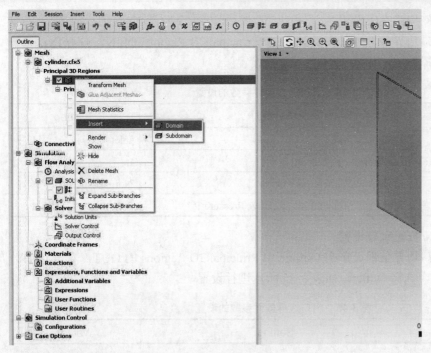

图 3-67 设置流体域

表 3-43 流场域的相关参数的设置

| Tab | Setting | Value |
| --- | --- | --- |
| Basic Settings | Fluid and Particle Definitions | Fluid 1 |
| | Fluid and Particle Definitions > Fluid 1 > Material | Water |
| | Domain Models > Pressure > Reference Pressure | 1 [atm] |
| | Buoyancy > Option | Non Buoyant |
| | Domain Models > Mesh Deformation > Option | Stationary |
| Fluid Models | Heat Transfer > Option | Isothermal |
| | Heat Transfer > Fluid Temperature | 25 [C] |
| | Turbulence > Option | None (Laminar) |
| Initialization[a] | Domain Initialization > Initial Conditions > Cartesian Velocity Components > Option | Automatic with Value |
| | Domain Initialization > Initial Conditions > Cartesian Velocity Components > U | 0.02 [m s^-1] |
| | Domain Initialization > Initial Conditions > Cartesian Velocity Components > V | 0 [m s^-1] |
| | Domain Initialization > Initial Conditions > Cartesian Velocity Components > W | 0 [m s^-1] |
| | Domain Initialization > Initial Conditions > Static Pressure > Option | Automatic with Value |
| | Domain Initialization > Initial Conditions > Static Pressure > Relative Pressure | 0 [Pa] |

**Step 3** 单击 OK 按钮完成设置。

**Step 4** 设定进口边界条件。单击 Outline 中 Principal 2D Regions 的 IN，右击 IN，选择 Insert > Boundary，选择 Inlet，如表 3-44 所示进行设置。

表 3-44 进口边界条件参数的设置

| Tab | Setting | Value |
| --- | --- | --- |
| Basic Settings | Boundary Type | Inlet |
|  | Location | in |
| Boundary Details | Mass And Momentum > Option | Normal Speed |
|  | Mass And Momentum > Relative Pressure | 0.02[m s^-1] |

**Step 5** 单击 OK 按钮完成设置。

**Step 6** 设定出口边界条件。单击 Outline 中 Principal 2D Regions 的 OUT，右击 OUT，选择 Insert > Boundary，选择 Outlet，如表 3-45 所示进行设置。

表 3-45 出口边界条件参数的设置

| Tab | Setting | Value |
| --- | --- | --- |
| Basic Settings | Boundary Type | Outlet |
|  | Location | outlet |
| Boundary Details | Mass And Momentum > Option | Average Static Pressure |
|  | Relative Pressure | 0 [Pa] |

**Step 7** 单击 OK 按钮完成设置。

**Step 8** 设定侧壁面边界条件。单击 Outline 中 Principal 2D Regions 的 SLIPWALL，右击 SLIPWALL，选择 Insert > Boundary，选择 WALL，如表 3-46 所示进行设置。

表 3-46 侧壁面边界条件参数的设置

| Tab | Setting | Value |
| --- | --- | --- |
| Basic Settings | Boundary Type | Wall |
|  | Location | SLIPWALL |
| Boundary Details | Mesh Motion > Option | Free Slip Wall |

**Step 9** 单击 OK 按钮完成设置。

**Step 10** 设定对称边界条件：单击 Outline 中 Principal 2D Regions 的 SYMM，右击 SYMM，选择 Insert > Boundary，选择 Symmetry，单击 OK 按钮。

**Step 11** 设定圆柱壁面边界条件。单击 Outline 中 Principal 2D Regions 的 CYLINDER，右击 CYLINDER，选择 Insert > Boundary，选择 Wall，单击 OK 按钮。

**Step 12** 设置完成的流场边界条件如图 3-68 所示。

3. 设置求解器属性

单击 Solver Control 按钮，按如表 3-47 所示设置，完成后单击 OK 按钮退出。

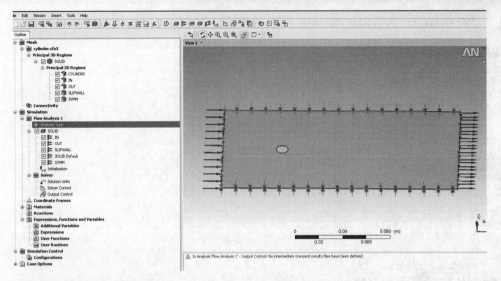

图 3-68 完成流体边界条件设定

表 3-47 求解控制参数的设置

| Tab | Setting | Value |
| --- | --- | --- |
| Basic Settings | Convergence Control > Min. Coeff. Loops | 2 |
| | Convergence Control > Max. Coeff. Loops | 10 |
| Convergence Criteria | Residual Type | RMS |
| | Residual Target | 1E-04 |

4. 设置输出控制

Step 1 单击 Output Control 按钮。

Step 2 单击 Trn Results 标签。在 Transient Results 属性框里，单击 Add new item 图标，接受默认名称，单击 OK 按钮。对 Transient Results 1 作如表 3-48 所示的设置。

表 3-48 Transient Results 1 的参数设置

| Setting | Value |
| --- | --- |
| Option | Selected Variables |
| Output Variable List | Vorticity，Velocity |
| Output Frequency > Option | Timestep Interval |
| Output Frequency > Time Interval | 2 |

Step 3 单击 OK 按钮，完成设置。

5. 开始计算及计算结果监测

Step 1 单击 CFX 工具栏中的 Define Run 按钮，保存 def 文件。在弹出的 Define Run 对话框中，单击 Start Run 按钮开始计算。

Step 2 迭代开始后，可以监测圆柱受到的升力变化。单击 Workspace > New Monitor，新建一个监控窗口，保持默认名称，然后单击 Polt Lines，在 Plot Line Variable 中展开 FORCE

> NORMAL > CYLINDER,然后勾选 Normal Force on CYLINDER(Y),如图 3-69 所示。

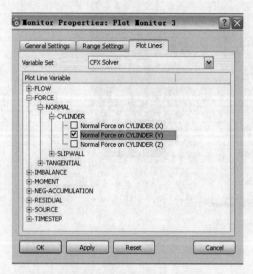

图 3-69 设置升力监测窗口

**Step 3** 计算完成后如图 3-70 所示。可以看出,在迭代至 600 步左右时(总时间约为 30s),升力呈现稳定周期性变化,可以推断此时流场已经达到稳定。

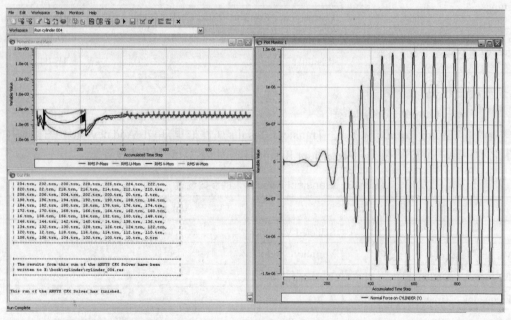

图 3-70 计算收敛及升力曲线

### 6. 查看无耦合流场计算结果

运行结束后,CFX-Solver 自动保存了.res 结果文件,并弹出窗口询问是否查看结果文件,单击查看,进入 CFX-Post。

**Step 1** 查看流场速度分布。双击 Outline 中的 cylinder_001>Soild>SYMM,按表 3-49 所示设置。

表 3-49 速度场显示设置

| Tab | Setting | Value |
| --- | --- | --- |
| Color | Mode | Variable |
| | Variable | Velocity |
| | Range | Global |

**Step 2** 单击 Apply 按钮，结果如图 3-71 所示。

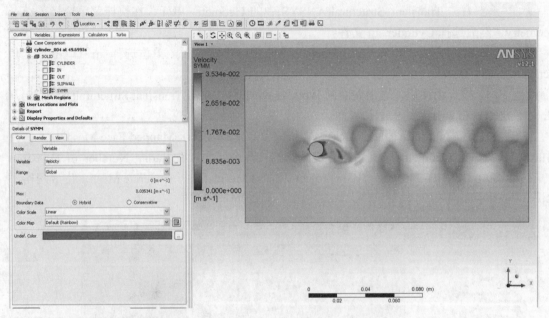

图 3-71 查看无耦合时速度场分布

**Step 3** 同样操作，将 Variable 中的 Value 改为 Vorticity，可以查看涡量场分布，如图 3-72 所示。

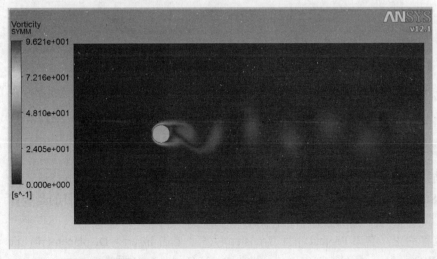

图 3-72 无耦合时涡量场分布

### 3.5.4 流固耦合圆柱绕流分析

以上是网格划分以及无耦合情况的流场分析,本节从固体网格划分开始,逐步介绍双向流固耦合分析的设置。

1. 结构分析设置

Step 1 启动 ANSYS Workbench 平台,双击 Toolbox 中的 Transient Structural(ANSYS),调入瞬态结构分析模块。

Step 2 右击 Transient Structural(ANSYS)中的 Geometry 单元,在快捷菜单选择 Import Geometry,然后选择 Cylinder.stp 文件。

Step 3 导入完成后,双击 Geometry 进入几何建模界面,单位选择 m,单击右上角 Generate 按钮 Generate,生成几何文件。

Step 4 检查无误后,退出并回到 Workbench 平台,双击 Transient Structural(ANSYS)下 Model,进入网格划分及约束添加界面。

Step 5 右击 Project 下面的 Mesh,在快捷菜单选择 Insert>Mapped Face Meshing。在弹出的设置菜单中,Geometry 中利用 Ctrl 键选择圆柱两个环面,在 Radial Number of Divisions 中单击 default,如图 3-73 所示。右击 Project 下面的 Mesh,选择 Generate Mesh,生成网格,如图 3-74 所示。

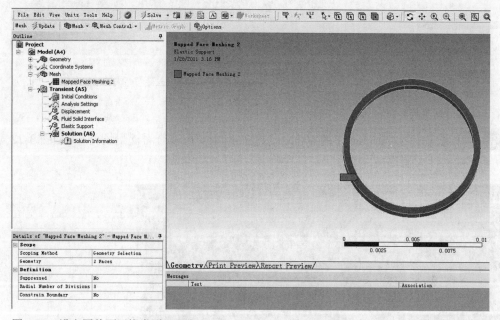

图 3-73 设定固体面网格类型及尺度

Step 6 设置结构求解时间步长。双击 Project 下面 Transient(A5),将 Auto Time Stepping 设置为 off,在 Time Step 中输入 0.05s,在 Step End Time 中输入 50s,这样设置的目的是要保证固体求解的时间步长与流体一致,否则在计算时会出现错误,如图 3-75 所示。

Step 7 添加位移约束。右击 Project 下面 Transient(A5),单击 Insert > Displacement,选择圆柱的两个环面,X Component 及 Z Component 设为 0,Y Component 设为 Free。

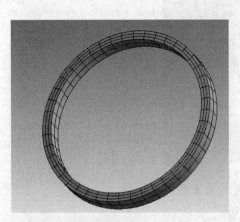

图 3-74　生成的圆柱网格　　　　　　　　　图 3-75　设定时间步长

**Step 8**　添加流固耦合面。右击 Project 下面 Transient(A5)，单击 Insert > Fluid Solid Interface，选择圆柱侧面。

**Step 9**　添加弹性约束。右击 Project 下面 Transient(A5)，单击 Insert > Elastic support，选择圆柱侧面（同 Fluid Solid Interface 面），在 Foundation Stiffness 中输入 20N/m³，如图 3-76 所示。

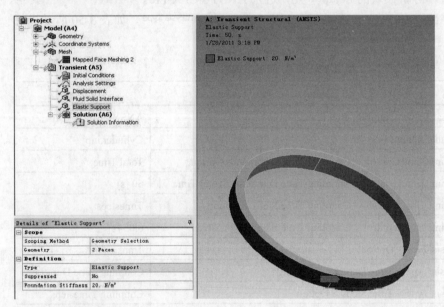

图 3-76　添加弹性约束

**Step 10**　添加固体求解结果并输出 input 文件。右击 Project 下面 Solution(A6)，单击 Insert > Strain > Equivalent(von-Mises)。单击 Solution(A6)，然后单击工具栏中 Tools>Write Input File…，如图 3-77 所示。输入 cylinder，在保存类型中选择*inp。

**Step 11**　单击 File>Save as，保存结构设置，然后退出并返回 Workbench 平台。

**Step 12**　此时可关闭 Workbench 平台。

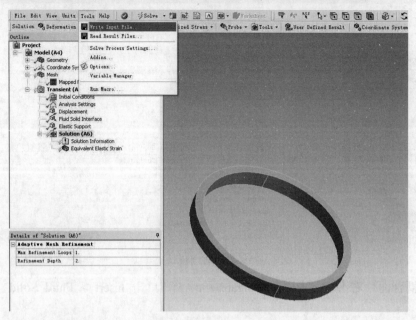

图 3-77 输出*inp 文件

2. 设置流体分析类型

Step 1 双击流体分析模块的 Setup 单元，进入 ANSYS CFX-Pre。

Step 2 双击 ANSYS CFX-Pre 中的 Analysis Type 项 ⓘ Analysis Type，如表 3-50 所示进行设置。

表 3-50 分析类型的设置

| Tab | Setting | Value |
| --- | --- | --- |
| Basic Settings | External Solver Coupling > Option | ANSYS MultiField |
| | Mechanical Input File | Cylinder.inp |
| | Coupling Time Control > Coupling Time Duration > Option | Total Time |
| | Coupling Time Control > Coupling Time Duration > Total Time | 50 [s] |
| | Coupling Time Control > Coupling Time Steps > Option | Timesteps |
| | Coupling Time Control > Coupling Time Steps > Timesteps | 0.05 [s] |
| | Analysis Type > Option | Transient |
| | Analysis Type > Time Duration > Option | Coupling Time Duration |
| | Analysis Type > Time Steps > Option | Coupling Timesteps |
| | Analysis Type > Initial Time > Option | Coupling Initial Time |

Step 3 单击 OK 按钮完成设置。

3. 定义流域及边界条件

Step 1 流体域（Domain）设置与之前介绍的无耦合分析流体域的设置（见 2.2 节）基本相同。不同的是，需要在 Basic Setting 中修改 Mesh Deformation 属性，把 2.2 节中默认的 Stationary 改成 Regions of Motion Specified，具体见表 3-51。

表 3-51 流体域的设置

| Tab | Setting | Value |
| --- | --- | --- |
| Basic Settings | Domain Models > Mesh Deformation > Option | Regions of Motion Specified |

Mesh Motion Model-Displacement Diffusion 中各项保持默认设置。

**Step 2** 进口、出口、侧壁面和对称面的设置完全与 2.2 节的设置相同。

**Step 3** 流固耦合壁面选择圆柱壁面。在 CYLINDER 中单击 Boundary Details 标签，如图 3-78 所示进行设置，单击 OK 按钮。

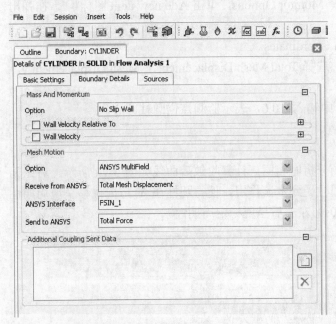

图 3-78 设定圆柱流固耦合交界面

**4. 设置求解器属性制**

单击 Solver Control 按钮，如表 3-52 所示进行设置，设置完成之后单击 OK 按钮退出。

表 3-52 求解控制的设置

| Tab | Setting | Value |
| --- | --- | --- |
| Basic Settings | Transient Scheme > Option | Second Order Backward Euler |
| | Convergence Control > Max. Coeff. Loops | 5 |
| External Coupling | Coupling Step Control > Solution Sequence Control > Solve ANSYS Fields | After CFX Fields |

**5. 设置输出控制**

**Step 1** 单击 Output Control 按钮，单击 Trn Results 标签。

**Step 2** 在 Transient Results 属性框里，单击 Add new item 图标，接受默认名称，单击 OK 按钮，对 Transient Results 1 作如表 3-53 所示设置。

表 3-53　输出控制设置

| Setting | Value |
| --- | --- |
| Option | Standard |
| Output Frequency > Option | Time Interval |
| Output Frequency > Time Interval | 10 [s][a] |

[a] 此设置等同于每 10 个 timestep 保存一次。由于流固耦合是非稳态计算，同时还要保存固体计算结果，因此需要较大的硬盘空间。

**Step 3**　单击 Monitor 标签，选择 Monitor Options，单击 Add new item 图标，在弹出的对话框输入 force x。

**Step 4**　设定 Option 为 Cartesian Coordinates。

**Step 5**　在 Output Variable List 中选择 Total Mesh Displacement Y, Mesh Displacement y, Mesh Velocity V。

**Step 6**　在 Cartesian Coordinates 中输入 0,0,0，表示监测点位圆柱圆心。

**Step 7**　单击 OK 按钮，完成设置。

6. 计算结果监测

计算中升力监测设置与无耦合流场分析时相同。计算收敛后曲线如图 3-79 所示。对比无流固耦合的收敛曲线可以看出：由于圆柱受到水流作用，使得圆柱在 Y 方向位移呈现周期性变化，同时圆柱升力系数在 800 步（40s）左右后呈现稳定周期性。

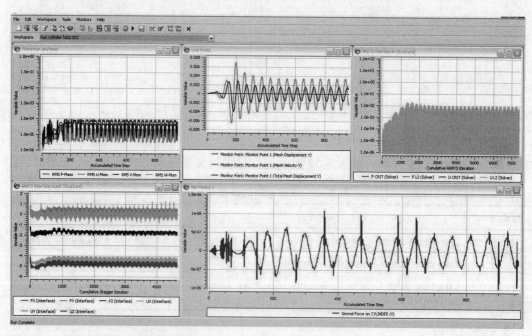

图 3-79　流固耦合圆柱绕流收敛曲线

7. 耦合流场计算结果

**Step 1**　查看流场速度分布。双击 Outline 中的 cylinder_001>Soild>SYMM，设置与 2.6 节的设置相同。

**Step 2** 单击工具栏中 Timestep 按钮 ⊙，单击不同步数，可以查看某一时刻的速度场，图 3-80 给出了 42s 时速度分布。

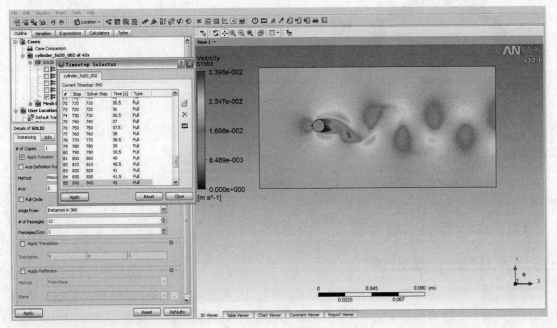

图 3-80　查看 t=42s 时刻的速度场

**Step 3** 单击 Animation 按钮，在出现的对话框中单击 Timesteps，在 Repeat 中单击 ∞ 按钮，Repeat 中输入 1，勾选 Save Movie，单击 ▶ 按钮，开始生成动画。

## 3.6 水润滑橡胶轴承分析

本例通过水润滑橡胶轴承的分析演示双向流固耦合分析的应用。其中，网格划分分别在 DM Geometry 及 ICEM 中进行，流体分析在 CFX 中完成，结构分析在 Static Structural (ANSYS) 中设置。本节从建模开始，到网格划分、结构分析设置再到流体分析设置、计算，到最终的结果显示，一步步进行讲解。读者通过本章可学习到：

- 油膜网格处理技巧
- CFX 流体分析设置
- 在 Workbench 平台完成 CFX-ANSYS 双向耦合
- 流体分析和固体分析的结果后处理

### 3.6.1　问题描述

水润滑橡胶合金轴承的轴瓦由复合橡胶材料制成，具有较好的防振、耐泥沙、耐磨等特性，在船舶尾轴轴系中有十分广泛的应用。本节模拟的水润滑轴承便应用于船舶尾轴轴系，大致尺寸如下：轴承内径 105mm，外径 124mm，相对间隙 0.6%，模拟工况为偏心率 0.9，共有 8 个润滑水槽，结构如图 3-81 所示。

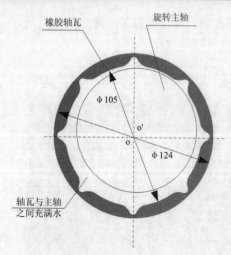

图 3-81　计算域几何尺寸

本例从网格划分开始讲解。

### 3.6.2　利用 ICEM 划分水膜网格

**Step 1**　由于水膜间隙与直径相差 1000 多倍，因此如果按照 mm 量级导入 icem，在修补几何时可能会出现边界相交的情况，为了避免这种几何错误发生，在建模时把原模型放大了 1000 倍。

**Step 2**　导入水膜几何文件并修补几何。单击 File > Import Geometry > Step/IGES > water film e09.stp，单击工具栏中的 Repair Geometry 按钮，在 Tolerance 中输入 80，单击 Apply 按钮。

**Step 3**　划分 Block。水膜的网格拓扑类似一个偏心圆柱。首先划分一个 2D 平面 block，利用 Blocking Associations 功能将 block 的边对应到水膜外边界，如图 3-82 所示。

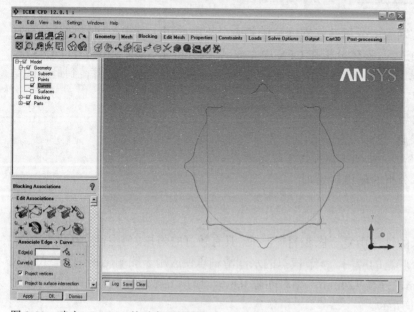

图 3-82　建立 2D block 并对应至外边界

**Step 4** 建立 O 型网格，并对应至内边界。利用 Split Block > Ogrid Block 功能划分 O 型网格，并将中间 block 删除，内部四边对应至水膜内边界，如图 3-83 所示。

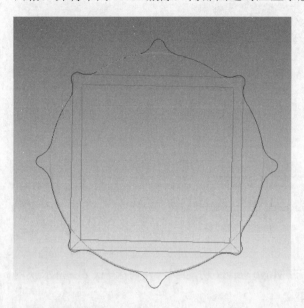

图 3-83　划分 O 型网格

**Step 5** 切割 Block，并局部调整。利用 Split Block 功能将对应好的块在水槽附近进行切割（图 3-84），切割后如图 3-85 所示。

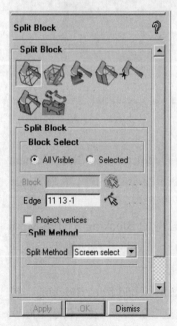
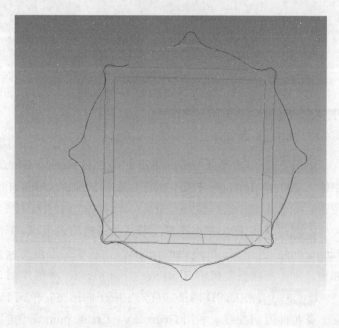

图 3-84　切割功能　　　　图 3-85　切割后的 Block

**Step 6** 重新对应并调整 Block。单击工具栏中的 Associate，选择 Snap Project Vertices，单击 Apply 按钮，如图 3-86 所示。

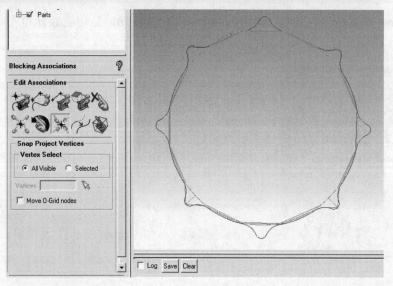

图 3-86 重新对应 Edge

**Step 7** 调整错位的边。利用工具栏中的 Move vertex 功能，并勾选 Fix Z，将水膜内错位的 Edge 调整至合适位置，如图 3-87 所示。

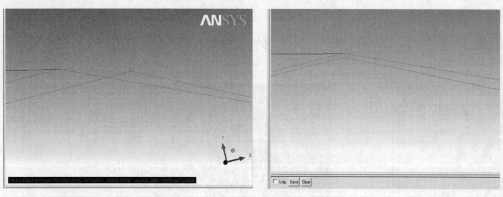

图 3-87 调整前后的 Edge 位置对比

**Step 8** 生成平面网格。单击工具栏中 Mesh > Global Mesh Parameters，在 Max element 中输入 200，单击 Apply 按钮。单击工具栏中的 Blocking 中 Pre-Mesh Parameters，单击 Apply 按钮。

**Step 9** 局部加密水膜厚度节点及凹槽附近节点。单击工具栏中的 Blocking 中 Pre-Mesh Parameters，选择 Meshing Parameters，在水膜厚度方向设置 20 个节点，并在凹槽附近适当加密。单击左侧模型树中 Blocking > Pre-Mesh，网格如图 3-88 所示。

**Step 10** 生成 3D 网格。首先生成平面网格：单击 File > Mesh > Load from Blocking，建立一条拉伸方向曲线。利用 Geometry > Create point功能分别建立（0, 0, 0）及（0, 0, 1000）两点，并生成它们的连线，如图 3-89 所示。单击工具栏中 Mesh > Extrude Mesh，在 Elements 中选择所有平面网格，在 Method 中选择 Extrude along curve，在 Extrude curve 中选择刚刚建立的曲线，其他保持默认，单击 Apply 按钮，拉伸后网格如图 3-90 所示。

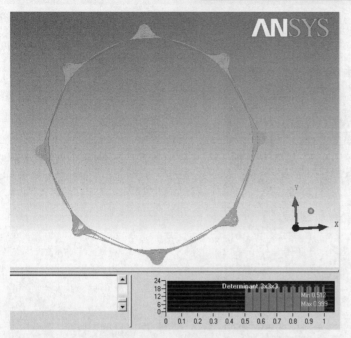

图 3-88　预生成的平面网格

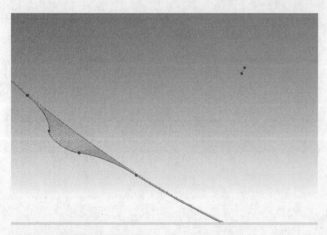

图 3-89　建立拉伸方向曲线

**Step 11** 输出网格。由于拉伸后 Icem 定义边界条件名称的类型比较麻烦，尤其对于曲面较多的网格体，本例借助第三方软件 Gambit 来完成对网格边界条件的定义，所以在输出网格时选择 FLUENT 格式。输出方法与前面 Icem 例子相同。

**Step 12** 导入 Gambit 中定义边界。启动 Gambit，选择 File >Import Mesh，选择 FLUENT 3d，导入后，分别定义内部元面为 shaft，外部环面为 bearing，两侧面为 symmetry，类型全部为 wall，并单击 File > Export > Mesh 输出网格，命名为 Waterfilme09。

### 3.6.3　利用 Workbench 完成结构设置

本节在 ANSYS Workbench 中完成结构分析网格划分及设置，并利用 input 文件完成双向流固耦合分析。

**Step 1** 双击位于 ANSYS Workbench 左侧的 Toolbox 中的 Transient Structural (ANSYS) 选项，如图 3-91 所示。

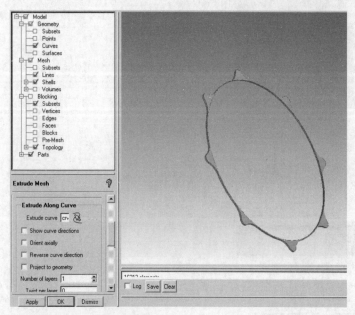

图 3-90　拉伸后的 3D 网格

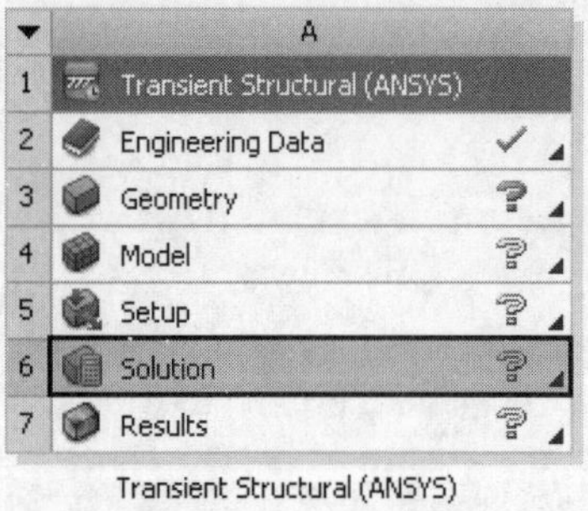

图 3-91　启动 Transient Structural (ANSYS) 模块

**Step 2** 添加橡胶材料。添加新材料的方法与 2.7.3 节一致，橡胶密度为 1000kg/m³，弹性模量为 7.84MPa，泊松比为 0.47。

**Step 3** 导入几何模型并划分网格。单击 Geometry > Import > bearinge09.stp，双击 Geomtry，单位选择 meter，单击左侧 Generate，生成几何，如图 3-92 所示。

**Step 4** 划分网格。双击 Transient Structural (ANSYS) 中 model，单击左侧模型树中 Geometry，bearinge09，在下方弹出的 Details 菜单中，指定材料为橡胶（图 3-93）。右击模型树中 Mesh > Insert > Method，在 Details Method 中选择 Hex Domain。右击 Mesh > Insert > Sizing，选择两个对称面，在 Element size 中输入 0.001m。右击 Mesh，选择 Generate Mesh 网格图，如图 3-94 所示。

**Step 5** 设置时间步长。双击模型树 Transient (A5) 中的 Analysis Setting，在下面弹出的 details 菜单中将 Auto Time Stepping 设置为 Off，在 Time Step 中输入 0.01s，如图 3-95 所示。

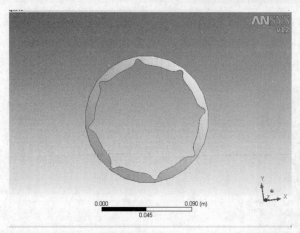

图 3-92 导入轴瓦几何体

图 3-93 指定固体材料

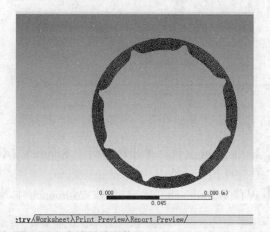

图 3-94 生成固体网格

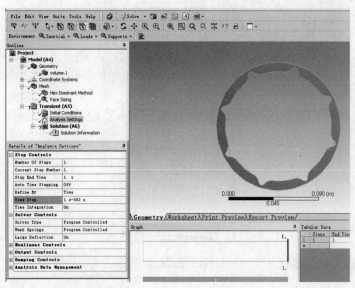

图 3-95 设置时间步长

**Step 6** 指定约束类型。右击 Transient (A5)，选择 Insert Fix Support，在 Geometry 中选择轴瓦外端面，如图 3-96 所示，并单击鼠标中键。同样设置内部环面为 Fluid Solid Interface，两侧端面为 Displacement，并设置 z 方向位移约束为 0。

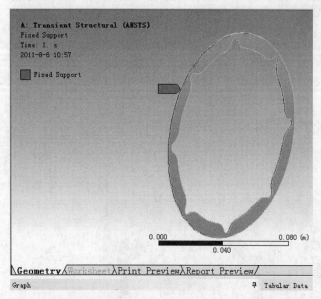

图 3-96 添加固定约束

**Step 7** 输出 input 文件。单击模型树中 Solution (A6)，然后单击菜单栏中 Tools>Write Input File，如图 3-97 所示，命名为 bearinge09.inp。

**Step 8** 保存 Workbench 文件。返回 Workbench 主界面，单击 File > Save as。

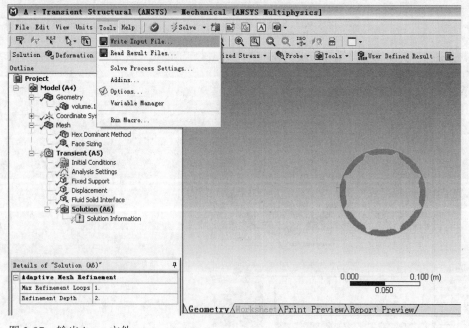

图 3-97 输出 input 文件

### 3.6.4 流体分析设置

**1. 网格导入及基本属性设置**

**Step 1** 导入流场网格。启动 CFX Pre，单击左上角 New case，进入 CFX 界面。单击 File > Import Mesh 导入网格，在下方 Files of type 中选择 FLUENT(*case *mesh)，在 Mesh Units 中选择 mm，并选择 Gambit 输出的网格，单击 Open 按钮，如图 3-98 所示。

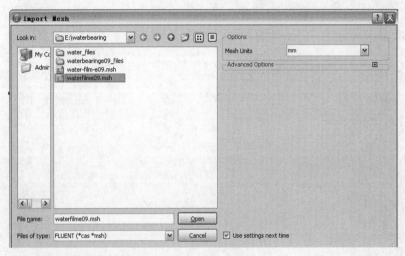

图 3-98 导入水膜流场网格

**Step 2** 缩小网格尺寸，并调整网格位置。由于在几何建模时将网格放大了 1000 倍，因此在 CFX 中需要缩小 1000 倍，并保证流体网格与结构网格原点重合。右击 Mesh > Principal 3D Regions > soild，选择 Transform Mesh，在弹出的对话框 Transformation 中选择 Scale，输入 0.001，如图 3-99 所示。同样操作，在 Transformation 中选择 Translation，在 z 中输入 1，表示将网格整体向 z 方向移动 1mm，如图 3-100 所示。

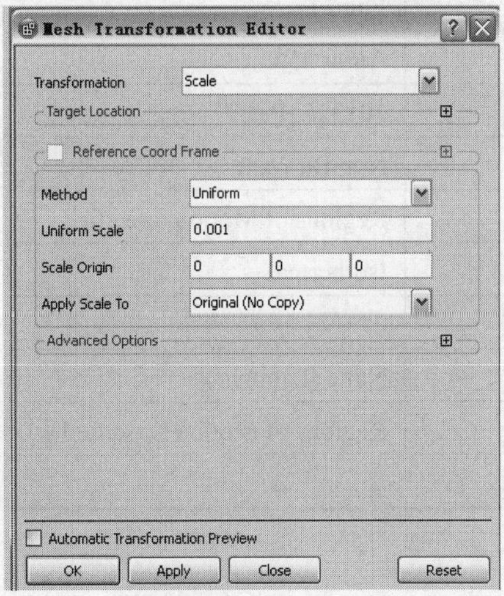

图 3-99 缩小网格尺寸 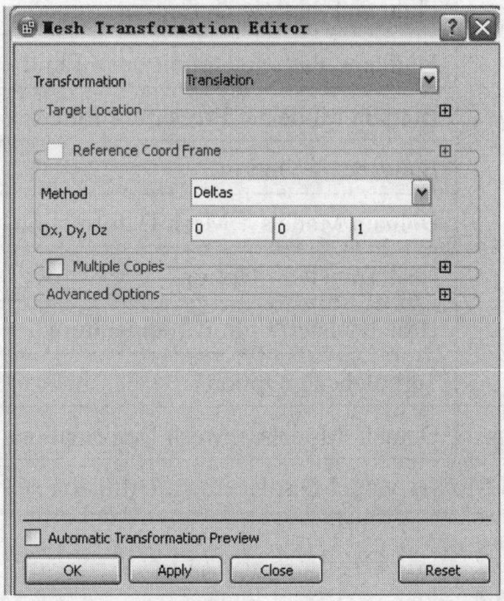　　　　　图 3-100 移动网格

**Step 3** 设置流场分析类型。单击左侧模型树中 Simulation 的 Analysis Type，其设置与圆柱绕流双向耦合类似，时间步长设为 0.01s，如图 3-101 所示。

图 3-101　设置分析类型

**Step 4** 创建流域。右击 Mesh > Principal 3D Regions > soild，单击 Insert > Domain。
**Step 5** 双击默认的流场域 Default Domain，如表 3-54 所示进行设置。

表 3-54　设置 Default Domain 属性

| Tab | Setting | Value |
| --- | --- | --- |
| Basic Settings | Fluid and Particle Definitions | Fluid 1 |
| | Fluid and Particle Definitions> Fluid 1 > Material | Air at 25 C |
| | Domain Models > Pressure > Reference Pressure | 101325 [Pa] |
| | Buoyancy > Option | Non Buoyant |
| | Domain Models > Mesh Deformation > Option | Regions of Motion Specified |
| Fluid Models | Heat Transfer > Option | Isothermal |
| | Heat Transfer > Fluid Temperature | 25 [℃] |
| | Turbulence > Option | None (Laminar) |
| Basic Settings | Domain Models > Mesh Deformation > Option | Regions of Motion Specified |

注意：Mesh Motion Model-Displacement Diffusion 中各项保持默认设置。

**Step 6** 单击 OK 按钮完成设置。
**Step 7** 设置主轴旋转边界。右击 Mesh > Principal 2D Regions > shaft，选择 Insert > Boundary > Wall，按表 3-55 所示进行设置。

表 3-55  设置主轴旋转属性

| Tab | Setting | Value |
| --- | --- | --- |
| Basic Settings | Boundary Type | Wall |
| | Location | Shaft |
| | Wall Velocity | Rotation Wall |
| | Angular Velocity | 1000[rev min^-1] |
| Axis Defintion | Coordinate | Global Z |

Step 8  单击 OK 按钮完成设置。

Step 9  设置流固耦合面（轴瓦内表面，水膜外表面），右击 Mesh > Principal 2D Regions > bearing，选择 Insert > Boundary > Wall，按图 3-102 所示设置变形边界，其余保持默认。

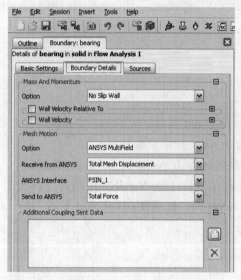

图 3-102  设置流固交界面（轴瓦内表面）

Step 10  设定对称边界条件：单击 Outline 中 Principal 2D Regions 的 SYMM，右击 SYMM，选择 Insert > Boundary，选择 Symmetry，单击 OK 按钮。

2. 求解器属性设置

Step 1  单击 Solver Control 按钮，按表 3-56 所示进行设置。

表 3-56  设置求解器属性

| Tab | Setting | Value |
| --- | --- | --- |
| Basic Settings | Convergence Control > Min. Coeff. Loops | 2 |
| | Convergence Control > Max. Coeff. Loops | 10 |
| Convergence Criteria | Residual Type | RMS |
| | Residual Target | 1E-04 |

Step 2  单击 OK 按钮完成并退出设置。

3. 输出控制设置

Step 1　单击 Output Control 按钮。
Step 2　单击 Trn Results 标签。
Step 3　在 Transient Results 属性框里，单击 Add new item 图标，接受默认名称，单击 OK 按钮。
Step 4　对 Transient Results 1，按表 3-57 所示进行设置。

表 3-57　设置输出控制属性

| Setting | Value |
| --- | --- |
| Option | Selected Variables |
| Output Variable List | Absolute Pressure |
| Output Frequency > Option | Timestep Interval |
| Output Frequency > Time Interval | 2 |

Step 5　单击 OK 按钮，完成设置。

### 3.6.5　开始计算及计算结果监测

Step 1　单击 CFX 工具栏中 Define Run 按钮，保存 def 文件。
Step 2　在弹出的 Define Run 对话框中，单击 Start Run 按钮开始计算。
Step 3　迭代开始后，可以监测圆柱受到的升力变化。单击 Workspace > New Monitor，新建一个监控窗口，保持默认名称，然后单击 Polt Lines，在 Plot Line Variable 中展开 FORCE > NORMAL > CYLINDER，然后勾选 Normal Force on shaft(Y)，如图 3-103 所示。

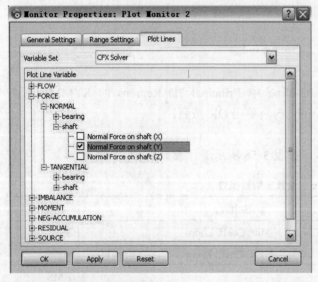

图 3-103　设置升力监测窗口

Step 4　计算完成后如图 3-104 所示。可以看出，在迭代至 600 步左右时（总时间约为 30s），升力呈现稳定周期性变化，可以推断此时流场已经达到稳定。

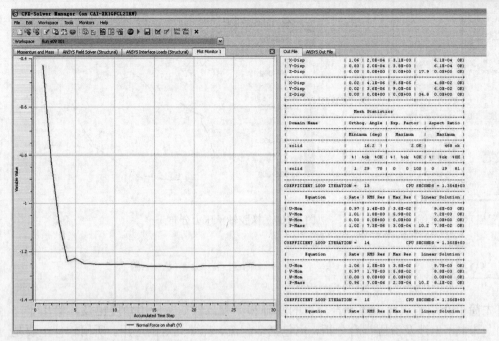

图 3-104 主轴 X 方向受力曲线

### 3.6.6 查看水膜流场结果

**Step 1** 打开 CFX-Post，与前面例子中的后处理操作类似，可以查看压力分布等结果。如图 3-105 所示，最大静压力为 5.056e+04Pa。

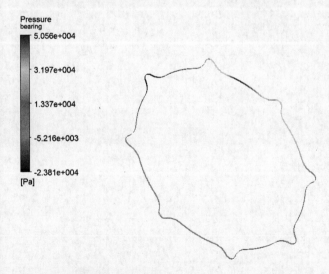

图 3-105 橡胶轴承压力分布

**Step 2** 查看轴瓦变形量。右击主显示界面空白处，选择 Deformation > 2x Auto，可以让变形量显示更加明显，如图 3-106 所示，显示橡胶变形量（Total Mesh Displacement），如图 3-107 所示。

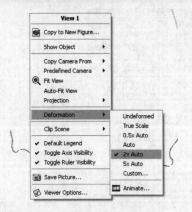 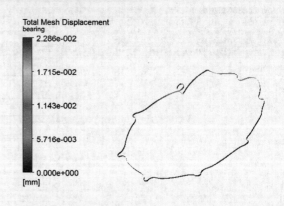

图 3-106　设置显示变形比例　　　　图 3-107　橡胶轴承压力分布

## 3.7　本章小结

本章首先简单介绍了双向流固耦合分析的基础和流程，然后从应用角度出发，给出了 5 个演示实例。其中不但涉及流固耦合分析，也包括多相流、壳单元等的应用。所用软件主要是 ANSYS Workbench；其中，流体分析使用 CFX。本章的目的是让读者掌握双向流固耦合分析的基本思路和方法，以及必要的前后处理技巧。

# 4 ANSYS 动网格技术应用

很多双向流固耦合分析都会伴随大变形问题,固体部分的大变形一般不会导致网格错误;相反,流体域的大变形很容易导致网格错误。相对于 FLUENT 自带的 REMESH 功能,CFX 从 13.0 版本才开始有基于 ICEM CFD 的网格重构功能。简单明了起见,本章主要介绍 ANSYS 动网格技术的使用。

**本章内容包括:**
- ✓ 动网格分析基础
- ✓ 大变形网格重构功能分析
- ✓ FLUENT Remesh 6DOF 分析

## 4.1 动网格分析基础

如前所讲,双向流固耦合分析比单向耦合困难的原因之一,就是双向耦合分析需要考虑大变形带来的网格变形问题,尤其是流场网格的变形问题。ANSYS 旗下两种流体分析软件 CFX 和 FLUENT 都有考虑此类问题以及相应的解决方案。但是细分起来,二者的解决方法可以说大不相同。形象地讲,FLUENT 采用的是标准的网格重构技术或者重新划分网格技术,也就是所说的 REMESH 功能;而 CFX 在 ANSYS 12 之前采用都是网格变形或者网格移动技术,也就是 Mesh Deformation 或 Mesh Motion 方法,由于 CFX 不能独立进行网格重画,所以直到 ANSYS CFX 12,才结合 ICEM CFD 开发出类似于 FLUENT 的 REMESH 方法。

但是,考虑到计算消耗、时间以及新旧网格多次映射插值导致的不小误差,基于大变形 REMESH 的双向流固耦合分析还不是很普遍,也不具有广泛的适用性。目前为止还没有十分成熟的工程应用案例,大多还处于尝试阶段,所以本节省略这部分内容,而是主要通过两个实例演示讲解 FLUENT 和 CFX 的 REMESH 功能。想解决大变形 REMESH 的双向流固耦合分析的读者可以参照、综合本章内容和其他双向耦合分析案例进行改进尝试。

同时,因为 CFX 的 Mesh Deformation 方法和 FLUENT 中的 REMESH 都是在各自软件中

进行设置，不需要第三方软件，相对来说比较简单，所以此处不做介绍，读者可参考相应章节学习体会，下面简单介绍结合 CFX 和 ICEM CFD 的 REMESH 功能。

图 4-1 显示了单向流固耦合分析的基本流程。其中第一步"网格划分"和第二步"脚本录制"都在 ICEM CFD 中完成，也可以归为一步，然后是流体分析设置，其中最特别之处便是 Configuration 属性的设置，此处需要人为设置网格重构触发器来激活网格重构功能，所以会用到之前划分网格时产生的.tin 模型文件以及.rpl 脚本文件。最后开始计算，并查看计算结果。

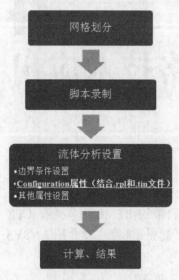

图 4-1 单向流固耦合分析流程

毫无疑问，CFX 的全新 REMESH 方法需要借助于 ICEM CFD 的网格划分来实现，所以，基于 CFX 的大变形动网格分析相对复杂困难一些。其中最为复杂也是很容易引起错误的不是 CFX 内部各项属性设置，而是上述流程中的第一步"网格划分"和第二步"脚本录制"。其中网格划分需要重点考虑模型的可重复性和重点特征（比方说参照点的位置）的信息记录；脚本录制要保证尽量少的错误操作和语句，防止因为错误语句导致的自动划分终止。

## 4.2 大变形网格重构功能分析

双向流固耦合分析是考虑固体变形和流场变化相互影响的分析，通常情况下，流场的变化相对较小，ANSYS CFX 自带的 Mesh Motion 功能足以处理此类小变形流场问题。但是，在某些情况下，大变形不可避免，如大开度复杂形状阀门的开关过程、车辆通过隧道问题等大变形问题，此时 CFX 自带的 Mesh Motion 功能已经远远不能满足网格变形的需要，常常导致负体积网格的出现，以至于计算错误而终止。此时，就需要利用网格重构功能对流场网格进行重新划分，导入变形后的新流场继续进行计算。本例通过一个方块的大位移运动来讲解 ANSYS CFX 结合 ICEM CFD 网格重构功能的运用。简化起见，本例中没有结构分析，本节从 ICEM CFD 中网格划分开始到 CFX 流体设置、求解和显示，一步步进行讲解。读者可学习到：

- ICEM CFD 脚本录制
- CFX Configuration 设置

- CEL Expession 编辑
- Activation Condition 设置

### 4.2.1 问题描述

流场模型十分简单，由一立方体和方形外场组成，立方体尺寸为 20mm×20mm×20mm，方形外场 40mm×50mm×200mm，立方体以 0.1m/s 速度从左端出口处向右端入口移动，整个过程持续 1s，如图 4-2 所示。要求保持高质量网格的同时，查看流场变化情况。

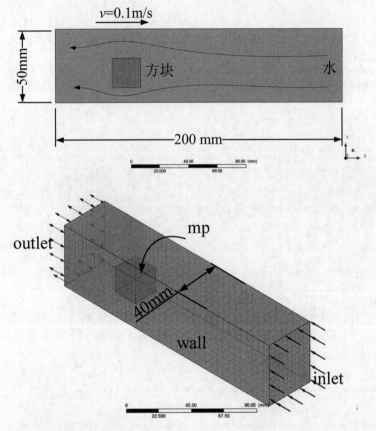

图 4-2 模型三维图

本例从导入模型开始讲解，所以需要准备和导入已有的模型文件 block.tin。

### 4.2.2 网格划分和脚本录制

**Step 1** 打开 ICEM CFD，选择 File > Change Work Dir…，设置好工作路径。

**Step 2** 选择 File> Geometry>OPEN Geometry，如图 4-3 所示，找到素材包中自带的素材文件 block.tin 并打开。

**Step 3** 展开 Model 下的 Geometry 和 Parts，勾选 Geometry 下的 Points、Curves 和 Surfaces，然后勾选 Parts，查看模型及各部分名称，如图 4-4 所示。

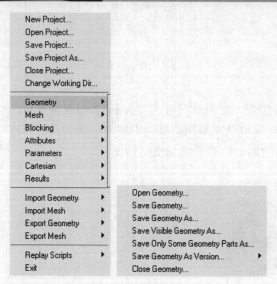

图 4-3  导入 .tin 结构文件

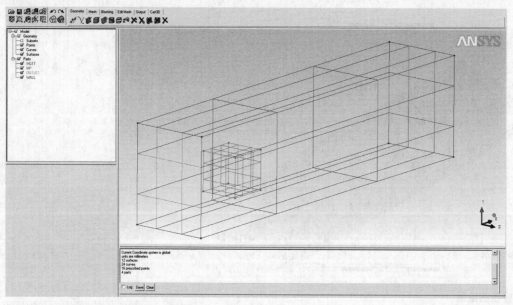

图 4-4  ICEM CFD 中显示 block 文件

Step 4  选择 File > Reply Scripts > Replay Control，如图 4-5 所示，确认在弹出的 Replay Control 对话框中已经勾选 Record (after Current)。

Step 5  新建 Create Block 图标，Entities 中选择所有 Geometry，单击 OK 按钮，新建一个 Block。生成 Block 后，Replay Control 窗口中记录下创建 Block 的完整 Scripts，如图 4-6 所示。

Step 6  随后连续使用 Split Block 功能和 Delete Block 功能，切割、调整初建的 Block，完成 Block 划分，如图 4-7 所示。

Step 7  运用 Pre-Mesh Params 功能，调整 blocking 的 Mesh Parameters 属性，如图 4-8 所示。

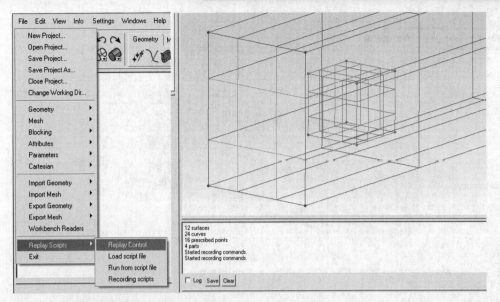

图 4-5　开始录制所有操作过程

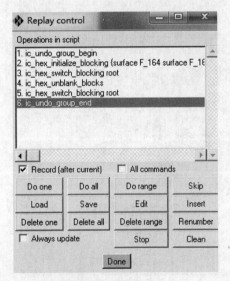

图 4-6　新建 Block 的脚本记录

Step 8　勾选 Blocking 下的 Pre-Mesh，检查无误后，右击 Pre-Mesh，选择 Convert Unstruct Mesh，如图 4-9 所示。

Step 9　单击 File > Save Project…，保存 block.prj 项目文件。然后，单击 Output > Output CFX，导出 CFX-Pre 可读网格文件 block.msh。

Step 10　仔细检查 Replay Control 窗口可以发现，从 ICEM CFD 显示 Start recording commands 开始，所有后续的实质性操作动作都以脚本形式记录下来。

Step 11　去除对 Record (after current) 的勾选，终止记录脚本功能，ICEM CFD 提示 Stopped recording commands。

Step 12　单击 Replay Control 窗口的 Save 按钮，保存 block.rpl 脚本文件，退出 ICEM CFD。

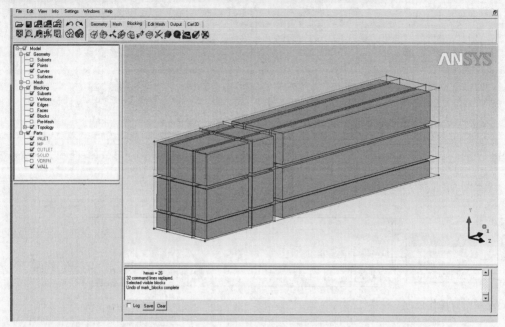

图 4-7　Block 划分

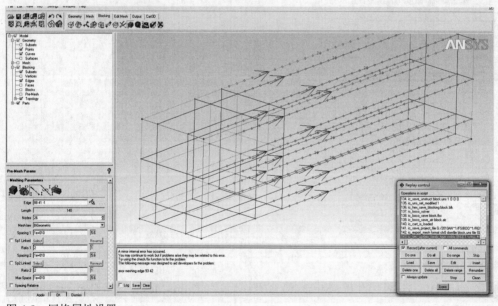

图 4-8　网格属性设置

Replay Control 窗口不但提供录制功能，同时提供多种编辑功能，如果某步发生操作错误，可以结合 Undo 功能和 Replay Control 中的 Delete 功能退回先前设置并删除操作记录。使用者也可以自定义脚本或者修改已有脚本语句。但是，对于不十分熟悉 Record Script 操作的使用者，建议开始录制脚本前，反复练习网格划分，做到中间无任何错误发生，一次完成网格划分。因为如果记录了错误脚本而不被察觉，再次调用脚本进行自动划网时很容易发生错误而终止。

# ANSYS 动网格技术应用　第 4 章

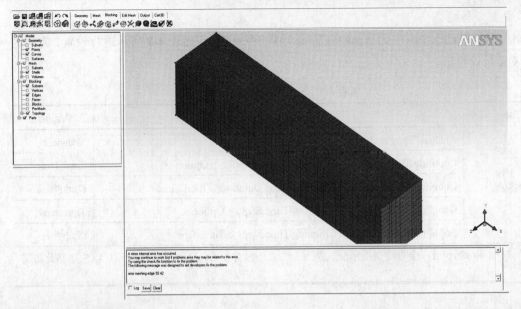

图 4-9　最终生成网格

## 4.2.3　流体分析设置

本节主要讲述设置边界条件和求解器属性，主要包括：设置分析类型、编辑表达式、设置边界条件、设置求解器控制、设置输出属性。

### 1. 读入网格文件

启动 CFX-Pre，单击 File>New Case，弹出 Simulation Type 选择对话框，默认选择 General，单击 OK 按钮。读入网格文件，右击左边 Tree 栏中的 Mesh>Import Mesh>ICEM CFD，打开 block.msh 网格文件，如图 4-10 所示。

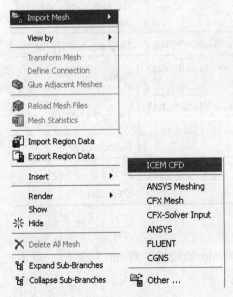

图 4-10　在 CFX 中导入网格

## 2. 设置分析类型

双击 ANSYS CFX-Pre 中的 Analysis Type 项 ⏲ Analysis Type，如表 4-1 所示进行设置，完成之后单击 OK 按钮退出。

表 4-1  分析类型的设置

| Tab | Setting | Value |
| --- | --- | --- |
| Basic Settings | Analysis Type > Option | Transient |
| | Coupling Time Control > Coupling Time Duration > Option | Total Time |
| | Coupling Time Control > Coupling Time Duration > Total Time | tTotal[a] |
| | Coupling Time Control > Coupling Time Steps > Option | Timesteps |
| | Coupling Time Control > Coupling Time Steps > Timesteps | tStep[a] |

[a] 设置 tTotal 和 tStep 后，会有错误提示，这是因为二者还没有在 Expression 中设置，可以先忽略此错误提示。

## 3. 创建流体域并设置初始条件

双击默认的流场域 Default Domain，如表 4-2 所示进行设置，完成之后单击 OK 按钮退出。

表 4-2  流场域的设置

| Tab | Setting | Value |
| --- | --- | --- |
| Basic Settings | Fluid and Particle Definitions | Fluid 1 |
| | Fluid and Particle Definitions > Fluid 1 > Material | Water |
| | Domain Models > Pressure > Reference Pressure | 1 [atm] |
| | Buoyancy > Option | Non Buoyant |
| | Domain Models > Mesh Deformation > Option | Regions of Motion Specified |
| | Domain Models > Mesh Deformation > Mesh Motion Model > Option | Displacement Diffusion |
| | Domain Models > Mesh Deformation > Mesh Motion Model > Mesh Stiffness > Option | Value |
| | Domain Models > Mesh Deformation > Mesh Motion Model > Mesh Stiffness > Mesh Stiffness | 10 [m^2 s^-1] |
| Fluid Models | Heat Transfer > Option | Isothermal |
| | Heat Transfer > Fluid Temperature | 25 [C] |
| | Turbulence > Option | k-Epsilon |

## 4. 设置边界条件

**Step 1** 方块移动 wall 边界的设定。新建一个名为 mp 的边界，对 mp 边界作如表 4-3 所示的设置，完成后单击 OK 按钮退出。

表 4-3 方块移动 wall 边界的设定

| Tab | Setting | Value |
|---|---|---|
| Basic Settings | Boundary Type | Wall |
| | Location | MP |
| Boundary Details | Mass And Momentum > Wall Velocity Relative To | (Selected) |
| | Mass And Momentum > Wall Velocity Relative To > Wall Vel. Rel. To | Mesh Motion |
| | Mesh Motion > Option | Specified Displacement |
| | Mesh Motion > X Component | disp |
| | Mesh Motion > Y Component | 0 [m] |
| | Mesh Motion > Z Component | 0 [m] |

**Step 2** 流场入口边界的设定。右击 Flow Analysis 1>Default Domain>Insert>Boundary，在出现的对话框键入 inlet，然后单击 OK 按钮。在出现的 inlet 属性框里进行如表 4-4 所示的设置，完成后单击 OK 按钮退出。

表 4-4 流场入口边界的设定

| Tab | Setting | Value |
|---|---|---|
| Basic Settings | Boundary Type | Opening |
| | Location | INLET |
| Boundary Details | Mass And Momentum > Option | Normal Speed |
| | Mass And Momentum > Normal Speed | 0.1 [m s^-1] |
| | Turbulence > Option | Medium (Intensity = 5%) |
| | Mesh Motion > Option | Stationary |

**Step 3** 流场出口边界的设置。新建名为 outlet 的边界，在出现的 outlet 属性框里进行如表 4-5 所示的设置，完成后单击 OK 按钮退出。

表 4-5 流场出口边界的设置

| Tab | Setting | Value |
|---|---|---|
| Basic Settings | Boundary Type | Opening |
| | Location | OUTLET |
| Boundary Details | Mass And Momentum > Option | Opening Pres. and Dirn |
| | Mass And Momentum > Relative Pressure | 0 [MPa] |

**Step 4** 流场外壁边界的设置。双击 Default Domain Default，在属性框里进行如表 4-6 所示的设置，完成后单击 OK 按钮退出。

表 4-6　流场外壁边界的设置

| Tab | Setting | Value |
| --- | --- | --- |
| Basic Settings | Boundary Type | Wall |
| | Location | WALL |
| Boundary Details | Mass And Momentum > Option | No Slip Wall |
| | Wall Roughness > Option | Smooth Wall |

5. 初始值设置

单击 Global Initialization 图标，在 Global Settings 中作如表 4-7 所示的设置，完成后单击 OK 按钮退出。

表 4-7　初始值的设置

| Tab | Setting | Value |
| --- | --- | --- |
| Global Settings | Initial Conditions > Cartesian Velocity Components > U | -0.1 [m s^-1] |
| | Initial Conditions > Cartesian Velocity Components > V | 0 [m s^-1] |
| | Initial Conditions > Cartesian Velocity Components > W | 0 [m s^-1] |
| | Initial Conditions > Static Pressure > Relative Pressure | 0 [Pa] |

6. 设置求解器属性

单击 Solver Control 按钮，按如表 4-8 所示设置，完成后单击 OK 按钮退出。

表 4-8　求解控制的设置

| Tab | Setting | Value |
| --- | --- | --- |
| Basic Settings | Transient Scheme > Option | Second Order Backward Euler |
| | Convergence Control > Min. Coeff. Loops | 1 |
| | Convergence Control > Max. Coeff. Loops | 10 |
| | Interrupt Control | Selected[a] |
| | Interrupt Control > Interrupt Control Conditions | Orthogonality |
| | Interrupt Control > Orthogonality > Option | Logical Expression |
| | Logical Expression | ort |

[a] 设置名为 Orthogonality 的计算中断条件，当条件满足时，计算中断，中断条件为逻辑变量，非 1 即 0，具体表达式在 ort 中定义。

7. 设置 Configuration 属性

展开 Simulation Control，右击 Configuration 图标，在弹出的快捷菜单选择 Insert > Configuration，对生成的 Configuration 1 进行如表 4-9 所示的设置，完成后单击 OK 按钮退出。

表 4-9 设置 Configuration 属性

| Tab | Setting | Value |
|---|---|---|
| General Settings | Flow Analysis | Flow Analysis 1 |
| | Activation Condition(s) | Activation Condition 1 |
| | Activation Condition(s) > Activation Condition 1 > Option | Start of Simulation[a] |
| Remeshing | Remesh Definitions | Remesh 1 |
| | Remesh Definitions > Remesh 1 > Option | ICEM CFD Replay |
| | Remesh Definitions > Remesh 1 > Activation Condition(s) | Orthogonality |
| | Remesh Definitions > Remesh 1 > Location | Assembly |
| | Remesh Definitions > Remesh 1 > Geometry File | …\block.tin[b] |
| | Remesh Definitions > Remesh 1 > Mesh Replay File | …\block.rpl[b] |
| | Remesh Definitions > ICEM CFD Geometry Control > Option | Automatic |
| | Remesh Definitions > ICEM CFD Geometry Control > ICEM CFD Part Map | Part Map 1[c] |
| | Remesh Definitions > ICEM CFD Geometry Control > ICEM CFD Part Map > Part Map 1 > ICEM CFD Parts List | MP |
| | Remesh Definitions > ICEM CFD Geometry Control > ICEM CFD Part Map > Part Map 1 > Boundary | mp |

[a]此触发条件从计算开始便有效。[b]从先前保存的文件夹查找 block.tin 和 block.rpl。[c]Part Map 功能是为了对应 CFX 和 ICEM CFD 中的运动部分，保持二者同步、统一。

8. 设置输出控制

Step 1 单击 Output Control 按钮，单击 Trn Results 标签。

Step 2 在 Transient Results 属性框里，单击 Add new item 图标，接受默认名称，单击 OK 按钮，对 Transient Results 1 作如表 4-10 所示的设置，完成之后单击 OK 按钮退出。

表 4-10 设置输出控制属性

| Tab | Setting | Value |
|---|---|---|
| Trn Results | Option | Standard |
| | Output Frequency > Option | Time Interval[a] |
| | Output Frequency > Time Interval | tStep*5 |
| Monitor | Monitor Options | Selected |
| | Monitor Point and Expressions > Fx | Force_x()@mp |
| | Monitor Point and Expressions > disp | disp |
| | Monitor Point and Expressions > disp desired | disp desired |
| | Monitor Point and Expressions > disp mesh reinitial | disp mesh reinitial |
| | Monitor Point and Expressions > Orthogonality | ort |

9. 编辑表达式

Step 1 右击 Expressions，在弹出的快捷菜单选择 Insert>Expression，在弹出的对话框键入 tTotal，然后单击 OK 按钮。在 Definition 中输入 1.0[s]，单击 Apply 按钮完成设置。

**Step 2** 右击 tTotal 表达式，选择 Edit in Command Editor。

**Step 3** 在弹出的 Command Editor 对话框中编辑设置其他变量，如图 4-11 所示。

```
LIBRARY:
  CEL:
    &replace EXPRESSIONS:
      disp = disp desired-disp mesh reinit
      disp desired = 100[mm]*t/tTotal
      disp mesh reinit = 100[mm]*Mesh Initialisation Time/tTotal
      ort = minVal(Orthogonality Angle)@REGION:SOLID < 30[deg]
      tStep = 1e-2[s]
      tTotal = 1.0[s]
    END
  END
END
```

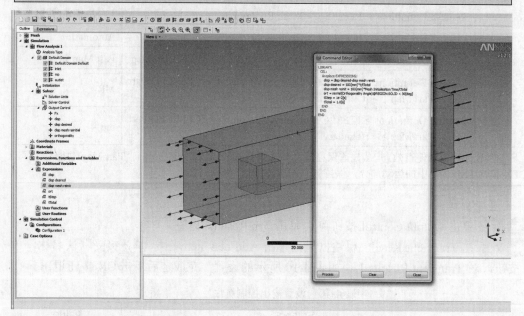

图 4-11 表达式 Expression 的设置

**Step 4** 单击 Process 按钮，完成设置。此时右侧的 Expressions 中会显示所有的变量，此时关于查找不到变量的错误提示也会一并消失。

**Step 5** 单击 Close 按钮退出设置。

①表达式中 disp desired 定义的是期望的位移变化，为匀速直线运动，速度为 0.1 m/s。但是此位移变量不能直接赋给方块 mp，因为 displacement 定义的是相对位移，是从计算开始时 mp 所在位置算起的位移，此位移变量需要减去 Mesh Re-Initialization 时已发生的位移，得到一个新变量 disp。详见 CFX 帮助文件中的 Mesh Re-Initialization During Remeshing。②本例中，触发条件为正交性小于 30°，根据情况不同，也可以设置其他触发条件，例如网格最小角度小于某度，或者最差网格质量低于多少等等。

10. 输出 CFX-Solver 求解文件

　Step 1　单击 Excution Control 按钮 。

　Step 2　保持默认设置，单击 OK 按钮，生成 block.def 文件。

### 4.2.4　求解和计算结果

双击生成的 block.def 文件，在弹出的 Define Run 对话框中，Solver Input File 已经自动设置完毕。检查并行计算设置，单击 Start Run 按钮开始计算。等计算完毕之后，就可以查看计算结果了。

1. 计算结果监视

计算的结果可实时监控，图 4-12 中 user points 分别显示了期望位移、Mesh Re-Initialization 时的位移、mp 指定位移、网格正交性 Orthogonality，方块 x 方向上受到的力。期望位移正如预先假设的位移，直线匀速运动，速度为 0.1m/s；正交性 Orthogonality 图形犹如锯齿状，大部分时间为 0，也就是网格质量满足预先设定，不需要网格重构，但是在 step=13、26、39……时，由于正交性 Orthogonality<30°而变为 1，触发 CFX 计算中断并进行网格重构。disp mesh reinitial 记录了这些中断时刻的位移，以便 disp desired 减去此相对位移。

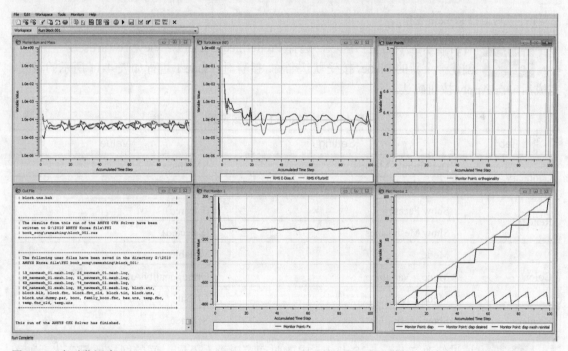

图 4-12　实时监视窗口

在 Out File 窗口中，可以看到它记录了每个 Remesh 操作过程，用到的文件和命令等如图 4-13 所示。

2. 查看流体计算结果

　Step 1　计算结束后，弹出 Solver Run Finished Normally 窗口，选择 Post-Process Results，单击 OK 按钮，进入 CFX-Post 进行结果编辑。

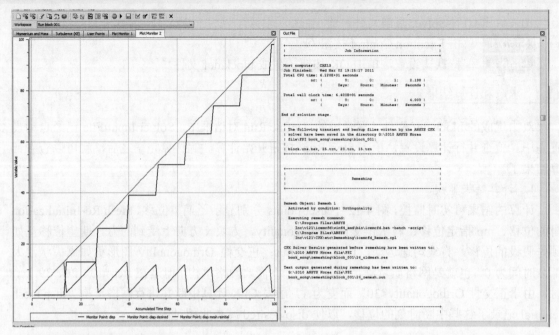

图 4-13 实时监控 Remesh 操作

**Step 2** 右击显示区中的空白区域,选择 Predefined Camera > View Towards +Z。

**Step 3** 创建一个新的 Plane,接受默认名称。接着对 Plane 1 进行如表 4-11 所示的设置,完成后单击 Apply 按钮确认。

表 4-11 对 Plane 1 的参数设置

| Tab | Setting | Value |
| --- | --- | --- |
| Geometry | Definition > Method | XY Plane |
|  | Definition > Z | 20 [mm] [a] |
| Render | Show Faces | (Cleared) |
|  | Show Mesh Lines | (Selected) |
| Color | Mode | Variable |
|  | Mode > Variable | Orthogonality Angle |
|  | Mode > Range | Global |
| Render | Show Mesh Line | Selected |

**Step 4** 通过修改 Timestep Selector 中的时间可以查看不同时间的网格质量变化,如图 4-14 到图 4-16 所示就是网格质量的变化。

3. 创建动画文件

**Step 1** 打开 Timestep Selector 对话框,双击 0 [s]确保当前结果为初始结果。

**Step 2** 勾选 Plane 1,保持先前的设置,单击 Apply 按钮。

**Step 3** 单击 Animation 按钮 ,在弹出的 Animation 对话框选择默认的 Quick Animation。

**Step 4** 勾选 Save Movie,设置 Format 为 MPEG1。

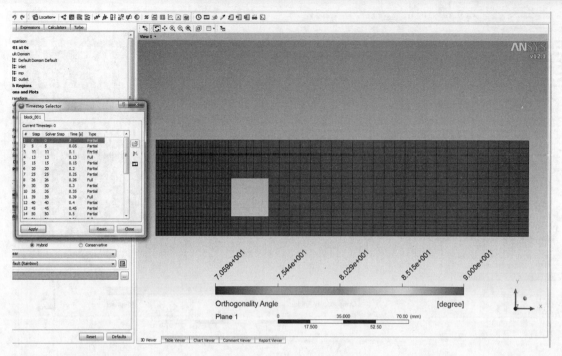

图 4-14  0.0s 时的正交角

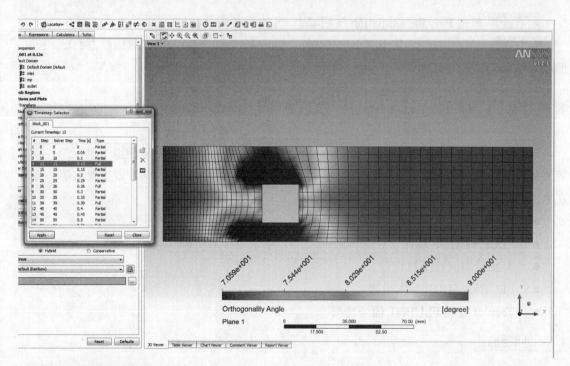

图 4-15  0.13s 时的正交角

**Step 5**  单击 Save Movie 右边的 *Browse* 按钮，设置动画的存储路径和文件名。默认情况下，文件会自动保存在 block.res 所在文件夹。

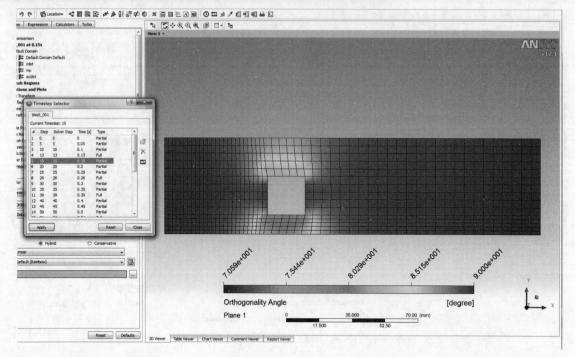

图 4-16　0.15s 时的正交角

> Step 6　单击 Play the animation 按钮 ▶，开始生成动画。
>
> Step 7　动画生成后，从主菜单单击 File > Save Project，保存文件。然后单击 File > Exit，退出 CFX-post。

## 4.3　FLUENT Remesh 6DOF 分析

FLUENT 中的 6DOF（Degrees of Freedom，6 自由度模型）可以用来模拟飞机投弹、浮力等刚体运动过程。本节以一个船锚运动为例，讲解 FLUENT 6DOF 的基本设置及求解。读者在本例中可以学到：

- FLUENT 动网格 Remesh 基本设置
- FLUENT UDF 编译
- 自由液面问题求解设置
- FLUENT 6DOF 基本设置
- Tecplot 处理 FLUENT 流场结果

### 4.3.1　问题描述

流场为二维模型。船锚重 10000kg，外部流场为长×宽为 60m×50m。船锚初始时刻 X 方向速度 $v_x$ 为 2.5m/s，Y 方向速度为 $v_y$ 为 0m/s，如图 4-17 所示，重力加速度为 $g_y$=9.8m$^2$/s，绕 Z 轴转动惯量为 500000kg.m$^2$。

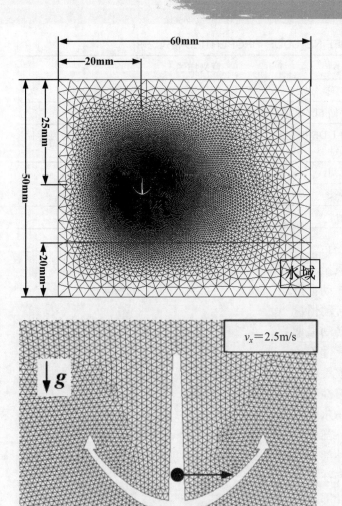

图 4-17 船锚落水计算域基本尺寸

本例从 6DOF 宏的基本介绍开始，包括 6DOF UDF 编译介绍，多相流基本介绍，6DOF 基本设置，非稳态计算批量保存，以及利用 Tecplot 软件制作动画。

### 4.3.2 FLUENT 6DOF UDF 的编译

本节介绍 6DOF UDF 基本编译，包括 DEFINE_SDOF_PROPERTIES 的基本格式，各个变量名称、意义，DEFINE_SDOF_PROPERTIES 的编写方法等。

1. 6DOF UDF 基本介绍

FLUENT 六自由度模型所采用的 UDF 宏为 DEFINE_SDOF_PROPERTIES，包括物体质量、动量、转动惯量，并可以考虑外力和外力矩作用，当需要时这些量可以是时间相关量。它的基本格式如下：

DEFINE_SDOF_PROPERTIES ( name, properties, dt, time, dtime)

该格式的说明如表 4-12 所示。

表 4-12  6DOF 宏 DEFINE_SDOF_PROPERTIES 格式说明

| 变量类型 | 意义描述 |
| --- | --- |
| symbol name | UDF 名称 |
| real *properties | 指向存储 6DOF 的基本数据数组的指针 |
| Dynamic_Thread *dt | 指向由 UDF 指定或者由 FLUENT 计算出来的网格运动变形特性存储空间指针 |
| real time | 当前时间 |
| real dtime | 时间步长 |

注：DEFINE_SDOF_PROPERTIES 无返回值。

6DOF 中用于存储运动参数的数组有：

| | |
| --- | --- |
| SDOF_MASS | 质量 |
| SDOF_IXX, | 转动惯量 |
| SDOF_IYY, | 转动惯量 |
| SDOF_IZZ, | 转动惯量 |
| SDOF_IXY, | 惯性积 |
| SDOF_IXZ, | 惯性积 |
| SDOF_IYZ, | 惯性积 |
| SDOF_LOAD_LOCAL | 布尔体系（boolean） |
| SDOF_LOAD_F_X, | 外部力 |
| SDOF_LOAD_F_Y, | 外部力 |
| SDOF_LOAD_F_Z, | 外部力 |
| SDOF_LOAD_M_X, | 外部力矩 |
| SDOF_LOAD_M_Y, | 外部力矩 |
| SDOF_LOAD_M_Z, | 外部力矩 |

其中 SDOF_LOAD_LOCAL 用来指定 6DOF 表达式中的力和力矩是（TRUE）全局坐标系（global coordinates）还是（FALSE）局部坐标系（body coordinates）。

2. 船锚自由落体 6DOF 编译

本例中船锚重 10000kg，绕 Z 轴转动惯量为 $500000.0 \text{kg.m}^2$，船锚质量及转动惯量分别在 DEFINE_SDOF 中体现。

```
#include "udf.h"
DEFINE_SDOF_PROPERTIES(wood, prop,dt, time, dtime)
{
Thread *t;
Domain *d;
/*定义质量*/
prop[SDOF_MASS]= 10000;
/*定义 z 轴转动惯量*/
prop[SDOF_IZZ]   = 500000.0;
}
```

3. FLUENT 船锚自由落体流场求解设置

本节主要讲述 FLUENT 求解 6DOF 流场模型,包括 UDF 编译、动网格设置、网格预览等内容。读者在本节可以学习到编译 UDF 步骤和 6DOF 基本设置。

Step 1　读入网格。单击 File > Read Mesh,读入 anchor.msh 文件。

Step 2　单击 Mesh > Check 检查网格,查看网格最小尺寸等信息。查看网格数量:Mesh > Info > Size,在 FLUENT 主界面中将出现网格数量,如图 4-18 所示。

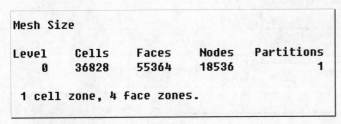

图 4-18　网格尺寸

Step 3　设置单位。本例中单位为 m,故保持默认设置即可,重力方向可以在 6DOF 动网格对话框中设置。

Step 4　选择非稳态求解器。对于动网格问题,属于非稳态求解,右侧模型树,选择 Problem Setup,在 Solve Time 中选择 Transient。

Step 5　启动湍流模型,本例采用标准 k-epsilon 模型。单击 Models>Viscous,单击 k-epsilon(2 eqn)其余保持默认,单击 OK 按钮。

Step 6　定义边界条件。上侧边界和右侧边界为压力出口,在 Type 中选择 Pressure-outlet,单击 Edit,按照图 4-19 所示设置。其余边界采用 Wall,保持默认设置。

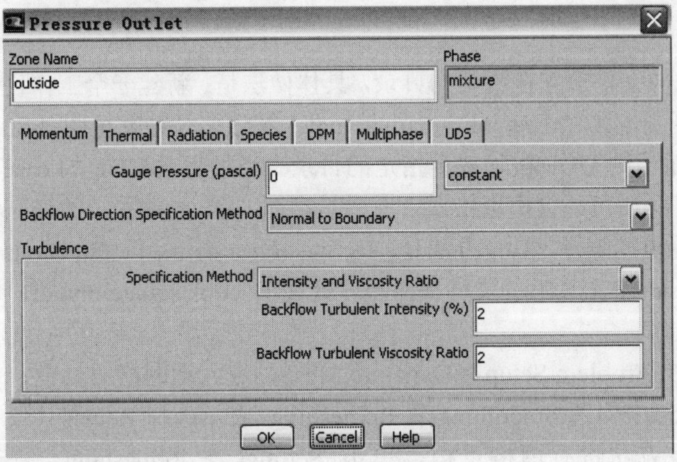

图 4-19　设置出口边界条件

Step 7　编译 UDF。单击工具栏中 Define > User defined > Functions > Compiled...,进入如图 4-20 所示 UDF 窗口,单击 Add...按钮,选择要加载的 move.c 文件,单击 Build,此时在 FLUENT 主界面中会提示 UDF 编译成功(如图 4-21 所示),单击 Load 按钮加载。此时在工作目录下会自动生成一个名为 libudf 的文件夹。

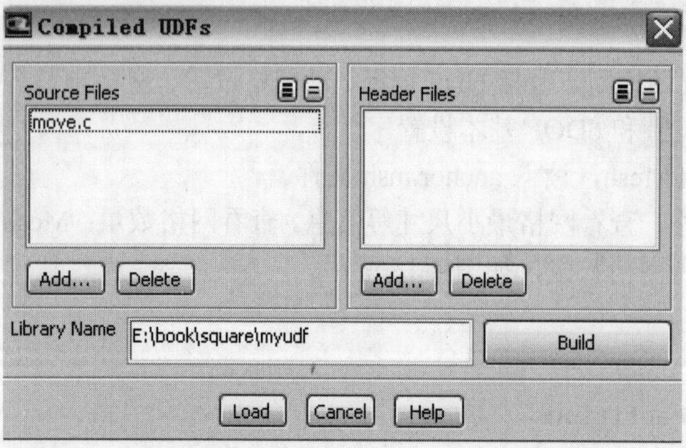


图 4-20　加载 UDF 对话框

```
Preparing mesh for display...
Done.
Deleted old libudf\ntx86\2d\libudf.dll
已复制         1 个文件。
(system "copy "C:\PROGRA~1\ANSYSI~1\v120\fluent"\fluent12.0.16\src\mak
已复制         1 个文件。
(chdir "libudf")()
(chdir "ntx86\2d")()
# Generating ud_io1.h
move.c
# Generating udf_names.c because of makefile move.obj
udf_names.c
# Linking libudf.dll because of makefile user_nt.udf udf_names.obj mov
Microsoft (R) Incremental Linker Version 6.00.8168
Copyright (C) Microsoft Corp 1992-1998. All rights reserved.

   Creating library libudf.lib and object libudf.exp
```

图 4-21　UDF 加载提示

**Step 8** 读者也可以将 UDF 生成文件放置在指定的目录，具体做法是：新建一个工作目录，命名为 myudf，将此目录路径复制，比如 E:\book\square\myudf，将该路径粘贴至图 4-20 的 Library Name 中，单击 Build 按钮，则 UDF 被加载至指定的目录。当加载完 UDF 的 case 文件被转移目录时，case 文件再次打开后可能会出现错误，原因是存储 UDF 的路径被改变，此时可以直接加载原来的 UDF，不用再次编译，具体办法是：Define >User defined > Functions > Manager，在 Library Name 中输入 UDF 编译后的文件夹路径，比如 E:\book\square\myudf，如图 4-22 所示，然后单击 Load 按钮。

**Step 9** 设置动网格参数。单击 Problem Setup > Dynamic Mesh，进入动网格对话框，勾选 Dynamic Mesh，在 Mesh Methods 中勾选 Smoothing 和 Remeshing，表示选择 Remesh（仅对于三角形网格或者四面体网格）方法进行网格重构，单击 Settings > Remeshing，在 Parameters 中，将 Minimum Length Scale(m)输入 0.04，在 Maximum Length Scale(m)输入 2，在 Maximum Cell Skewness 中输入 0.6，以上设置表示网格重构的最小、最大尺度及网管斜率上限。在 Size Remesh Interval 中输入 10，表示每计算 10 步后按照上面的尺度检查网格，如图 4-23 所示。

图 4-22 加载已经编译过的 UDF

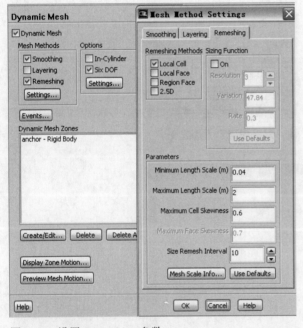

图 4-23 设置 Remeshing 参数

**Step 10** 设置 6DOF 模型。勾选 Dynamic Mesh > Options 中的 Six DOF，如图 4-24 所示。单击 Options Six DOF 下面 Setting，设置重力加速度大小为 Y(m/s2) -9.8，表示重力方向垂直向下。

**Step 11** 监测质心运动轨迹。勾选 Write Motion History，并在 File Name 中输入指定目录路径，如图 4-25 所示，则 FLUENT 在计算时会保存每个时间步长的质心轨迹及转动角度，保存的质心轨迹文件无扩展名，可以用记事本打开，如图 4-26 所示，然后可以利用 Tecplot 等曲线绘制软件绘制曲线。

**Step 12** 设置运动边界。单击 Dynamic Mesh > Dynamic Mesh Zones > Create/Edit，进入运动边界区域设置对话框。在 Zone Names 中选择 anchor，在 Six DOF UDF 中选择编译好的 UDF。在 Center of Gravity Location 中保持默认值 0，表示方块初始时刻处于（0,0）点，如果

初始时刻不是（0,0）点，则在此输入相应坐标。在 Center of Gravity Velocity 中输入初始时刻方块速度，V_X 中输入 2.5，V_Y 中输入 0，表示初始时刻锚具有 X 方向 2.5m/s 的速度，Y 方向 0m/s 的速度。在 Center of Gravity Angular Velocity 中输入 0，表示锚初始时刻无转动角速度，如图 4-27 所示。

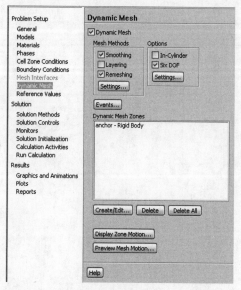

图 4-24　选中 6DOF 模型

图 4-25　设置重力加速度

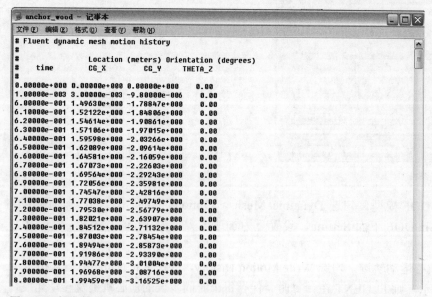

图 4-26　保存的质心轨迹文件

**Step 13**　设置理想网格尺寸，单击 Meshing Options，在 Cell Heigh 中输入 0.2，单击 Create 按钮确定。单击 Close 按钮退出。

**Step 14**　设置多相流模型。本例中船锚落入水中，水与空气之间存在明显分界面，采用 VOF 模型进行求解。在材料库中添加液体水（water-liquid<h2ol>）。

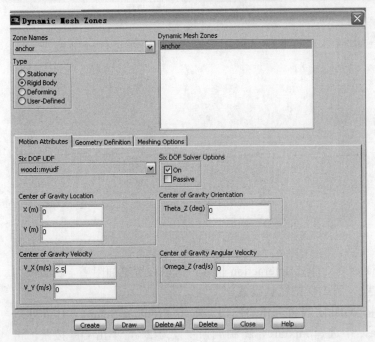

图 4-27 设置方块运动对话框

Step 15 启动并设置 VOF 模型。单击 Problem Setup > Models > Multiphase-Volume of Fluid，在弹出的对话框中选择 Volume of Fluid，在 Scheme 中选择 Explicit（显式求解），其余保持默认设置，如图 4-28 所示，单击 OK 按钮确认。

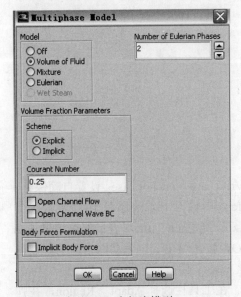

图 4-28 启动 VOF 多相流模型

Step 16 设置各相材料及属性。单击 Problem Setup > Phases，在中间对话框中单击 Phase1，在 Name 中输入 air，在 Phase Material 中选择 air，如图 4-29 所示，同样操作，将第二相设为水，命名为 water。

图 4-29　设置主相与第二相材料

Step 17　在中间对话框 Phases 中，单击 Interaction 按钮，可以设置壁面附着、表面张力系数等参数，由于本例不涉及这些，所以保持默认设置。

Step 18　设置边界条件。将 outside 设置为压力出口。单击 Problem Setup > Boundary conditions，单击 outside，在 Phase 中选择 mixture，将湍流强度设为 2%，单击 OK 按钮，再在 Phase 中选择 water，单击 Edit，在 Multiphase 中设置 Backflow Volume Fraction 为 0，表示出口全是空气，如图 4-30 所示。

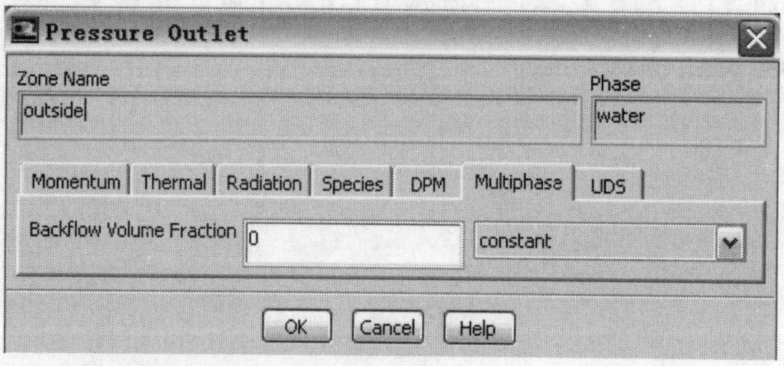

图 4-30　设置出口回流体积分数

Step 19　设置收敛精度。这里保持默认收敛精度。

Step 20　设置松弛因子。这里松弛因子保持默认。

Step 21　保存文件并设置自动保存。单击 File > Write case > anchor.case。设置自动保存，File > Write > Autosave，在 Save Date File Every(Time Steps)中输入 10，表示每 10 个步长，自动保存一次。在 when the Date File is Saved,save the Case 选择 Each Time，表示保存结果 date 文件时，也同时保存 case 文件，如图 4-31 所示，单击 OK 按钮退出。因为动网格运动，使得每个时间步长的 case 文件也不相同，因此需要同时保存 case 文件。

Step 22　初始化流场。首先标记水所占据的区域。在工具栏选择 Adapt > Region，在弹出的对话框中按图 4-31 所示设置。表示初始区域的 x、y 方向最大、最小范围，单击 Mark，单击 Close 退出。初始化流场：Problem Setup > Solution Initialization，单击 Patch，在右下角 Registers to patch 选择刚刚标记的区域，在左侧 Phase 下面选择 water，单击下方 Volume Fraction，在 Value 中输入 1，单击 Patch 按钮，如图 4-32 所示。单击 Initialize。

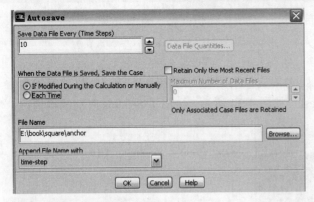

图 4-31　设置自动保存

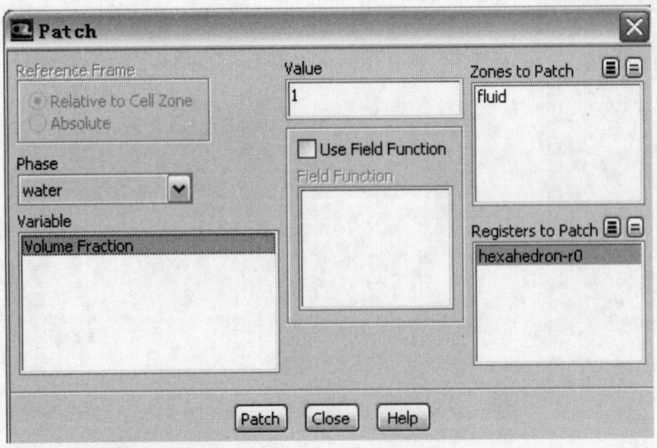

图 4-32　初始化水域

**Step 23**　迭代计算。单击 Problem Setup > Run Calculation，在 Time Step Sizes(s)中输入 0.01，表示时间步长是 0.01s，在 Number of Time Steps 中输入 10000，表示总共计算 10000 个步长。在 Max Iterations/Time Step 中输入 20，表示每个时间步长迭代 20 步，如图 4-33 所示，单击 Calculate 按钮。

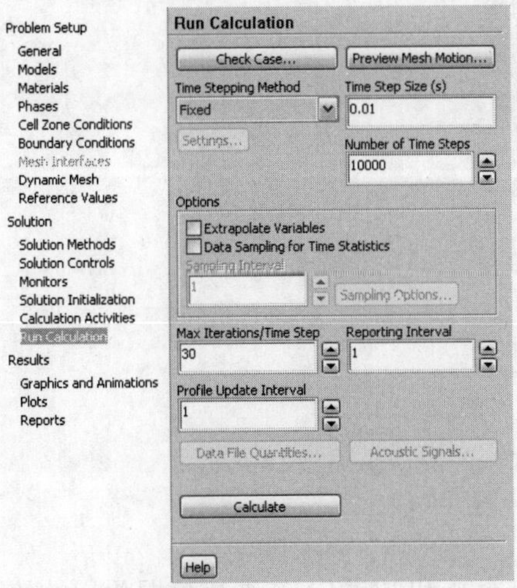

图 4-33　设置迭代计算

Step 24 迭代至 4s 右时锚落到最底部,此时出现负体积网格,计算结束。

### 4.3.3 FLUENT 查看流场结果

Step 1 读者可以读取自动保存的 case/date 文件来查看某时刻速度、压力、网格等参数。例如查看网格变形情况:单击 Display > Mesh,如图 4-34 所示,给出了 t=0.96s 时的网格情况。

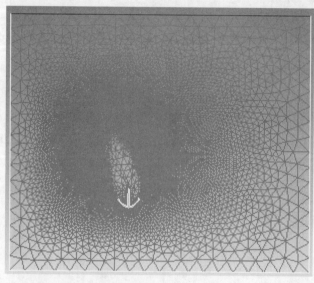

图 4-34 t=1.8s 网格重构图

Step 2 查看某时刻气液界面分布。单击 Display > Contours >Phase> water,如图 4-35 所示,为 t=0.96s 的速度场分布。

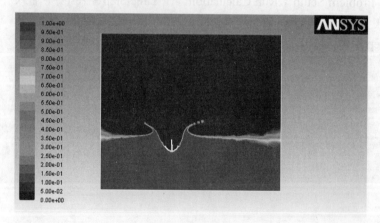

图 4-35 t=1.8s 时界面分布

### 4.3.4 利用 Tecplot 进行流场后处理

Tecplot 是一款通用曲线绘制、数据处理软件,它具有直接和 FLUENT 进行数据传递的接口，因此在流场计算后处理中应用较多。下面介绍 Tecplot 处理方块落体流场的过程，本节所用的 Tecplot 版本是 Tecplot 360。

Step 1　启动 Tecplot，并选择数据类型。双击 Tecplot 图标，进入 Tecplot 界面，在菜单栏中选择 Flie > Load Date Files，在弹出的对话框中选择 Fluent Data Loader，如图 4-36 所示，单击 OK 按钮。

图 4-36　选择导入 FLUENT 文件

Step 2　批量导入 FLUENT 文件。在 Fluent Data Loader 对话框中选择 Load Multiple Case and Data Files，单击 Add Files 按钮，在弹开的对话框中选中批量保存好的 case 和 data 文件，单击 Add To List，然后单击 Open Files，如图 4-37 所示，然后单击 OK 按钮，则完成了 FLUENT 文件的导入，此时需要等待一段时间。

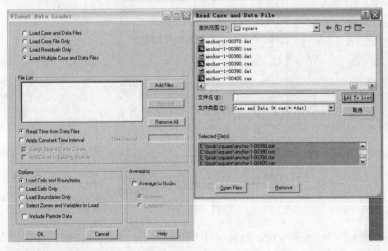

图 4-37　添加 FLUENT 文件

Step 3　查看网格变形。导入 FLUENT 文件后，在左侧 Zone 对话框中，将 Edge 的勾选取消，表示不显示边框轮廓，勾选 Mesh，表示显示网格，然后单击 Time 下面的标尺滑块，则可以查看某一时刻的网格，如图 4-38 所示，单击 ▶ 则可以查看网格变形的动态过程。

231

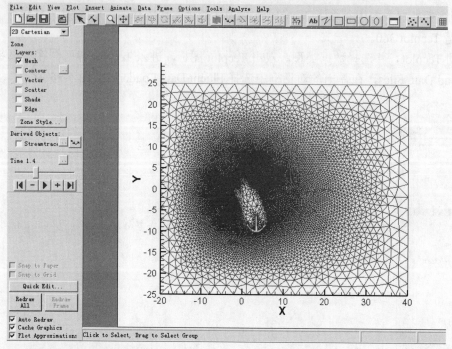

图 4-38 Tecplot 查看网格变形

**Step 4** 查看速度场。Tecplot 只给出了各个方向的分速度大小,因此首先需要计算合速度,在上方工具栏中单击 Analyze > Calculate Variables,在弹出的对话框中选择 Select,在 Select Function 中选择 Velocity Magnitude,单击 OK 按钮,如图 4-39 所示,再单击 Calculate 按钮。

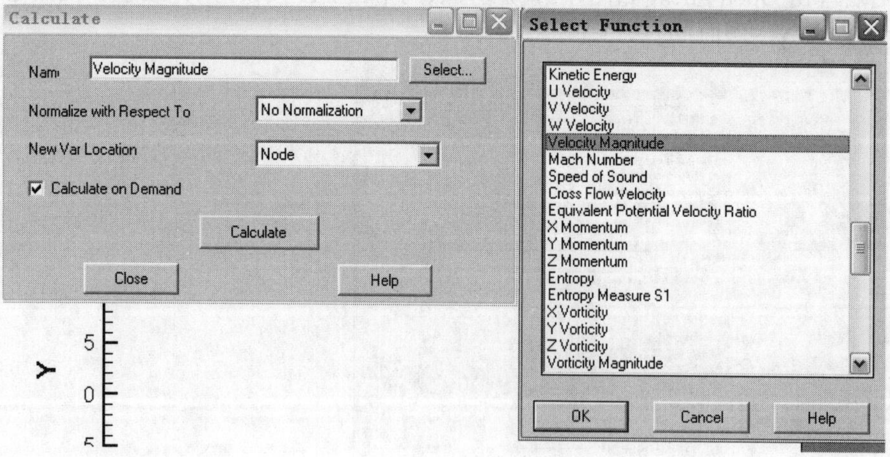

图 4-39 计算合速度

**Step 5** 显示某时刻速度分布。勾选左侧 Zone Layers 中的 Contour,单击 按钮,在弹出的对话框 Var 中选择 Velocity Magnitude,展开 More,单击 Legend 设置图例,在左下角 Legend Box 框中选择 No Box,表示不加外边框,在 Alignment 中选择 Horizontal,表示水平放置,如图 4-40 所示,单击 Close 按钮。单击工具栏中的 ,然后单击图例彩带,则可以拖动图例到合适的位置。拖动左侧时间进度条,可以查看某一时刻的速度分布,如图 4-41 所示为 1.4s 速度分布。

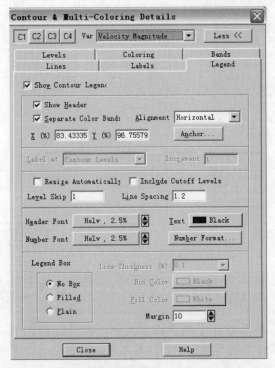

图 4-40 设置显示速度场及图例

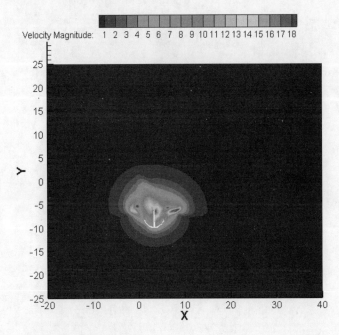

图 4-41 1.4s 速度分布

Step 6 保存动画。在工具栏中选择 Animate > Time，在 Destination 中选择 To File，在 File 中选择 AVI，单击 Generate Animation File 按钮，在弹出的对话框中单击 OK 按钮，如图 4-42 所示，然后选择保存路径以保存动画文件。

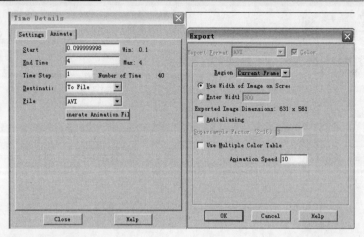

图 4-42　保存动画

## 4.4　本章小结

　　本章首先简单介绍了网格重构的基本流程，然后给出了两个演示实例，软件分别使用 CFX+ICEM CFD 和 FLUENT。本章的目的是让读者掌握动网格分析的基本思路和方法。对于某些需要大变形的双向流固耦合分析问题，读者可以参考此章内容加以改进应用。

# ANSYS 流固耦合工程实例

前面章节分别就单向、双向流固耦合分析以及动网格分析做了简单讲解并给出了多个示例，为便于讲解和分析，其中很多模型和参数与实际项目有很大差异，为加深学习和理解，本章特介绍几个流固耦合分析的实际工程应用案例。其中除了单向流固耦合分析还包括一种特殊的流固耦合分析。"特殊"是指分析中没有固体分析部分，所谓的"固"是指通过动力学方程来模拟刚体在流体作用下的运动特性，而固体部分本身不发生形变。此类分析在流控机械或部件中有广泛应用，如各式安全阀、止回阀和泄压阀的开启分析等。

特殊流固耦合分析中的固体运动方程形式简单，大都是基于牛顿第二方程推导所得。关于特殊流固耦合分析中的固体运动方程，FLUENT 采用 UDF 制定、编译用户自定义方程，而 CFX 采用 CEL 或者 User FORTRAN 来实现类似方程。

本章内容包括：
- ✓ 某型号离心泵分析
- ✓ 泄压阀动态特性分析
- ✓ 止回阀动态分析
- ✓ 滑动轴承玻璃轴瓦强度分析

## 5.1 某型号离心泵分析

本例通过对某型号离心泵进行单向耦合分析来熟悉流固耦合在水泵分析中的应用。通常，离心泵叶轮的水力模型开发过程中，设计人员首先根据自己的经验设计一套或者一组水力模型，通过 CFD 数值模拟优选后得到最好的水力性能后，再验证其强度等可靠性，因此，本例中先在 CFX 中进行纯流场分析，最后在已有 CFX 结果文件的基础上进行离心叶轮的强度等校核。同时，由于叶轮叶片曲面较为复杂，在本例中，所有模型（流场模型及固体分析模型）的三维建模均在第三方软件 Pro/E 中完成，流体分析在 CFX 中设置，结构分析在 Static Structural (ANSYS)中设置。教程从网格划分开始，到流体分析设置、结构分析设置、最终的结果显示，一步步进行讲解。读者通过本章可学习到：
- 水泵自由网格划分技巧

- CFX 中旋转模型的应用
- 单向流固耦合的设置
- 流体分析和固体分析的结果后处理

## 5.2 问题描述

流场模型由离心叶轮水体和蜗壳水体组成；结构模型由离心叶轮、叶轮螺母和轴组成。设计流量为 120 方/小时，设计扬程为 65 米。流场和结构模型如图 5-1 所示。

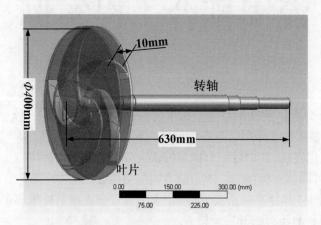

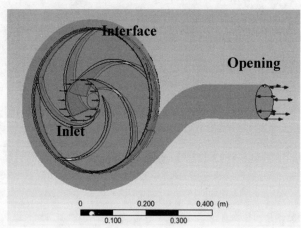

图 5-1 离心泵模型

本例中水泵模型在 Pro/E 中完成，但由于过程太过复杂，分析过程忽略建模过程，从划分网格讲起。

### 5.2.1 网格划分

首先，对流场模型进行网格划分，因为网格不是本书的重点，这里只做大概步骤的讲解。

Step 1 打开 ICEM，单击界面左上角的菜单 File> Geometry>Open Geometry，如图 5-2 所示，找到素材包中自带的素材文件 pump_fluid.tin 文件。

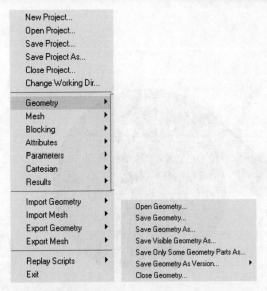

图 5-2　导入模型菜单

**Step 2** 打开 ICEM 界面上方工具栏中的 Mesh> Part Mesh Setup，如图 5-3 所示进行设置。

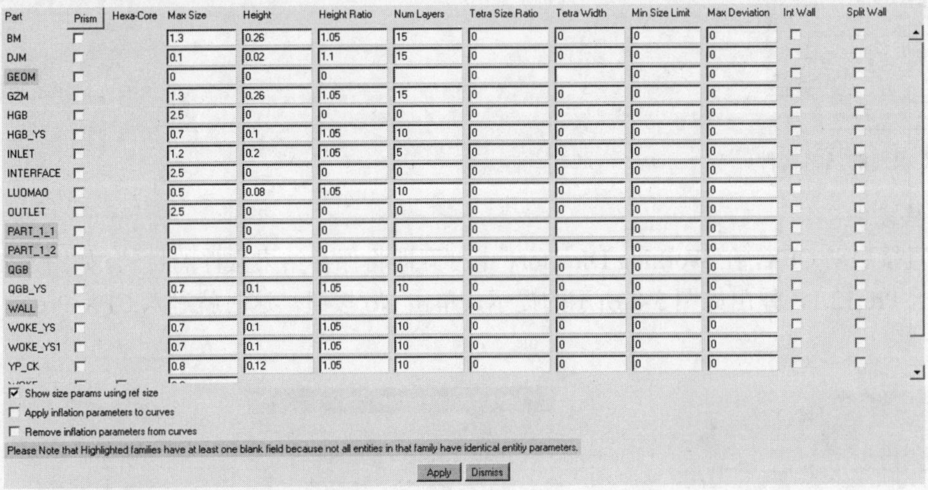

图 5-3　设置 Part Mesh Setup 参数

**Step 3** 打开 ICEM 界面上方 Mesh>Compute Mesh，单击 Compute，如图 5-4 所示。最后生成的网格如图 5-5 所示。

**Step 4** 输出网格，单击界面上方的 Output，该菜单下有 4 个图标，，单击第一个图标后，具体设置如图 5-6 所示，再单击第四个图标最终输出网格文件。

## 5.2.2　流体分析设置

本节主要讲述设置边界条件和求解器属性，主要包括：设置分析类型、创建流体域并设定初始值、设置边界条件、设置求解器控制和设置输出属性。

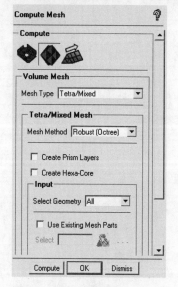

图 5-4　网格计算界面　　　　图 5-5　模型整体最终网格效果图

图 5-6　输出 CFX 识别的网格文件

1. 读入网格文件

**Step 1**　直接启动 CFX，在 Working Directory 中打开即将保存结果文件的目录，如图 5-7 所示，单击 CFX-Pre 12.1，弹出如图 5-8 所示的提示，单击 No 按钮，这时就进入 CFX-Pre 前处理。

图 5-7　打开 CFX 后的主界面　　　　图 5-8　弹出对话框

**Step 2**　单击 File>New Case，弹出 Simulation Type 选择对话框，默认选择 General，单击 OK 按钮。读入网格文件，右击左边 Tree 栏中的 Mesh>Import Mesh>ICEM CFD，打开前面保存的网格文件，如图 5-9 所示。

2. 设置分析类型

这里为标准的单向耦合，流场分析为定常分析，所以 Analysis Type 可以保持默认设置。

3. 创建流体域并设置初始条件

离心泵中叶轮为旋转部件，蜗壳为静止部件。这里创建两个流体域，叶轮流场域如表 5-1 所示，蜗壳流场域参数如表 5-2 所示。

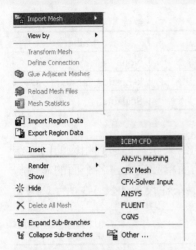

图 5-9　读入网格文件

表 5-1　叶轮流场域的相关参数设置

| Tab | Setting | Value |
| --- | --- | --- |
| Basic Settings | Fluid and Particle Definitions | Water |
| | Fluid and Particle Definitions > Air > Material | Water |
| | Morphology > Option | Continuous |
| | Domain >Pressure >Reference Pressure | 1 [atm] |
| | Buoyancy > Option | Non Buoyant |
| | Domain Motion > Option | Rotating |
| | Domain Motion > Angular Velocity | -1470 [rev min^-1] |
| | Axis Definition > Option | Coordinate Axis |
| | Axis Definition > Rotation Axis | Global Z |
| | Domain Models > Mesh Deformation > Option | None |
| Fluid Models | Heat Transfer > Option | None |
| | Turbulence > Option | k-Epsilon |
| | Turbulence > Wall Function | Scalable |

表 5-2　蜗壳流场域的相关参数设置

| Tab | Setting | Value |
| --- | --- | --- |
| Basic Settings | Fluid and Particle Definitions | Water |
| | Fluid and Particle Definitions > Air > Material | Water |
| | Morphology > Option | Continuous |
| | Domain > Pressure >Reference Pressure | 1 [atm] |
| | Buoyancy > Option | Non Buoyant |
| | Domain Motion > Option | Stationary |
| | Domain Models > Mesh Deformation > Option | None |

| Tab | Setting | Value |
|---|---|---|
| Fluid Models | Heat Transfer > Option | None |
| | Turbulence > Option | k-Epsilon |
| | Turbulence > Wall Function | Scalable |

#### 4. 设置边界条件

为了方便后续的流固耦合分析，具体说就是将 CFX 计算的结果完整传递到相应的固体结构面上，CFX 设置中需要将流体域中与固体结构部分相接触的面单独定义，各个面的命名与位置请参照下载素材包中的源文件自行理解。叶轮流场域的边界条件设置如表 5-3 所示，蜗壳流场域的边界条件设置如表 5-4 所示。

表 5-3  叶轮流场域的边界条件设置

| Name | Setting | Value |
|---|---|---|
| inlet | Basic Setting > Boundary Type | Inlet |
| | Basic Setting > Location | INLET |
| | Boundary Details > Mass And Momentum > Option | Normal Speed |
| | Boundary Details > Mass And Momentum > Normal Speed | 2.9473 [m s^-1] |
| | Boundary Details > Turbulence > Option | Intensity and Length Scale |
| | Boundary Details > Turbulence > Fractional Intensity | 0.05 |
| | Boundary Details > Turbulence > Eddy Length Scale | 120 [mm] |
| hgb | Basic Setting > Boundary Type | Wall |
| | Basic Setting > Location | HGB |
| | Boundary Details > Mass And Momentum > Option | No Slip Wall |
| | Boundary Details > Wall Roughness > Option | Rough Wall |
| | Boundary Details > Wall Roughness > Sand Grain Roughness | 0.025 [mm] |
| qgb | Basic Setting > Boundary Type | Wall |
| | Basic Setting > Location | QGB |
| | Boundary Details > Mass And Momentum > Option | No Slip Wall |
| | Boundary Details > Wall Roughness > Option | Rough Wall |
| | Boundary Details > Wall Roughness > Sand Grain Roughness | 0.025 [mm] |
| luomao | Basic Setting > Boundary Type | Wall |
| | Basic Setting > Location | LUOMAO |
| | Boundary Details > Mass And Momentum > Option | No Slip Wall |
| | Boundary Details > Wall Roughness > Option | Rough Wall |
| | Boundary Details > Wall Roughness > Sand Grain Roughness | 0.025 [mm] |
| yepian | Basic Setting > Boundary Type | Wall |
| | Basic Setting > Location | BM,DJM,GZM,YP_CK |
| | Boundary Details > Mass And Momentum > Option | No Slip Wall |
| | Boundary Details > Wall Roughness > Option | Rough Wall |
| | Boundary Details > Wall Roughness > Sand Grain Roughness | 0.025 [mm] |

设置完这些边界条件之后，所有与固体结构部分相接触的面都已经定义好，剩余的保持默认即可。

表 5-4 蜗壳流场域的边界条件设置

| Name | Setting | Value |
| --- | --- | --- |
| outlet | Basic Setting > Boundary Type | Opening |
| | Basic Setting > Location | OUTLET |
| | Boundary Details > Mass And Momentum > Option | Opening Pres. and Dirn |
| | Boundary Details > Mass And Momentum > Relative Pressure | 620000 [Pa] |
| | Boundary Details > Flow Direction > Option | Normal to Boundary Condition |
| | Boundary Details > Turbulence > Turbulence | Medium (Intensity = 5%) |

这里蜗壳不作为计算的重点，只需要设置出口边界条件，其他的保持默认即可。

5．设置动静耦合交接面

单击 CFX-Pre 界面上方工具栏中的 按钮，插入一组 interface，采用默认名称，动静耦合交界面的相关设置如表 5-5 所示。

表 5-5 动静耦合交界面的相关设置

| Setting | Value |
| --- | --- |
| Basic Setting > Interface Type | Fluid Fluid |
| Basic Setting > Interface Side 1 > Domain(Filter) | woke |
| Basic Setting > Interface Side 1 > Region List | Primitive 2D E |
| Basic Setting > Interface Side 1 > Domain(Filter) | yelun |
| Basic Setting > Interface Side 1 > Region List | INTERFACE_2 |
| Basic Setting > Interface Models > Option | General Connection |
| Basic Setting > Frame Change/Mixing Model > Option | Frozen Rotor |
| Basic Setting > Pitch Change > Option | Specified Pitch Angles |
| Basic Setting > Pitch Change > Pitch Angle Side 1 | 360 [degree] |
| Basic Setting > Pitch Change > Pitch Angle Side 1 | 360 [degree] |
| Basic Setting > Mesh Connection > Option | GGI |

6．流场初始化

单击 CFX-PRE 界面上方工具栏中的 按钮，如表 5-6 所示。

表 5-6 流场初始化的相关设置

| Setting | | Value |
| --- | --- | --- |
| Global Settings > Frame Type | | Stationary |
| Global Settings > Initial Conditions > Velocity Type | | Cartesian |
| Global Settings > Cartesian Velocity Components | Option | Automatic with Value |
| | U | 0 [m s^-1] |
| | V | 0 [m s^-1] |
| | W | 2.9473 [m s^-1] |

续表

| Setting | Value | |
|---|---|---|
| Global Settings > Static Pressure > Option | Automatic | |
| Global Settings > Turbulence > Option | Intensity and Length Scale | |
| Global Settings > Turbulence > Fractional Intensity | Option | Automatic with Value |
| | Value | 0.05 |
| Global Settings > Turbulence > Eddy Length Scale | Option | Automatic with Value |
| | Value | 120 [mm] |

7. 求解控制设置

双击 CFX-Pre 左边 Tree 栏中的 Solver Control ，如表 5-7 所示进行修改。

表 5-7 流场初始化的相关设置

| Setting | Value | |
|---|---|---|
| Basic Settings > Advection Scheme > Option | High Resolution | |
| Basic Settings > Turbulence > Option | First Order | |
| Basic Settings > Convergence Control | Min. Iterations | 1 |
| | Max. Iterations | 1000 |
| Basic Settings > Fluid Timescale Control | Timescale Control | Auto Timescale |
| | Length Scale Option | Conservative |
| | Timescale Factor | 1.0 |
| Basic Settings > convergence Criteria | Residual Type | RMS |
| | Residual Target | 1E-4 |

设置完成之后，单击 CFX-Pre 上方工具栏的保存图标，保存计算文件。

8. CFX 求解器设置

Step 1 返回到 ANSYS CFX-12.1 Launcher 主界面，单击 CFX-Solver Manager 12.1，进入 CFX 求解器的界面，单击上方工具栏的左边第一个按钮，弹出如图 5-10 所示的对话框。

Step 2 在 Solver Input File 中找到刚刚保存的 CFX-Pre 文件，Working Directory 中的路径为保存路径（读者可以在这里进行更改，也可以在打开求解器之前在 CFX 主界面里更改路径）。

Step 3 为了加快计算速度，可以进行并行计算，在 Run Mode 中选择 HP MPI Local Parallel，在其下方选择进行并行计算的 CPU 的数量（此例中为 2）。

Step 4 全部设置完之后单击 Start Run。经过 800 多步的计算达到收敛标准，残差收敛曲线如图 5-11 所示。

9. CFX-Post 后处理

当求解器收敛到设置收敛精度后将自动停止，弹出的对话框如图 5-12 所示，勾选 Post-Process Results 前面的方框，这时将自动进入 CFX 后处理界面，并弹出如图 5-13 所示的对话框，直接单击 OK 按钮，导入所有流场域的计算结果。

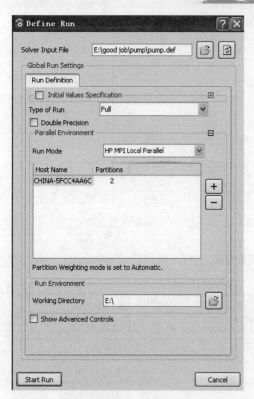

图 5-10 求解器设置

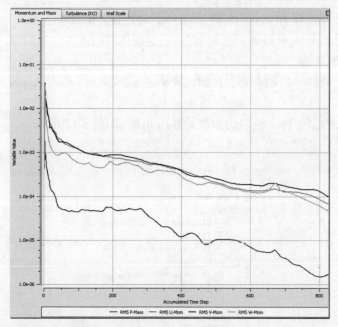

图 5-11 迭代曲线

**Step 1** 打开 CFX 后处理左上方的 Calculators 标签,选择 Function Calculator。计算表 5-8 中的数据。

图 5-12 求解收敛后弹出的对话框内容

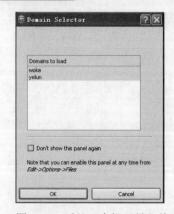

图 5-13 后处理中提示导入体选择对话框

表 5-8 外特性预测相关数据

| Function | Location | Variable/Axis | Results |
|---|---|---|---|
| massFlowAve | outlet | Total Pressure | 642065[Pa] |
| massFlowAve | inlet | Total Pressure | -43885.2[Pa] |
| torque | yepian | Z | 202.221 [N m] |
| torque | qgb | Z | 1.6335 [N m] |
| torque | luomao | Z | 0.0009 [N m] |
| torque | hgb | Z | 0.87 [N m] |

**Step 2** 根据以上数据可以计算出：扬程为 70m，效率为 72.5%。证明设计基本满足要求。叶轮叶片的压力分布等情况是一般设计人员最为关心的部分，也是获得好的水力性能的保证，下面就计算获得叶片表面压力分布。

**Step 1** 单击 CFX 后处理上方工具栏中的 按钮，具体设置如图 5-14 所示，单击 Apply 按钮。

**Step 2** 为了更好地显示，勾选左边的 Tree 栏中的曲面 hgb 和 qgb，如图 5-15 所示。

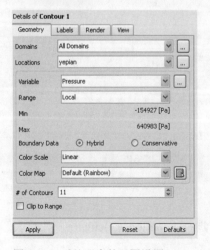

图 5-14 后处理中的云图设置

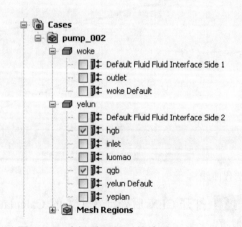

图 5-15 选择需要显示的边界

**Step 3** 双击 hgb,在细节栏中选择 Render 标签,勾选 Show Face,并在 Transparency 中输入 0.7,设置其透明度,如图 5-16 所示。

最终处理出来的效果图如图 5-17 所示。可以看出在叶片背面靠近进口边处压力最小,也是叶片最容易出现气蚀的位置,在叶片出口边附近压力最大。

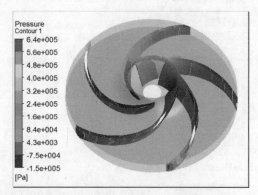

图 5-16 边界 hgb 具体属性设置　　　　　　图 5-17 叶片表面压力云图分布

### 5.2.3 结构分析设置

在分析了水泵的流动特性之后,下面将进行强度校核、变形计算等。

**1. 创建分析项目**

**Step 1** 启动 ANSYS Workbench。

**Step 2** 选择 File > Save(单击 Save 按钮■)。出现"另存为"对话框,选择存储路径保存项目文件。输入 pumpfsi 作为文件名,然后保存该文件。

**Step 3** 展开位于 ANSYS Workbench 左侧的 Toolbox 中的 Custom Systems 选项,选择 FSI:Fluid Flow(CFX)->Static Structural 模块,双击此模块,或者拖动此模块到 Project Schematic,创建一个独立的分析模块,如图 5-18 所示。

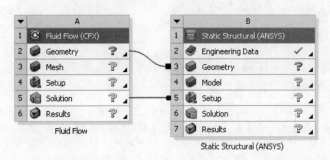

图 5-18 耦合工作流程图

因为之前的流体分析并不是在 ANSYS Workbench 的流体模块进行的,所以需要将之前完成的流场分析导入到流体模块,并进一步导入结构分析模块作为边界条件。下面将介绍如何导入流场分析结果文件和固体结构文件。

**Step 4** 在 Fluid Flow(CFX) 模块,右击 Solution 单元,然后选择 Import Solution…(如图 5-19 所示),找到之前保存的流场结果文件(后缀名为.res),单击"打开"按钮。

图 5-19 导入已有结果文件

**Step 5** 在 Static Structural(ANSYS)模块，右击 Geometry 单元，然后选择 Import Geometry>Browse，找到素材包中的素材文件 Geom.agdb，单击"打开"按钮。

**Step 6** 最终，Project Schematic 中的两个模块如图 5-20 所示。保存分析文件，选择主菜单的 File > Save 保存文件。

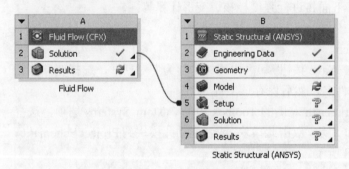

图 5-20 导入已有流场结果文件后的显示效果图

2．添加材料

创建完项目之后，接下来就需要添加新材料，因为本例中叶轮、轴和叶轮螺母的材料均为 Structural Steel，所以本例中不需要添加新材料，直接调用即可。

3．非结构网格划分

**Step 1** 双击结构分析模块中的 B4 Model，或者右击结构分析模块中的 B4 Model，选择 Edit，如图 5-21 所示。

**Step 2** 因为叶轮划分结构网格具有一定的难度，本例采用非结构网格进行计算。单击 Project > Model > Mesh，左下方显示 Details of "Mesh"，如图 5-22 所示，展开 Sizing 栏，在 Use Advanced Size Function 中选择 On: Proximity and Curvature。

**Step 3** 右击 Mesh，在快捷菜单中选择 Generate Mesh，生成网格。至此，网格划分完毕。

4．指定材料

在 Mechanical 中，展开 Project > Model > Geometry，可以看到有三个 Solid 存在。单击

每个 Solid，左下方出现每个 Solid 的具体属性，如图 5-23 所示，通过 Material > Assignment 将材料设置为 Structural Steel。

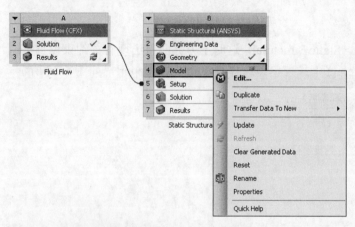

图 5-21　进入结构模块中进行编辑

| Details of "Mesh" | |
|---|---|
| **Defaults** | |
| **Sizing** | |
| Use Advanced Size Function | On: Proximity and Curvature |
| Relevance Center | Coarse |
| Initial Size Seed | Active Assembly |
| Smoothing | Low |
| Transition | Fast |
| Span Angle Center | Coarse |
| Curvature Normal Angle | Default (70.3950 °) |
| Proximity Accuracy | .5 |
| Num Cells Across Gap | Default (3) |
| Min Size | Default (4.5799e-004 m) |
| Max Face Size | Default (4.5799e-002 m) |
| Max Tet Size | Default (9.1598e-002 m) |
| Growth Rate | Default (1.850 ) |
| Minimum Edge Length | 1.e-003 m |
| **Inflation** | |
| **Advanced** | |
| **Pinch** | |
| **Statistics** | |

图 5-22　结构部分网格设置参数

| Details of "Solid" | |
|---|---|
| **Graphics Properties** | |
| **Definition** | |
| Suppressed | No |
| Stiffness Behavior | Flexible |
| Coordinate System | Default Coordinate System |
| Reference Temperature | By Environment |
| **Material** | |
| Assignment | Structural Steel |
| Nonlinear Effects | Yes |
| Thermal Strain Effects | Yes |
| **Bounding Box** | |
| **Properties** | |
| **Statistics** | |

图 5-23　设置结构部分材料属性

#### 5. 基本设置

展开 Project > Model > Transient，选择 Analysis Settings，本例为单向流固耦合计算，采用默认设置即可。

#### 6. 载荷/约束设置

**Step 1** 展开 Project > Model > Static Structural，这时上方界面将出现有关约束设置等选项图标，如图 5-24 所示。单击 Supports 下拉菜单，选择 Cylindrical Support，如图 5-25 所示。

图 5-24 结构静力学工具栏和菜单栏

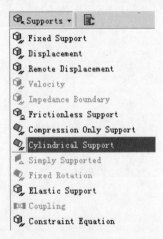

图 5-25 约束项下拉菜单

**Step 2** 在 Details of "Cylindrical Support"中，单击 Geometry 右边栏（如图 5-26 所示），选择图 5-27 中的两组面，单击 Apply 按钮，并将 Details of "Cylindrical Support"中的 Tangential 选项改成 Free（图 5-26），至此，轴承约束设置完毕。

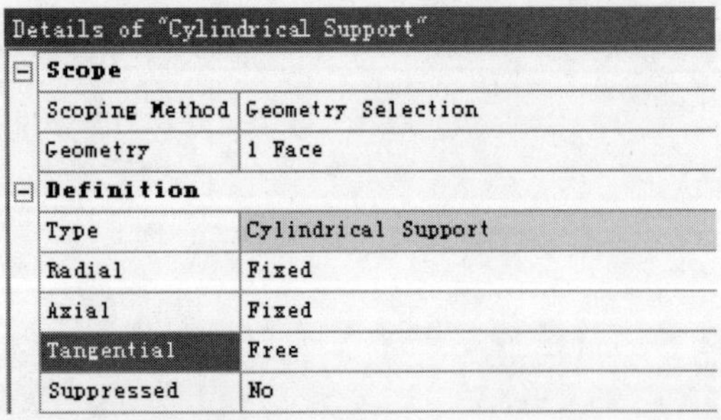

图 5-26 圆柱支撑设置细节

**Step 3** 单击图 5-24 中的 Inertial，展开下拉菜单（如图 5-28 所示），选择 Rotational Velocity，并在 Details of "Rotational Velocity"中的 Magnitude 一栏中输入 153.93 rad/s(ramped)。单击 Axis 右边栏，在图形显示界面中选择图 5-29 所示的圆环面，单击 Apply 按钮，这时图形显示界面

会出现表示旋转方向的箭头，如图 5-30 所示。

图 5-27　设置圆柱支撑后图形界面显示效果图

> **注意**　确认叶轮的旋转方向是否正确，如果旋向反了，可以将 Magnitude 一栏中转速改成负值。

图 5-28　惯性约束下拉菜单

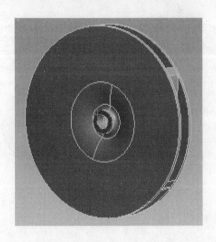

图 5-29　选择叶轮上垂直于轴线的圆环面　　　图 5-30　设置完旋转后的图形界面显示效果图

### 7. 流固耦合面设置

**Step 1**　展开 Project > Model > Static Structural(C5) > Imported Load(Solution1) >Imported Pressure，在 Details of "Imported Pressure"中，Geometry 选择与之前 CFX 中设置边界条件相对应的面，在 CFD Surface 中通过下拉箭头选择对应的面。比如为叶轮叶片加载 CFX 结果文件，在 Details of "Imported Pressure"的 Geometry 中选择叶片的 20 个表面，如图 5-31

249

所示，在 CFD Surface 中选择之前在 CFX 中定义的边界面 yepian。

图 5-31 选择流固耦合交接面

Step 2 展开 Project > Model > Static Structural(C5)，右击 Imported Load(Solution1)，选择 Insert > Pressure（如图 5-32 所示），创建一组新的流固耦合面。

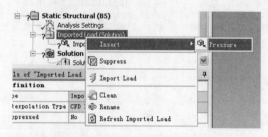

图 5-32 创建一组新的流固耦合交接面

Step 3 以此类推，本例中共需要建立四组面，即叶片表面、叶轮后盖板内表面、叶轮前盖板内表面、叶轮螺母与水接触面。因为本例并不是全流场计算，即没有考虑泵腔内的流场，所以一共只需要建立四组流固耦合面。

Step 4 至此，结构分析设置已经基本完成，此时左边的 Outline 栏如图 5-33 所示。最后，单击 Static Structural(B5)，可以查看所有设置（如图 5-34 所示），检查设置是否有误。

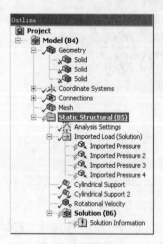

图 5-33 设置完后的树形栏

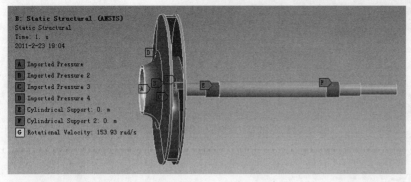

图 5-34　设置完后的图形界面显示效果

8．结构分析求解

Step 1　右击 Solution(B6)，选择 Solve，这时开始进行求解，如图 5-35 所示。

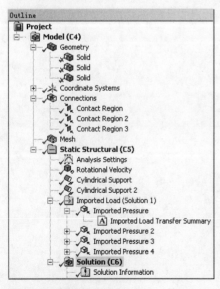

图 5-35　开始进行求解

Step 2　待求解自动结束，Outline 一栏中各个标签前的图标将全部变成绿色的"√"号，如图 5-36 所示。

图 5-36　求解自动结束

Step 3　在图形显示界面中选择叶片的 20 个表面并在图上右击，选择 Insert > Deformation > Total，如图 5-37 所示，即计算叶片的总位移大小。

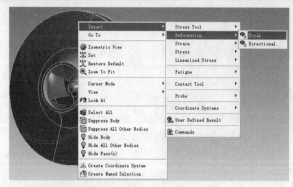

图 5-37 插入具体的求解分析选项

**Step 4** 再次选中叶片的 20 个表面并在图上右击，选择 Insert > Stress > Equivalent (Von-Mises)，即计算叶片表面的等效应力。

**Step 5** 此时右击 Solution(C6)，选择 Evaluate All Results。待求解结束，单击刚刚插入的两个求解量（叶片表面的总变形和等效应力），如图 5-38 和图 5-39 所示。结果证明叶轮满足变形和强度要求，退出并保存结果文件。

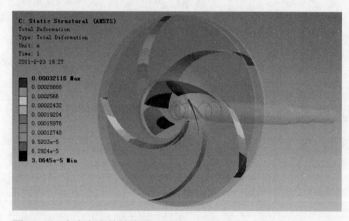

图 5-38 叶片表面的总变形

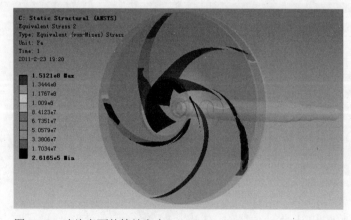

图 5-39 叶片表面的等效应力

## 5.3 泄压阀动态特性分析

本例通过泄压阀振动分析来演示动网格及 CEL 在 FSI 中的应用。整个分析都在 Fluid Flow (CFX)中设置，其中，结构部分通过 CEL 定义弹簧刚度方式实现，辅以 CFX 动网格技术模拟泄压阀的振动特性。教程从 ICEM CFD 网格划分到 CEL 泄压阀阀体动力学方程设置，到流体计算，再到最终的结果显示，一步步进行讲解。读者通过本章可学习到：

- ICEM CFD 网格划分技巧
- CEL 中设置控制方程
- 动网格设置
- 结果后处理

### 5.3.1 问题描述

本例的模型为某型号直动式泄压阀，如图 5-40 所示。与传统的直动式泄压阀/安全阀相似，本模型主要由阀体、阀瓣、弹簧、调节环和管口组成，管口直径 25mm，阀瓣最大行程 4.9mm。要求验证在弹簧无预紧力情况，开口压力为 0.03MPa 环境下阀瓣的动力学特性。

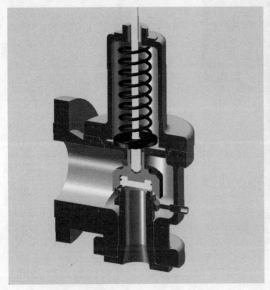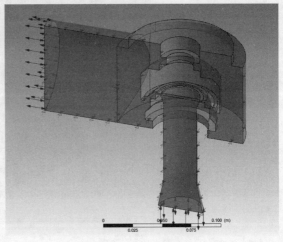

图 5-40 泄压阀模型

本例从网格划分开始讲解，但是由于 ICEM CFD 中网格划分过于繁琐，本例不给出全部划分步骤，只列出重要步骤和相应提示。

**Step 1** 打开 ICEM，单击界面左上角的菜单 File> Geometry>OPEN Geometry（如图 5-41 所示），找到素材包中自带的素材文件 prv_0.tin。

**Step 2** 首先检查导入的几何模型，如果没有问题，开始定义各个面的名称，方便后处理。

**Step 3** 通过 ICEM 界面上方工具栏中的 Blocking 中的 Create Block、Split Block、Associate、Pre-mesh Params 等功能完成全六面体网格的划分，如图 5-42 所示。

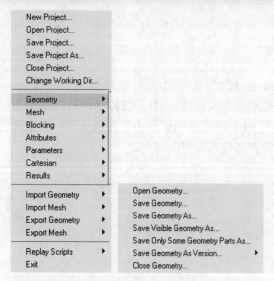

图 5-41　加载几何模型文件

图 5-42　六面体网格划分

**Step 4**　导出 .msh 网格文件后，单击 File > Close Project…退出设置。

**Step 5**　同理，导入素材文件 prv_1.tin，定义各面名称，完成全六面体结构网格划分，并导出 .msh 网格文件，如图 5-43 所示。

**Step 6**　最后，导入素材文件 prv_2.tin，同理，定义各面名称，完成全六面体结构网格划分，如图 5-44 所示，并导出 .msh 网格文件。

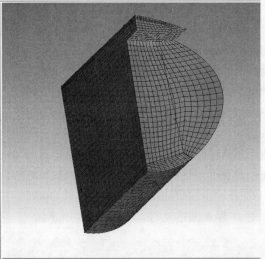

图 5-43　完成 prv_1.tin 的网格划分

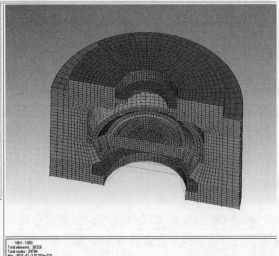

图 5-44　最后完成的网格模型

①为了减少计算费用，本例中使用 1/2 模型，同时为了得到高质量的全六面体结构网格，将 1/2 模型切割为三部分，分别是入口段、主体段和出口段。其中，入口段和出口段因为简单的结构形状，其全六面体结构网格很容易实现。但是因为主体段本身形状较为复杂，全六面体网格的生成稍微有些困难。②ICEM CFD 可以输出多种格式的 CFX 可读取网格模型，本例中选用 .msh 格式。

### 5.3.2 创建 CFX 分析项目

**Step 1** 开始 ANSYS Workbench。在 Windows 系统中单击"开始"菜单，然后选择 All Programs > ANSYS 12.1 > Fluid Dynamic > CFX。

**Step 2** 指定好工作路径，单击 CFX-12.1 图标 进入 CFX-Pre。在 CFX-Pre 中，单击 File > New Case 新建分析项目，选择分析类型为 General，单击 OK 按钮。

**Step 3** 选择 File > Save Case As，把文件另存为 pressure relief valve。

**Step 4** 单击 Save 按钮。

**Step 5** 右击 Outline 下的 Mesh 选项，在弹出的快捷菜单选择 Import Mesh > CFX Mesh。

**Step 6** 在弹出的 Import Mesh 对话框中，Files of Type 选择 ICEM CFD (*cfx,*cfx5,*msh)。

**Step 7** 选择从 ICEM CFD 输出三个 .msh 文件，右上角的 Options 中 Mesh Units 设置为 mm。

**Step 8** 单击 Open 按钮，导入网格文件，如图 5-45 所示。

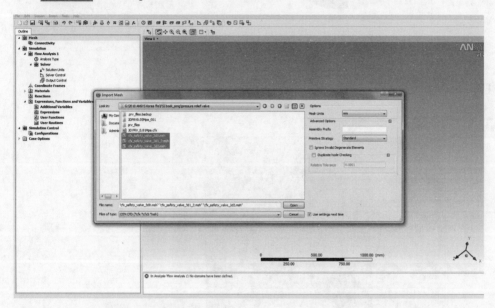

图 5-45 ANSYS CFX-12.1 网格文件的导入

  ICEM CFD 中导入几何模型时有单位设置，但是划分网格后输出的 .msh 网格文件并不包含单位信息，为了使单位保持一致，需要根据 ICEM CFD 导入模型时的单位设置来设定 Mesh Units。

### 5.3.3 流体分析设置

本节主要讲述设置边界条件和求解器属性，主要包括：设置分析类型、定义液体属性、创建液体域、编辑表达式和设置编辑条件。

**1. 设置分析类型**

双击 ANSYS CFX-Pre 中的 Analysis Type 项 Analysis Type，进行如表 5-9 所示的设置，完成后单击 OK 按钮退出。

表 5-9 分析类型的设置

| Tab | Setting | Value |
|---|---|---|
| Basic Settings | Analysis Type > Option | Transient |
| | Coupling Time Control > Coupling Time Duration > Option | Total Time |
| | Coupling Time Control > Coupling Time Duration > Total Time | tTotal[a] |
| | Coupling Time Control > Coupling Time Steps > Option | Timesteps |
| | Coupling Time Control > Coupling Time Steps > Timesteps | tStep[a] |

[a] tTotal 和 tStep 设置后，会有错误提示，这是因为二者还没有在 Expression 中设置，可以先忽略此错误提示。

2. 定义液体属性

单击 Material 图标，在弹出的对话框中输入 M1，然后单击 OK 按钮，然后在左侧的 Detail 属性中进行如表 5-10 所示的设置，完成后单击 OK 按钮退出。

表 5-10 液体属性的设置

| Tab | Setting | Value |
|---|---|---|
| Basic Settings | Option | Pure Substance |
| | Thermodynamic State | (Selected) |
| | Thermodynamic State > Thermodynamic State | Liquid |
| Material Properties | Equation of State > Molar Mass | 15 [kg kmol^-1] |
| | Equation of State > Density | 0.5 [g cm^-3] |
| | Specific Heat Capability > Option | Value |
| | Specific Heat Capability > Specific Heat Capability | 3000 [J Kg^-1 K^-1] |
| | Transport Properties > Dynamic Viscosity | (Selected) |
| | Transport Properties>Dynamic Viscosity>Dynamic Viscosity | 0.00016 [Pa s] |

3. 创建流场域并设置初始条件

为了计算阀瓣的振动特性，必须打开 CFX 中的 Mesh Motion 功能，允许网格变形。双击默认的流场域 Default Domain，进行如表 5-11 所示的设置，完成后单击 OK 按钮退出。

表 5-11 流场域的设置

| Tab | Setting | Value |
|---|---|---|
| Basic Settings | Fluid and Particle Definitions | Fluid 1 |
| | Fluid and Particle Definitions> Fluid 1 > Material | M1 |
| | Domain Models > Pressure > Reference Pressure | 1 [atm] |
| | Buoyancy > Option | Non Buoyant |
| | Domain Models > Mesh Deformation > Option | Regions of Motion Specified |
| | Domain Models>Mesh Deformation>Mesh Motion Model>Option | Displacement Diffusion |
| | Domain Models > Mesh Deformation > Mesh Motion Model>Mesh Stiffness>Option | Value |
| | Domain Models > Mesh Deformation > Mesh Motion Model>Mesh Stiffness>Mesh Stiffness | 10 [m^2 s^-1] |

续表

| Tab | Setting | Value |
|---|---|---|
| Fluid Models | Heat Transfer > Option | Isothermal |
| | Heat Transfer > Fluid Temperature | -50 [C] |
| | Turbulence > Option | k-Epsilon |

4. 编辑表达式

本例中用到的数学公式、推导过程以及最终的表达式与 CFX 中 ball check-valve 教程中的基本相同，不同的是，本例中加入了三个新变量，一个为弹簧预紧力变量，用来模拟初始状态弹簧的压缩力；另外两个位移变量用来控制阀瓣的最大和最小位移，当阀瓣位移超过这个范围时，阀瓣会停止在最大或最小位移上，否则根据计算的位移自动变化。

Step 1 右击 Expressions，在弹出的快捷菜单选择 Insert>Expression，在弹出的对话框键入 p0，然后单击 OK 按钮。在 Definition 中输入 1[MPa]。

Step 2 单击 Apply 按钮完成设置。

Step 3 右击 p0 表达式，选择 Edit in Command Editor。

Step 4 在弹出的 Command Editor 对话框中编辑并设置其他变量。

```
LIBRARY:
CEL:
&replace EXPRESSIONS:
Barea = pi*(12.5 [mm])^2
F0 = P0*Barea*0+kSpring*1[mm]
FFlow = force_y()@ball*2
FFlowx = force_x()@ball*2
Kspring = 22330.0 [N m^-1]
P0 = 1 [MPa]
backP = ave(Absolute Pressure )@ol
dBallDenom = kSpring + mBall/tStep^2
dBallN = dBallNumer/dBallDenom/1[mm]
dBallNew = step(dx)*da*1[mm] + (1-step(dx))*5.0[mm]
dBallNumer = FFlow + mBall*velBallOld/tStep + mBall*dBallOld/tStep^2 -F0
dBallOld = areaAve(Total Mesh Displacement Y)@ball
da = max(dBallN,0)
deltaF = force_y()@ball*2-Kspring*dBallOld
denBall = 7800 [kg m^-3]
dx = 5.0-da
kSpring = 22330.0 [N m^-1]
mBall = denBall * volBall
tStep = 1.0e-4 [s]
tTotal = 2.0e-1 [s]
valvemass = massFlow()@ol*2
velBallOld = areaAve(Mesh Velocity v)@ball
volBall = 9.90748e4 [mm]*(1[mm])^2
END
END
END
```

Step 5 单击 Process 按钮，完成设置。此时右侧的 Expressions 中会显示设置的所有变量，如图 5-46 所示，单击 Close 按钮退出设置。

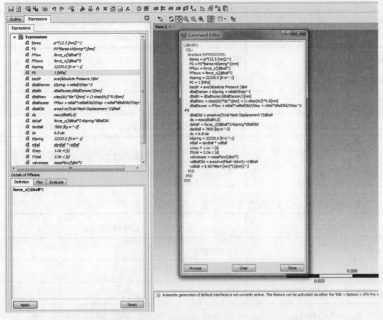

图 5-46 通过 Command Editor 设置表达式

①本例中用到的最大和最小位移限制表达式用 step()函数完成,是一种比较麻烦的设置方式,现在 CFX 提供 if(condition,1,0)设置特定条件变量,更方便。
②需要注意本例为 1/2 模型,部分相关变量如流量、阀瓣所受合力都需要在原基础上乘以 2。

5. 设置边界条件

Step 1  阀瓣可移动 wall 边界的设置。新建一个名为 ball 的边界,对 ball 边界作如表 5-12 所示的设置,完成后单击 OK 按钮确认。

表 5-12  阀瓣可移动 wall 边界的设置

| Tab | Setting | Value |
| --- | --- | --- |
| Basic Settings | Boundary Type | Wall |
|  | Location | BALL |
| Boundary Details | Mass And Momentum > Wall Velocity Relative To | (Selected) |
|  | Mass And Momentum > Wall Velocity Relative To > Wall Vel. Rel. To | Mesh Motion |
|  | Mesh Motion > Option | Specified Displacement |
|  | Mesh Motion > X Component | 0 [m] |
|  | Mesh Motion > Y Component | dBallNew |
|  | Mesh Motion > Z Component | 0 [m] |

Step 2  对称边界的设置。新建一个名为 sym1 的对称边界,对 sym1 边界作如表 5-13 所示的设置,完成后单击 OK 按钮确认。

表 5-13　对称边界的设置

| Tab | Setting | Value |
|---|---|---|
| Basic Settings | Boundary Type | Symmetry |
|  | Location | SYM1[a] |
| Boundary Details | Mesh Motion > Option | Unspecified |

[a]SYM1 为阀主体内腔的对称面，此面需保留对称边界中关于网格动作的默认设置，即 Unspecified。

**Step 3** 再新建一个名为 sym2 的对称边界，对 sym2 边界作如表 5-14 所示的设置，完成后单击 OK 按钮确认。

表 5-14　sym2 对称边界的设置

| Tab | Setting | Value |
|---|---|---|
| Basic Settings | Boundary Type | Symmetry |
|  | Location | SYM2,SYM2 2 [a] |
| Boundary Details | Mesh Motion > Option | Stationary |

[a] SYM2 和 SYM2 2 分别为进口段和出口段对称面，为防止计算错误或意外情况，此面设为 Stationary。

**Step 4** 阀杆边界设置。新建一个名为 bp 的 wall 边界，对 bp 边界作如表 5-15 所示的设置，完成后单击 OK 按钮确认。

表 5-15　阀杆边界的设置

| Tab | Setting | Value |
|---|---|---|
| Basic Settings | Boundary Type | Wall |
|  | Location | BP |
| Boundary Details | Mass And Momentum > Wall Velocity Relative To | (Selected) |
|  | Mass And Momentum > Wall Velocity Relative To > Wall Vel. Rel. To | Boundary Frame |
|  | Mesh Motion > Option | Unspecified [a] |

[a] Unspecified 设置允许网格节点自由移动。BP 边界上的节点移动主要取决于阀瓣 ball 的位移变化。

**Step 5** 阀门入口边界的设置。右击 Flow Analysis 1>Default Domain>Insert>Boundary，在出现的对话框键入 il，然后单击 OK 按钮，在出现的 il 属性框里进行如表 5-16 所示的设置，完成后单击 OK 按钮确认。

表 5-16　阀门入口边界的设置

| Tab | Setting | Value |
|---|---|---|
| Basic Settings | Boundary Type | Opening |
|  | Location | IL |
| Boundary Details | Mass And Momentum > Option | Entrainment |
|  | Wall Roughness > Relative Pressure | 0.05 [MPa] |
|  | Turbulence > Option | Zero Gradient |
|  | Mesh Motion > Option | Stationary |

**Step 6** 阀门出口边界的设置。新建名为 ol 的边界，在出现的 ol 属性框里进行如表 5-17 所示的设置，完成后单击 OK 按钮确认。

表 5-17 阀门出口边界的设置

| Tab | Setting | Value |
| --- | --- | --- |
| Basic Settings | Boundary Type | Opening |
| | Location | OL |
| Boundary Details | Mass And Momentum > Option | Entrainment |
| | Wall Roughness > Relative Pressure | 0 [MPa] |
| | Turbulence > Option | Zero Gradient |
| | Mesh Motion > Option | Stationary |

**Step 7** interface 边界的设置。单击 Domain Interface 图标，建立名为 inter1 的 interface 边界。在出现的 inter1 属性框里进行如表 5-18 所示的设置，完成后单击 OK 按钮确认。

表 5-18 interface 边界的设置

| Tab | Setting | Value |
| --- | --- | --- |
| Basic Settings | Interface Side 1 > Domain(Filter) | Default Domain |
| | Interface Side 1 > Region List | INTER1A |
| | Interface Side 2 > Domain(Filter) | Default Domain |
| | Interface Side 2 > Region List | INTER1B |
| Boundary Details | Interface Models > Option | General Connection |
| | Mesh Connection Method > Mesh Connection > Option | GGI |

**Step 8** 同理，分别建立和设置 inter2 和 inter3 两个 interface。

**注意** 为防止阀瓣移动对边界的影响，所有 interface 面的 Mesh Motion 都设置为 Stationary。

**Step 9** 管壁和阀腔外壁边界的设置。新建 ip 边界，单击 OK 按钮，在出现的 ip 属性框里进行如表 5-19 所示的设置，完成后单击 OK 按钮确认。

表 5-19 管壁和阀腔外壁边界的设置

| Tab | Setting | Value |
| --- | --- | --- |
| Basic Settings | Boundary Type | Wall |
| | Location | IP |
| Boundary Details | Mass And Momentum > Option | No Slip Wall |
| | Wall Roughness > Option | Smooth Wall |

**Step 10** 同理，设置进口段壁面和腔体其他剩余面均为 wall 边界。

**Step 11** 初始值的设置。单击 Global Initialization 图标 ，在 Global settings 中作如表

5-20 所示的设置，完成后单击 OK 按钮确认。

表 5-20 初始值的设置

| Tab | Setting | Value |
| --- | --- | --- |
| Global Settings | Initial Conditions > Cartesian Velocity Components > U | 0 [m s^-1] [a] |
| | Initial Conditions > Cartesian Velocity Components > V | 0 [m s^-1] |
| | Initial Conditions > Cartesian Velocity Components > W | 0 [m s^-1] |
| | Initial Conditions > Static Pressure > Relative Pressure | 0 [Pa] |

[a] 通常情况下，瞬态分析都需要加载静态分析结果作为初始条件。

**Step 12** 求解器属性的设置。单击 Solver Control 图标，按如表 5-21 所示进行设置，完成后单击 OK 按钮确认。

表 5-21 求解器属性的设置

| Tab | Setting | Value |
| --- | --- | --- |
| Basic Settings | Transient Scheme > Option | Second Order Backward Euler |
| | Convergence Control > Max. Coeff. Loops | 5 |

**Step 13** 输出控制的设置。单击 Output Control 按钮，单击 Trn Results 标签，完成后单击 OK 按钮确认。在 Transient Results 属性框里，单击 Add new item 图标，接受默认名称，单击 OK 按钮，对 Transient Results 1 作如表 5-22 所示的设置，完成后单击 OK 按钮确认。

表 5-22 输出控制的设置

| | Setting | Value |
| --- | --- | --- |
| Trn Results | Option | Standard |
| | Output Frequency > Option | Time Interval[a] |
| | Output Frequency > Time Interval | tStep*25 |
| Monitor | Monitor Options | Selected |
| | Monitor Point and Expressions | |
| | Monitor Point and Expressions > disc displacement > Option | Expression |
| | Monitor Point and Expressions > disc displacement > Expression Value | dBallOld |

**Step 14** 单击 Monitor 标签，选择 Monitor Options。
**Step 15** 单击 Add new item 图标，在弹出的对话框输入 disc displacement。
**Step 16** 设定 Option 为 Expression。
**Step 17** 在 Expression Value 中输入 dBallOld，用来监视阀瓣的位移变化。
**Step 18** 再次单击 Add new item 图标，在弹出的对话框中输入 disc lift force。
**Step 19** 设定 Option 为 Expression。
**Step 20** 在 Expression Value 中输入 FFlow/1000，用来监视阀瓣竖直方向上受到的力，

单击 OK 按钮，完成设置。

Step 21　选择 File > Save Project 保存文件。

Step 22　输出 CFX-Solver 求解文件。单击 Execution Control 按钮，再单击 Parallel Environment > Start Method 选择 HP MPI Local Parallel，Number of Processes 设定为 2，单击 OK 按钮，生成 pressure relief valve.def。

### 5.3.4　求解计算和结果监视

双击生成的.def 文件，在弹出的 Define Run 对话框中，Solver Input File 已经自动设置完毕，检查并行计算设置，单击 Start Run 按钮开始计算。

1. 监视计算结果

计算结果可实时监控，图 5-47 显示了阀瓣所受合力、阀瓣位移和速度、泄压阀总流量随时间的变化情况。可以看出，随着压力逐渐增大，阀瓣所受合力逐渐增大，阀瓣开始向上打开，因为有效开口面积增加，流量也随之增加。右上角的位移变化曲线显示了阀瓣的振动过程，阀瓣从关闭状态提升到大约 1mm 位置，然后开始向下关闭，随后又向上开启，整个振动过程与弹簧力和流体冲击力的合力密切相关。

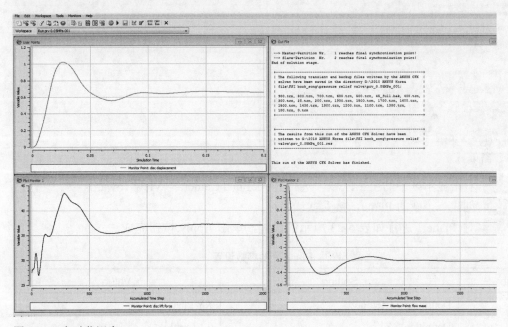

图 5-47　实时监视窗口

右击监视窗口的任意区域，在快捷菜单选择 Export Plot Data…，可以导出监测量变化曲线，如图 5-48 所示。

2. 查看流体计算结果

Step 1　计算结束后，弹出 Solver Run Finished Normally 窗口，选择 Post-Process Results，单击 OK 按钮，进入 CFX-Post 进行结果编辑，如图 5-49 所示。

Step 2　旋转泄压阀模型，单击 CFX 下的 Step 300，也就是 0.03 [s]，然后单击 Apply 按钮，此时显示时间设置完毕，如图 5-50 所示。

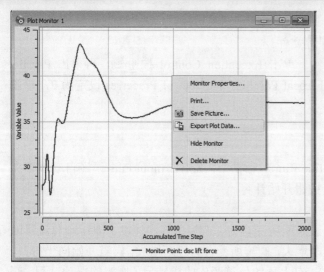

图 5-48 数据导出

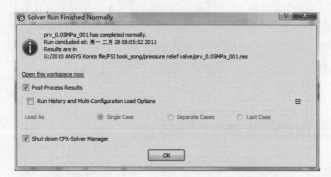

图 5-49 计算结束

Step 3 右击显示区中的空白区域,选择 Predefined Camera > View Towards –Z。
Step 4 创建一个新的 Plane,接受默认名称。
Step 5 对 Plane 1 进行如表 5-23 所示的设置,单击 Apply 按钮完成。

表 5-23 Plane 1 的参数设置

| Tab | Setting | Value |
| --- | --- | --- |
| Geometry | Definition > Method | XY Plane |
| | Definition > Z | 0.1 [mm] [a] |
| Render | Show Faces | (Cleared) |
| | Show Mesh Lines | (Selected) |
| Color | Mode | Variable |
| | Mode > Variable | Pressure |
| | Mode > Range | Global |
| Render | Show Mesh Line | Selected |

[a] 不选择对称面(也就是 Z=0.0mm)是为了避免彩色显示错误。

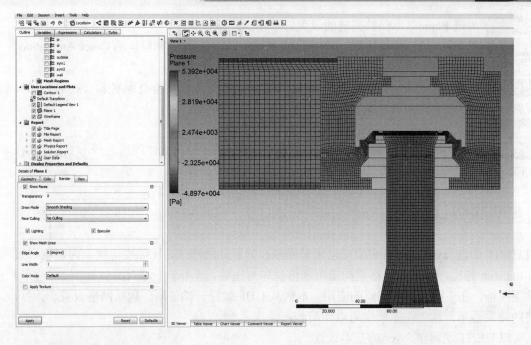

图 5-50　0.03s 时的压力分布

**Step 6**　同理，通过修改 Timestep Selector 中的时间可以查看其他时间的压力分布，如图 5-51 所示是在 0.05s 时的速度分布。

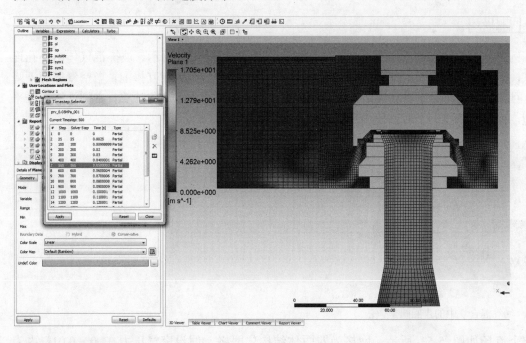

图 5-51　0.05s 时的速度分布

3. 创建动画文件

**Step 1**　打开 Timestep Selector 对话框，双击 0 [s]确保当前结果为初始结果。

Step 2  勾选 Plane 1，保持先前的设置，单击 Apply 按钮。
Step 3  单击 Animation 按钮，在弹出的 Animation 对话框选择默认的 Quick Animation。
Step 4  勾选 Save Movie，设置 Format 为 MPEG1。
Step 5  单击 Save Movie 右边的 Browse 按钮，设置动画的存储路径和文件名。如果不设置路径，文件会自动保存在.res 所在文件夹。
Step 6  单击 Play the animation 按钮，开始生成动画。
Step 7  动画生成后，从主菜单单击 File > Save Project 保存文件，然后单击 File > Exit 退出 CFX-post。

## 5.4 止回阀动态分析

FLUENT 中的 layer 动网格模型可以用来模拟拉伸运动的刚体，比如安全阀、内燃机汽缸等，与 Remesh 相比，layer 的网格重构采用网格拉伸与压缩，适用于三维六面体（二维四边形）或棱柱层网格，在工程上有着广泛的应用。本例从 UDF 编译开始讲解，到动网格设置、计算，及最终的结果显示，读者在本例中可以学习到：

- FLUENT 动网格 layer 的基本设置
- FLUENT 牛顿第二定律刚体运动 UDF 编写
- FLUENT 压力进口时间相关 UDF 编写
- FLUENT 动画的处理

### 5.4.1 问题描述

本例中分析的止回阀应用在某型号气气混合块上，如图 5-52 所示。被掺混气体由小孔连续进入，空气脉冲式流入，当空气流入混合块后，顶开弹簧与气体相互掺混，当空气压力下降后，止回阀在弹簧作用下自动关闭，防止气体进入空气流道。为了简化计算，本例计算二维平面模型，模拟空气在一个时间段内冲开止回阀的过程。

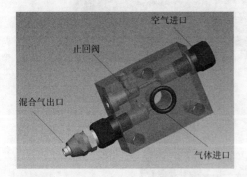

图 5-52  气气混合块中的止回阀

整个流场如图 5-53 所示，网格为四面体结构化网格。假设空气压力在 0～0.01s 内为 2000Pa，0.01s 至下一个周期为 0Pa，出口处一个标准大气压力，止回阀弹簧弹性系数为 500N/m，等效质量 0.005kg。阀体的运动区域与静止区域由 interface 连接，由于 FLUENT 不能模拟两个完全重合的固体运动，所以初始时刻假设阀体与喉部面之间存在一个小的距离。

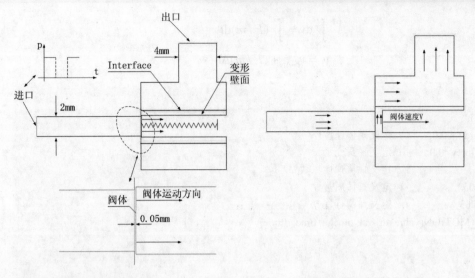

图 5-53　阀体运动简图

本节从刚体运动 UDF 介绍开始，包括 CG_MOTION 的基本介绍，动网格 UDF 的编译，layer 动网格的基本设置，进口压力变化 UDF 编译，利用 FLUNET 自带后处理功能保存动画等内容。

### 5.4.2　FLUENT DEFINE CG_Motion UDF 的编译

止回阀阀体运动属于刚体运动。对刚体的运动规律可以用 DEFINE CG_Motion 宏来描述，本节首先对 DEFINE CG_Motion 进行介绍，包括基本格式、各个变量的意义及编译方法。

DEFINE CG_Motio 的基本格式如下：

DEFINE_CG_MOTION (name, dt, vel, omega, time, dtime)

其中 vel 数组中按照顺序分别对应 x、y、z 方向的速度，即 vel[0] 对应 vel_x，omega 数组对应绕 x 轴、y 轴、z 轴的转动速度。其格式说明如表 5-24 所示。

表 5-24　刚体运动宏 DEFINE_CG_MOTION 格式说明

| 变量类型 | 意义描述 |
| --- | --- |
| symbol name | UDF 名称 |
| Dynamic_Thread *dt | 指向由 UDF 指定或者由 FLUENT 计算出来的网格运动变形特性存储空间指针 |
| real vel[] | 运动速度 |
| real omega[] | 运动角速度 |
| real time | 当前时间 |
| real dtime | 时间步长 |

注意：DEFINE_CG_MOTION 无返回值。

### 5.4.3　止回阀动网格的编译

止回阀阀体受到流体（滑油）和弹簧弹力共同作用而产生运动，满足牛顿第二定律：

$$\int_{t_0}^{t} dv = \int_{t_0}^{t} (F/m) dt$$
$$v_t = v_{t-\Delta t} + (F/m)\Delta t$$

UDF 如下：

```
#include "udf.h"
static real v_prev = 0.0;         /*定义阀体速度*/
static real loc_prev=0.0;         /*定义弹簧变形量*/
#define k 500                     /*定义弹簧弹性系数*/
#define m 0.005                   /*定义阀体质量*/
#define Lk 0.003                  /*定义弹簧行程*/
DEFINE_CG_MOTION(value, dt, vel, omega, time, dtime)
{
Thread *t;
face_t f;
real NV_VEC (A);
/*定义流体作用力、合外力、弹簧弹力、加速度*/
real f1,f2,f_s, dv;
NV_S (vel, =, 0.0);
NV_S (omega, =, 0.0);
if (!Data_Valid_P ()) return;

t = DT_THREAD (dt);
/*求解流体作用力*/
f1= 0.0;
begin_f_loop (f, t)
{
    F_AREA (A, f, t);
    f1 = f1 + F_P (f, t) * A[0];
}
end_f_loop (f, t)
/*求解弹簧弹力*/
f_s=k*loc_prev;
/*求解合外力*/
f2=f1-f_s;
/*求解加速度*/
dv = dtime * f2 / m;
/*判断弹簧是否运动至上止点*/
/*如果弹簧位移大于总行程且合外力仍然大于0，则处于上止点，阀体速度为0*/
if ((loc_prev>Lk)&&(f2>0))
{
    v_prev=0;
}
/*否则阀体继续运动*/
else
{
```

```
   v_prev = v_prev + dv;
   loc_prev=loc_prev+v_prev*dtime;
   }
/*显示一些变量*/
Message("\n\ntime = %f, x_vel = %f, f2 = %f, f_s = %f,   loc_prev=%f,   dv=%f\n",  time,  v_prev,   f2,
f_s ,loc_prev, dv);
   vel[0] = v_prev;
   }
/*定义运动域运动*/
DEFINE_CG_MOTION(value_1, dt, vel, omega, time, dtime)
{
vel[0] = v_prev;
}
```

## 5.4.4 压力进口 UDF 编写

气气混合块进口在 0～0.01s 内压力为 2000Pa，进口压力变化由 DEFINE_PROFILE 宏来完成，具体 UDF 如下：

```
#include "udf.h"
DEFINE_PROFILE(pressure, t, nv)
{
  face_t f;
  real flow_time = RP_Get_Real("flow-time"); /*读取物理时间*/
  /*在 0～0.01s 压力为 2000Pa*/
  if (flow_time < 0.01 )
    {
      begin_f_loop(f,t)
        {
         F_PROFILE(f,t,nv) = 2000;
        }
      end_f_loop(f,t)
    }
  /*0.01s 后压力为 0*/
  else
  {
       begin_f_loop(f,t)
    {  F_PROFILE(f,t,nv) = 0 ; }
      end_f_loop(f,t)
  }
}
```

## 5.4.5 FLUENT 止回阀流场求解设置

**Step 1** 读取流场网格，读取 value.mesh 网格文件，网格如图 5-54 所示，检查网格，修改尺寸，单击 Mesh > Scale，将单位改成 mm。单击 Mesh > Check 检查网格，检查结束后，FLUENT 对话框中提示：Mesh check failed，这是由于没有链接 interface。

Step 2 设置求解器为非稳态求解。

图 5-54 止回阀流场网格

Step 3 链接 interface。单击左侧模型树中的 Problem Setup > Mesh > Interfaces，进入 interface 设置对话框，在 Mesh Interface 下面输入 interface 名称（比如 aaa），在 Interface Zone 1 中选择 interface1，在 Interface Zone 2 中选择 interface2，如图 5-55 所示，单击 Create 按钮。此时再次检查网格后无错误提示。

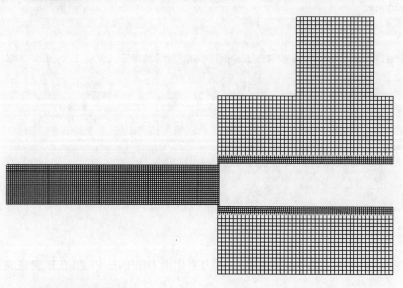

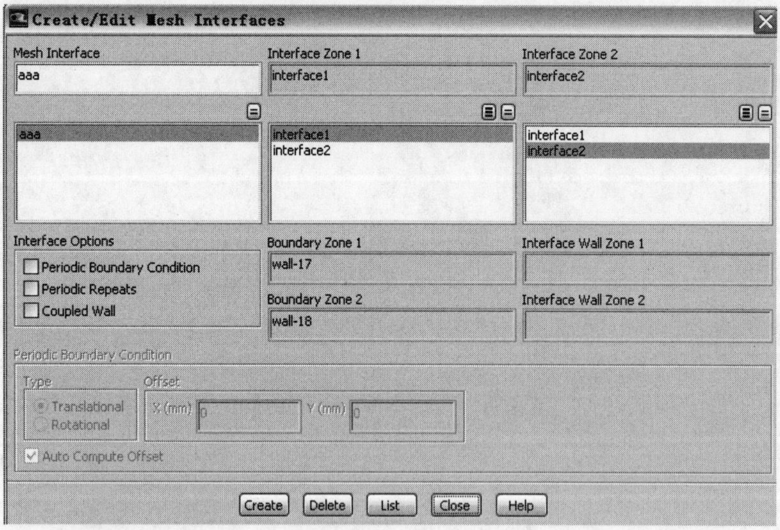

图 5-55 设置 interface

Step 4 启动 k-epsion 湍流模型。单击 Models > Viscous，单击 k-epsilon(2 eqn)，其余保持默认，单击 OK 按钮。

Step 5 设置材料。本例中采用 FLUENT 默认材料库中的空气，不需要设置。

Step 6 加载进口压力 UDF。进口压力 UDF 可以采用解释型 UDF，加载过程如下：单击工具栏中的 Define > User defined > Functions > Interpreted，在弹出的对话框中单击 Browse 按钮，选择 inlet.c，如图 5-56 所示，单击 Interpret 按钮。

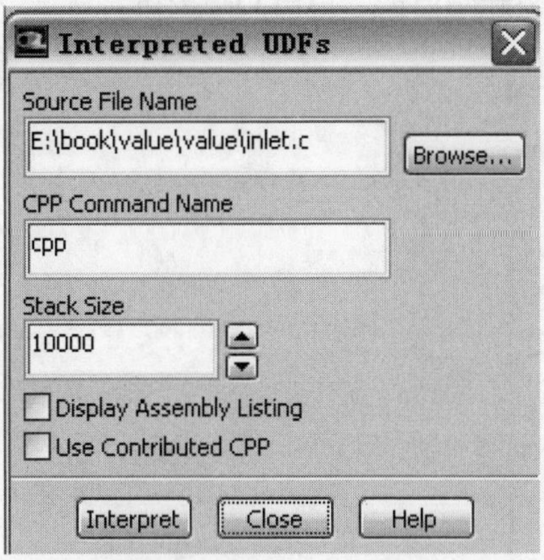

图 5-56　加载进口压力 UDF

**Step 7**　加载阀体运动 UDF。动网格的 UDF 必须采用编译型进行加载。单击工具栏中 Define > User defined > Functions > Compiled…，进入 UDF 窗口，单击 Add…按钮选择要加载的 value.c 文件，单击 Build 按钮，如图 5-57 所示，此时在 FLUENT 主界面中会提示编译 UDF 成功，单击 Load 按钮加载。此时在工作目录下会自动生成一个名为 libudf 的文件夹，读者也可以将 UDF 生成文件放置在指定的目录中，具体做法是：新建一个工作目录，命名为 myudf，复制此目录路径，比如 E:\book\myudf，将该路径粘贴至 Library Name 中，单击 Build 按钮，则 UDF 被加载至指定的目录。

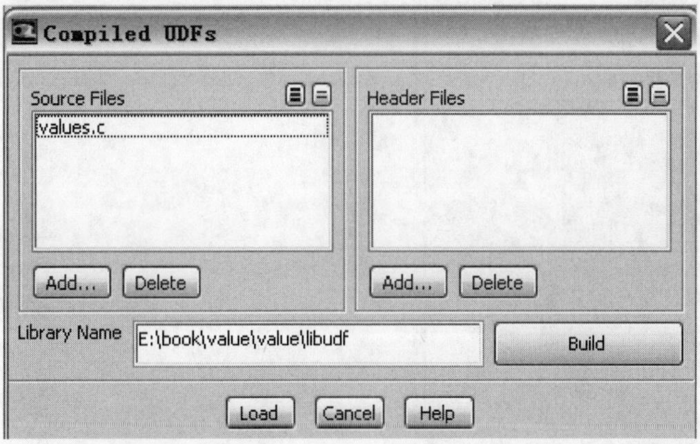

图 5-57　加载阀体运动 UDF

**Step 8**　设定进口出口边界条件。单击 Problem Setup > Boundary Conditions > in，在 Type 中选择 Pressure inlet，单击 Edit 按钮，在 Gauge Total Pressure 中选择 UDF，如图 5-58 所示，湍流参数按照图 5-58 设置。单击 Problem Setup > Boundary Conditions > out，压力设为 0Pa，湍流设置与进口相同。

**Step 9**　设置动网格区域。单击 Problem Setup > Dynamic Mesh，勾选 Dynamic Mesh，勾

选 Smoothing 和 Layering，单击 Settings 按钮，在弹出的对话框中单击 Layering，如图 5-59 所示，设置 Split Factor 为 0.4，表示旧的网格单元大于 1.4 倍网格时，新一层网格开始生成，设置 Collapse Factor 为 0.04，意味着旧的网格单元小于 0.8 倍网格时，网格开始消失，单击 OK 按钮。

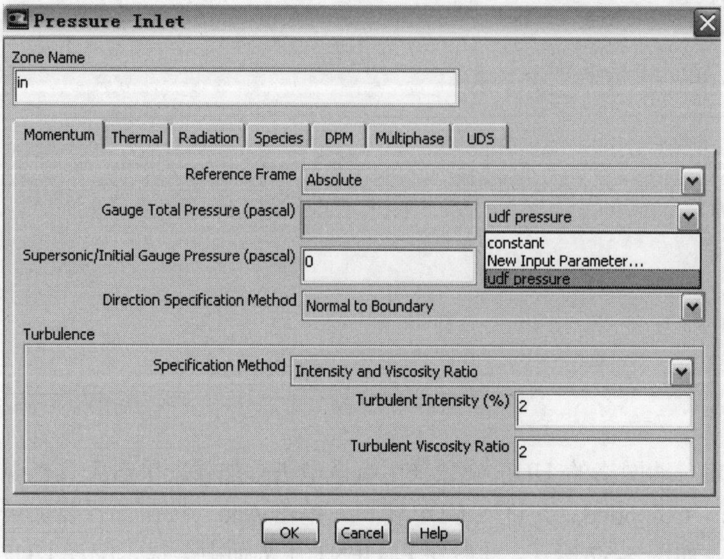

图 5-58 设定进口参数

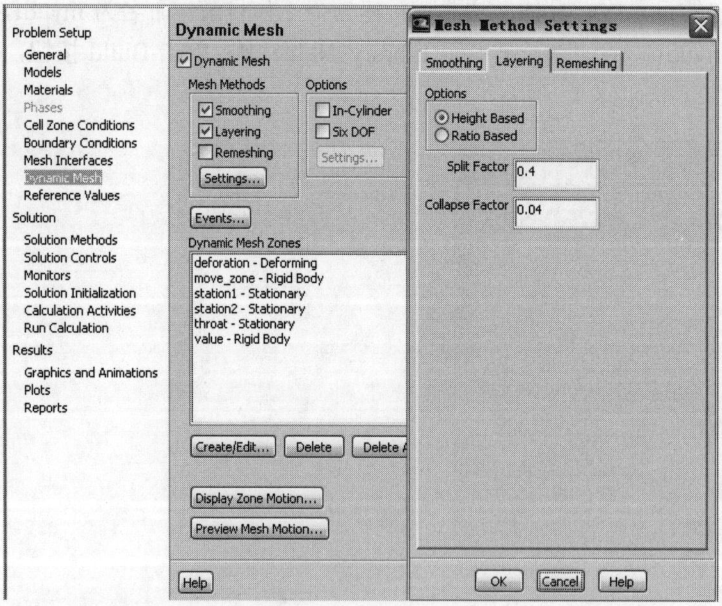

图 5-59 启动 Layering 动网格

Step 10 设置阀体运动。单击 Dynamic Mesh Zones 中的 Create/Edit，在 Zone Names 中选择 value，Type 中选择 Rigid Body，在 Motion UDF/Profile 中选择 value::libudf，单击对话框中部 Meshing Options 标签，在 Cell Height (mm) 中输入 0.05mm，如图 5-60 所示，单击 Create 按钮。

图 5-60 设置阀体运动

**Step 11** 设置运动域，及变形边界、静止边界。在 Zone Names 中选择 move_zone，在 Motion UDF/Profile 中选择 value1::libudf，单击 Create 按钮。在 Zone Names 中选择 Throat，在 Type 中选择 Stationary，单击对话框中部 Meshing Options 标签，在 Cell Height (mm)中输入 0.05mm，如图 5-61 所示，单击 Create 按钮。同样操作，将 station1 和 station2 设为静止区域。

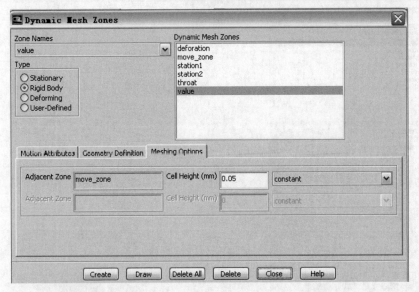

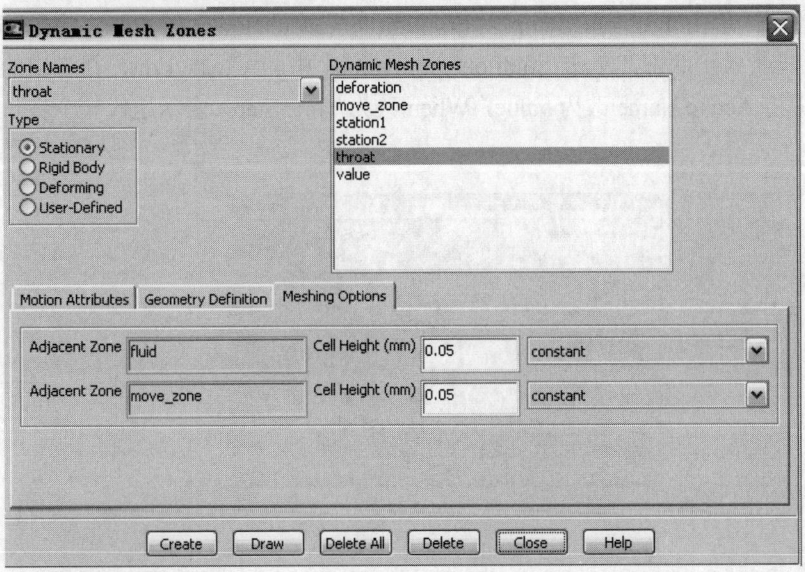

图 5-61 设置静止区域

**Step 12** 设置变形区域。在 Zone Names 中选择 deformation，在 Type 中选择 Deforming，单击对话框中部 Meshing Options 标签，在 Minimum Length Scale 中输入 0.1mm，在 Maximum Length Scale 中输入 0.12mm，如图 5-62 所示，单击 Create 按钮。

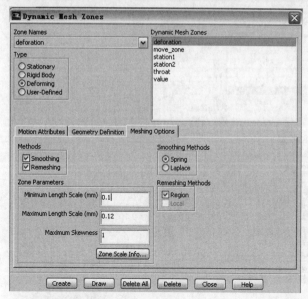

图 5-62　设置变形区域

**Step 13**　设置松弛因子、收敛精度。此例中松弛因子保持默认设置，收敛精度将连续项设为 1e-04，其余保持默认收敛精度。

**Step 14**　初始化流场。单击 Problem Setup > Solution > Solution Initialization，在 Compute from 中选择 in，单击 Initialize。

**Step 15**　设置动态监测。单击 Problem Setup > Solution > Calculation Activities，将中间 Calculations Activities 对话框下拉至底部，单击 Solution Animations 中的 Create/Edit，在弹出的 Solution Animation 对话框中将 Active Name 改为 value，When 改为 Time Step，表示迭代一个步长保存一次，如图 5-63 所示。

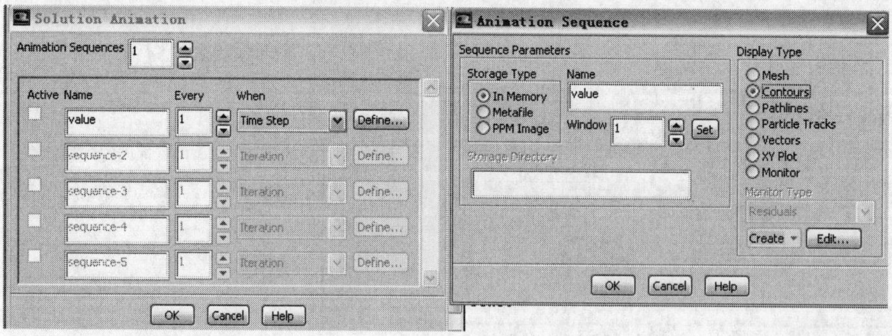

图 5-63　设置动态监测

**Step 16**　单击 Define 按钮，在弹出的 Animation Sequence 对话框的 Storage Type 中选择 In Memory，表示将动态保存内容暂时存储在内存中，Metafile 表示图元文件存储于硬盘，PPM Image 表示以 ppm 格式存储于硬盘，单击 Window 将编号改为 1，单击 Set 按钮，在 Display Type 中选择 Contours，如图 5-63 所示，在弹出的 Contours 对话框中，Contours of 选择 Velocity，单击 Display。单击 Animation Sequence 对话框中的 OK 按钮，单击 Solution Animation 对话框中的 OK 按钮完成设置。

**Step 17** 开始迭代计算。单击 Problem Setup > Solution > Run Calculation，在 Time Step Size(s)中输入 1e-05，在 Number of Time Step 中输入 2000，在 Max Iterations/Time Step 中输入 30，如图 5-64 所示，单击 Calculate 按钮，读者可以按照 6DOF（第 4 章）讲解的方法设置自动保存。

### 5.4.6 流场后处理

**Step 1** 查看流场结果。单击工具栏的 View 菜单，将 Embed Graphics Window 的勾选去掉，如图 5-65 所示，此时结果显示窗口处于悬浮状态。

**Step 2** 单击工具栏的 Display > Contours > Velocity，查看流场速度，如图 5-66 至图 5-68 所示，给出了不同时间步的速度场分布。

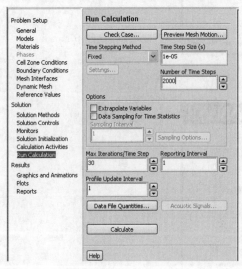

图 5-64 设置迭代计算

图 5-65 取消嵌入窗口

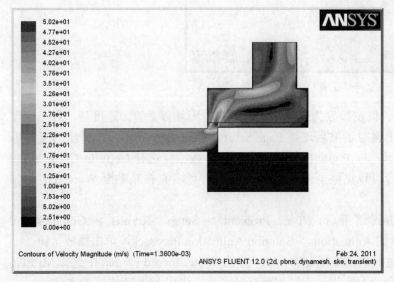

图 5-66 0.00136s 时的速度分布

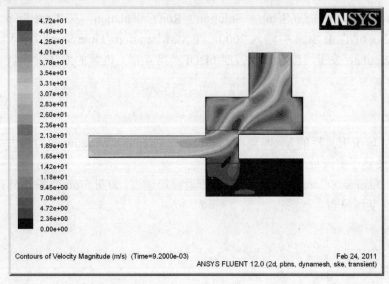

图 5-67　0.0092s 时的速度分布

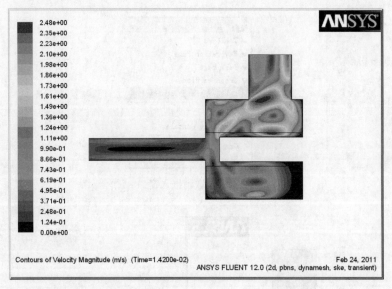

图 5-68　0.0142s 时的速度分布

　　Step 3　保存图片文件。将窗口设为悬浮后，单击查看流场参数，如速度场，右击速度场窗口的标题栏（蓝色），出现对话框后选择 Page Setup，如图 5-69 所示，在弹出的对话框中选择 Color，如图 5-70 所示，单击 OK 按钮。再次右击标题栏，选择 Copy to Clipboard，则图片被复制到剪贴板，读者可以粘贴至 Windows 画图程序或者直接粘贴至 Word 中，此时图片的背景颜色为白色。

　　Step 4　制作动画。迭代结束后，单击 Problem > Setup >Results > Graphics and Animations，双击中间对话框的 Animations > Solution Animation Playback，单击播放按钮▶，则可以查看止回阀动态运动过程的速度场分布，在下方的 Write/Record Format 中选择 MPEG，如图 5-71 所示。单击 Write 命令，则将动态过程保存至硬盘，生成 MPEG 格式的文件。

图 5-69　设置窗口信息　　　　　　　图 5-70　设置图片色彩

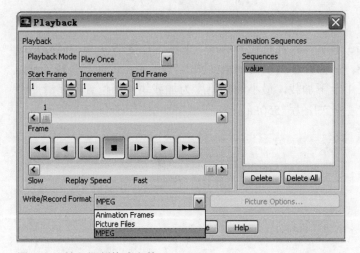

图 5-71　输入视频格式文件

## 5.5　滑动轴承玻璃轴瓦强度分析

滑动轴承在工程中起着定位和承载的作用，润滑油在滑动轴承偏心圆环腔内形成动压效应，其合力与外部载荷平衡。但是，滑动轴承高速工作时，在轴承腔内发散段很容易形成负压，使得润滑油发生空穴现象，如图 5-72 所示。

油膜流场的数值计算可以借助 CFD 软件完成，而对轴瓦强度校核需要加载油膜流场的压力，属于流固耦合问题。本例利用 ANSYS 软件对某型滑动轴承可视化试验台玻璃轴瓦强度校核进行分析，其中油膜流场计算在 FLUENT 中完成，结构分析在 Workbench 中完成。读者通过本章可以学习到：

- FLUENT 中空穴模型设置
- 通过 FLUENT 分析滑动轴承静特性
- 通过 Workbench 进行强度分析

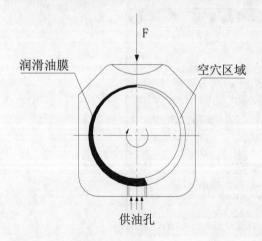

图 5-72 金属轴瓦滑动轴承

### 5.5.1 问题描述

滑动轴承基本尺寸参数如图 5-73 所示,轴瓦直径 40mm,主轴直径 39.96mm,偏心距最大值 e=0.016mm,最大偏心率为 0.8。试验台金属轴瓦轴承如图 5-72 所示,供油孔直径 4mm,轴承宽度 15mm,转速 420rpm。采用上下加载,最小油膜厚度为加载块作用位置。润滑油平均粘度为 0.048Pa/s,密度 890kg/m$^3$,空穴压力 7550Pa。

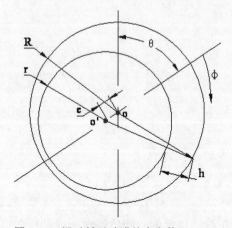

图 5-73 滑动轴承油膜基本参数

流场计算从 FLUENT 导入网格开始,结构分析从 Workbench 导入几何模型开始。

### 5.5.2 FLUENT 分析滑动轴承油膜流场

**Step 1** 启动 FLUENT。在 Windows 系统中单击"开始"菜单,然后选择 All Programs > ANSYS 12.1 > Fluid Dynamics > FLUENT。

**Step 2** 打开 FLUENT 后,开始导入油膜网格。油膜流场实际上是半径间隙极小的偏心圆环,网格可由 ICEM 或其他网格生成软件完成,本例中单击 File > Read > Mesh > Bearing.msh 直接导入流场网格。

**Step 3** 单击 Mesh > Check 开始检查网格。由于油膜流场网格长宽比比较大，并且本例中进口处采用了非结构，所以检查网格结束出现警告提示，如图 5-74 所示。不过因为只是警告提示而没有错误提示，可以忽略。

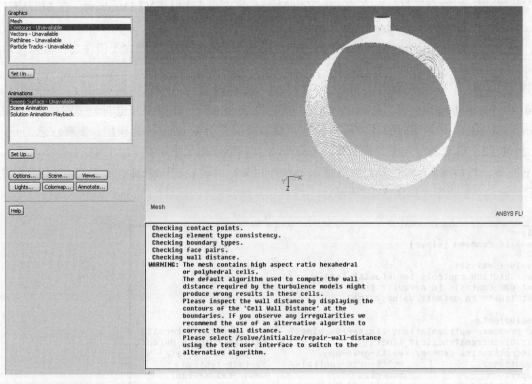

图 5-74　检查网格

**Step 4** 修改网格尺寸。单击 Mesh > Scale > Scaling，在 Mesh Was Created In 中选择 mm，单击 Scale 修改，然后修改 View Length In 属性为 mm，单击 Close 按钮。

**Step 5** 设置转速单位。单击 Define > Units > angular-velocity，在 Units 中选择 rpm，如图 5-75 所示，单击 Close 按钮退出。

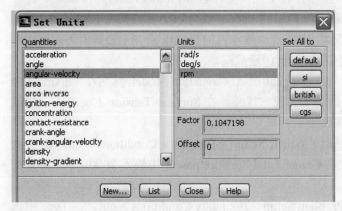

图 5-75　设定转速单位为 rpm

Step 6　设定润滑油材料。单击 Problem Setup > Materials，双击对话框中的 air，在弹出的 Create/Edit Materials 中将 Name 改为 oil，将 Density 改为 890，将 Viscosity 改为 0.048。单击 Change/Create，在弹出的对话框中询问是否替换 air，单击 Yes 按钮。

Step 7　添加空气材料。在 Create/Edit Materials 中单击 FLUENT Database，在 FLUNET Database Materials 中选择 air，单击 Copy。

Step 8　设置 Viscous Model。本案例中滑动轴承流场粘性力远远大于惯性力，可以使用默认的层流模型（Laminar）进行计算。

Step 9　启动空穴模型。FLUENT 12.1 版本提供了三种空穴模型，分别是：Zwart-Gerber-Belamri 模型、Schnerr Sauer 模型和 Singhal et al.模型（也叫全空穴模型，full cavitation model）。本例对滑动轴承内的空穴现象模拟采用 Singhal et al 模型。需要注意的是，FLUENT 12.1 启动全空穴模型需要采用 text 命令，具体操作如下：在 FLUENT 主界面内键入 solve 回车，然后键入 set 回车，然后键入 expert 回车，出现 use Singhal-et-al cavitation model? 提示，输入 yes 回车，如图 5-76 所示。

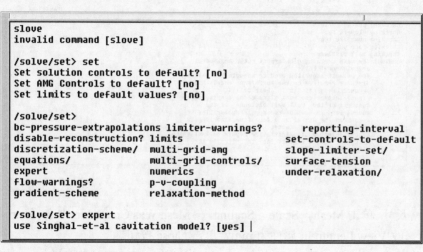

图 5-76　启动全空穴模型

Step 10　空穴模型启动完毕后，开始设置空穴模型。单击 Problem Setup > Phases，在中间对话框单击 Phase1，Name 中输入 oil，将 Phase Material 改为 oil，单击 OK 按钮。

Step 11　同样操作，将第二相设为 air。滑动轴承内的空穴现象，主要是因为溶解在润滑油内的空气由于外界压力变低，其体积膨胀析出造成的。

Step 12　单击 Interaction。首先，勾选 Singhal-Et-Al Cavitation Model，然后在 Vaporization 中输入 7550，表示滑油压力低于此值时将发生空穴现象，在 Surface Tension Coefficient 中输入 0.035，如图 5-77 所示，单击 OK 按钮确认。

Step 13　设定进口边界条件。单击 Problem Setup > Boundary Conditions > in，在 Type 中选择 pressure-inlet，单击 Edit，然后在 Gauge Total Pressure(pascal)中输入 2000，单击 OK 按钮，退出。

Step 14　设定压力出口。单击 Problem Setup > Boundary Conditions > out，在 Type 中选择 pressure-outlet，参数保持默认设置即可。

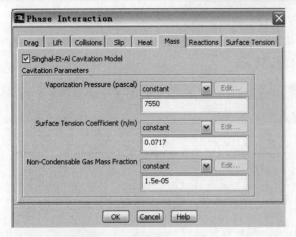

图 5-77　设置空穴压力等参数

**Step 15** 设定主轴转速。单击 Problem Setup > Boundary Conditions > journal，在 Type 中选择 wall，单击 Edit，在 Wall Motion 中选择 Moving Wall，然后在 Motion 中选择 Rotational，在 Speed(rpm)中输入 420，Rotation-Axis Direction 中设置 X、Y、Z 分别为 0、1、0，表示绕 Y 轴旋转，如图 5-78 所示。

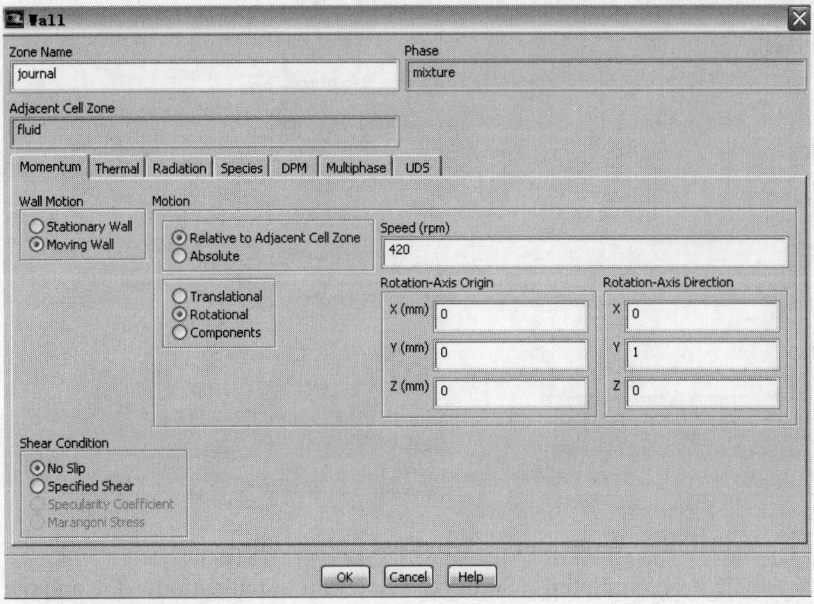

图 5-78　设置主轴旋转

**Step 16** 修改松弛因子。单击 Problem Setup > Solution > Solution Controls，将 Momentum 项修改为 0.5，其余保持默认。

**Step 17** 设置收敛精度。单击 Problem Setup > Monitors > Residuals-Print，单击 Edit，然后将 continuity 设为 1e-05，勾选左上角的 Plot，单击 OK 按钮。

**Step 18** 监控主轴 X 方向上的受力情况。计算的同时，还可以实时监控主轴 X 方向上的受力是否稳定。单击 Problem Setup > Monitors > Drag-plot，在弹出的对话框中单击 Plot，

Wall Zones 中选择 journal，如图 5-79 所示，单击 OK 按钮确定。

**Step 19** 单击 Report Reference Value，按图 5-80 所示设置参考值。参考密度设为 2，参考面积设为 1，参考长度设为 1000mm，其余保持默认。

 FLUENT 没有提供量纲为牛顿 N 的监测接口，所监测的都是受力系数（升力系数或阻力系数），其中升力系数定义如下：

$$C_D = \frac{F}{\frac{1}{2}\rho u^2 L}$$

因此，为了查看量纲为牛顿的升力，必须设定一个参考值，使升力系数计算公式中的分母项 $\frac{1}{2}\rho u^2 L = 1$，这样，$C_D$ 数值上就等于主轴升力 $F$。

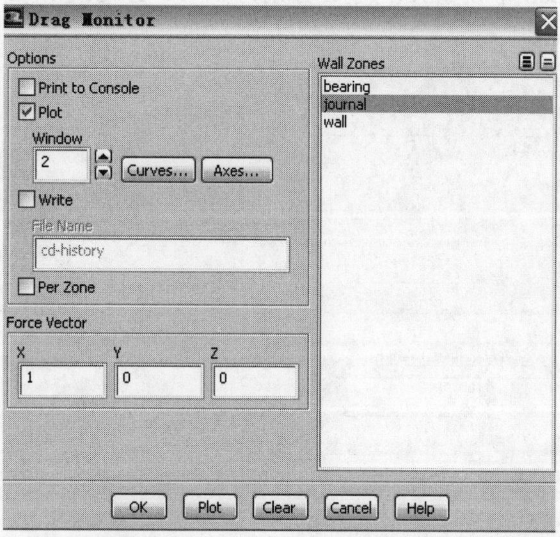

图 5-79 设置主轴 X 方向受力检测 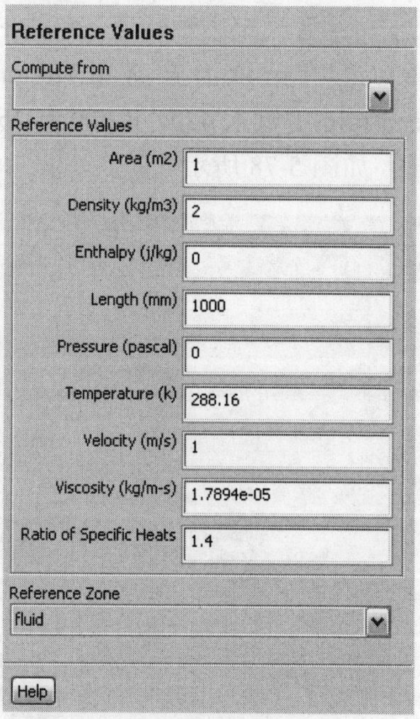    图 5-80 设置系数参考量

**Step 20** 设置完毕后，单击 File > Write case，保存 Case 分析文件。

**Step 21** 初始化流场。单击 Problem Setup > Solution > Solution Initialization，在 Compute from 中选择 journal，在 X Velocity 及 Z Velocity 中输入 0.05，然后单击 Initialize，即从主轴壁面开始初始化，并赋予 X 和 Z 方向初始速度，如图 5-81 所示。

**Step 22** 开始流体分析计算。单击 Problem Setup > Solution > Run Calculation，在 Number of Iteration 中输入 1000，单击 Calculate。

**Step 23** 迭代 1000 步后，连续项收敛至 3.6e-05，空穴体积分数项收敛至 2.58e-03，主轴 X 方向受力基本不变，如图 5-82 所示。

**Step 24** 单击 File > Write > Date，保存计算结果文件。

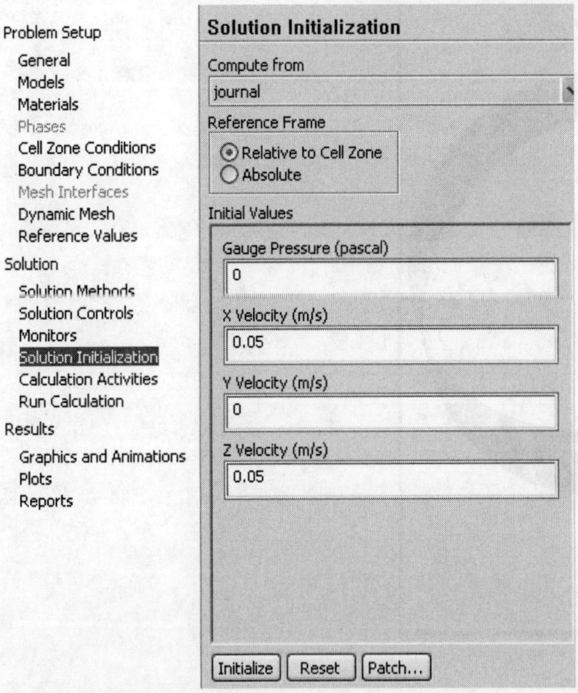

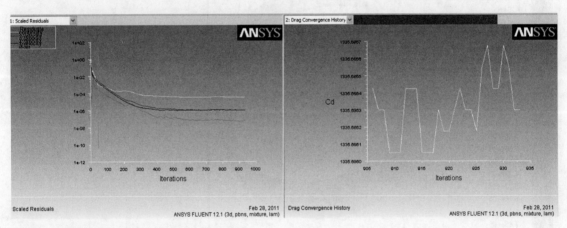

图 5-81 初始化流场

图 5-82 收敛曲线及主轴 X 方向受力系数曲线

## 5.5.3 油膜流场结果后处理

**Step 1** 查看油膜压力分布。单击 Display > Graphics and Animations > Contours，在 Contours of 中选择 Pressure > Absolute Pressure，在 Surfaces 中选择 journal，单击 Display，如图 5-83 所示。

可以看出流场内最大压力为 9.44MPa。在发散段，压力均高于空穴压力。读者可以取消空穴模型，将材料设为润滑油，采用单相流计算，然后对比两种模型的计算结果。没有采用空穴模型的计算结果如图 5-84 所示。对比两幅图可以看出，没有采用空穴模型时，油膜在发散段的最小压力达-8.77MPa，这与实际情况完全不符，而采用空穴模型的计算结果更符合实际。

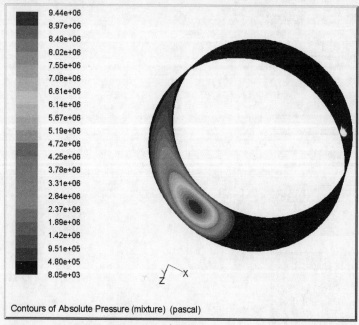

图 5-83　滑动轴承油膜流场压力分布

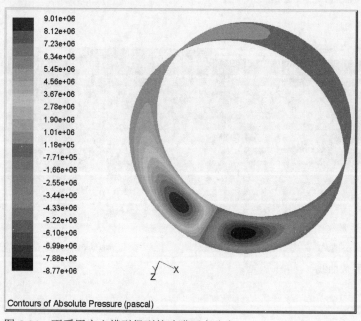

图 5-84　不采用空穴模型得到的油膜压力分布

**Step 2**　查看气相体积分数分布。单击 Display > Graphics and Animations > Contours，在 Contours of 中选择 Phase，在 Phase 中选择 air，在 Surfaces 中选择 journal，单击 Display，气相体积分数分布如图 5-85 所示。

**Step 3**　查看油膜承载力。单击 Problem Setup > Results > Reports > Force，在 Direction 的 X，Y，Z 中分别输入 0，0，1，在 Wall Zones 中选择 journal，单击 Print，可以看到油膜 Z 方向承载力为 1236.6696N。

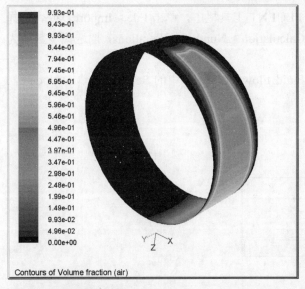

图 5-85 气相体积分数分布

**Step 4** 同样操作,在 Direction 的 X,Y,Z 中分别输入 1,0,0,查看 X 方向承载力为 818.10786N,油膜的承载力为 X、Z 方向合力(Y 方向为轴向,不产生承载力),大小为 1482.78N。

接下来利用 Workbench 对石英玻璃轴瓦进行强度分析。

### 5.5.4 流场与结构分析耦合

**Step 1** 启动 Workbench,打开强度分析模块及流体分析模块。在 Windows 系统中单击"开始"菜单,然后选择 All Programs > ANSYS 12.1 > Workbench。双击左侧 Toolbox 中 Static Structural(ANSYS)启动强度分析模块,双击 Fluid Flow(FLUENT)启动流场分析模块。

**Step 2** 导入流场计算 case 文件。右击 Fluid Flow(FLUENT)中的 Setup,选择 Import FLUENT Case Browse,如图 5-86 所示,选择之前保存的 FLUENT 结果文件 bearing.case。在弹出的对话框中单击 OK 按钮,进入 FLUENT 启动界面,保持默认设置,单击 OK 按钮。

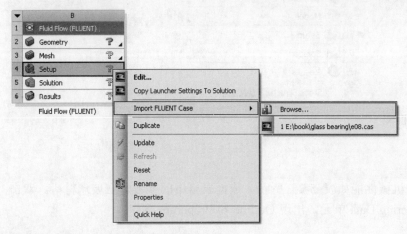

图 5-86 导入 FLUENT 分析好的结果文件

Step 3 导入 FLUENT 结果文件。在 FLUENT 工具栏中，单击 File > Import Date，选择 bearing.dat 文件。单击 Problem Setup > Run Calculation > Number of Iterations，把迭代步数改为 1，然后退出。

Step 4 返回 Workbench 平台，右击 Fluid Flow(FLUENT)中的 Solution，单击 Update，如图 5-87 所示。

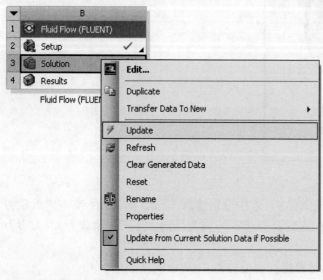

图 5-87 导入 FLUENT 结果文件

Step 5 链接流体模块与结构分析模块。单击 Fluid Flow(FLUENT)中的 Solution 并拖动至 Static Structural(ANSYS)中的 Setup，此时自动生成一条曲线将两个模块连接起来，如图 5-88 所示。

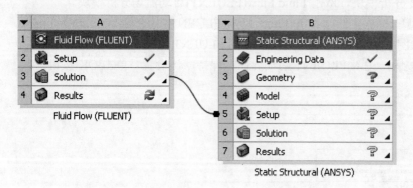

图 5-88 链接流体模块与结构模块

### 5.5.5 结构分析设置

Step 1 玻璃材料的机械性能如表 5-25 所示。依据表格中的参数建立玻璃材料。双击 Structural 模块中的 Engineering Data 单元，出现 Outline 和 Properties 窗口。

表 5-25 玻璃材料的参数

| 参数名 | 值 | 单位 |
| --- | --- | --- |
| Density | 2200 | kg/m3 |
| Young's modulus | 76.24 | Gpa |
| Poisson's Ratio | 0.14 | - |
| Tensile Yield Stress | 48.05 | Mpa |
| Compressive Yield Stress | 1.13E+03 | Mpa |

**Step 2** 在 Outline Filter 窗口，单击选择 Engineering Data。可以看到在 Outline of Schematic A2: Engineering Data 中只有一个默认材料 Structural Steel。

**Step 3** 单击 Click here to add a new material，键入 glass，按回车键。

**Step 4** 从左侧的 Tool bar 选择 Density 选项，拖入 Property 框；同理，拖入 Linear Elastic 下的 IsotropicElasticity 到 Property 框。

**Step 5** 修改 Properties 属性，设置 Density 为 2200kg/m^3，Young's modulus 为 76.24G Pa，Poisson's Ratio 为 0.14。同理，设置 Tensile Yield Stress 和 Compressive Yield Stress 数值。

**Step 6** 新材料属性设置完毕后，右击 Structural Steel，在弹出的快捷菜单中选择 Delete 命令，只保留 glass 材料。

**Step 7** 单击工具栏的 Return to Project 按钮，退出 Engineering Data 修改，返回 Project Schematic。此时 Engineering Data 中的指定材料已经自动由默认的 Structural Steel 改为 glass。

**Step 8** 导入轴瓦几何文件。右击 Static Structural(ANSYS)中的 Geometry，在快捷菜单选择 Import Geometry>Browse…，如图 5-89 所示，打开文件选择对话框，选择 bearing_soild.stp 文件。

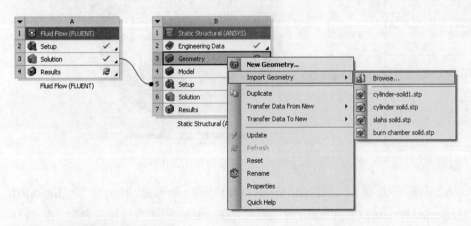

图 5-89 导入轴瓦固体几何文件

**Step 9** 选择结束后，双击 Geometry 进入几何界面，单位选择 meter，单击左上侧的 Generate 图标 Generate，生成几何体，如图 5-90 所示。

**Step 10** 双击 Static Structural(ANSYS)中的 Model，进入网格划分界面。单击 Project > Model(B4) Geometry BEARING_SOLID，在下方 Details 对话框的 Materials > Assignment 中确认材料为 Glass，如图 5-91 所示。

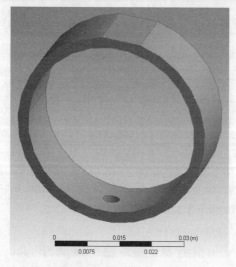

图 5-90　轴瓦几何图　　　　　　　　图 5-91　指定轴瓦材料

Step 11　划分网格。右击 Project > Model(B4) 下的 Mesh，在快捷菜单中选择 Insert Sizing。为了选择体元素，单击上方工具栏中 body 选择图标。在下方 Details 对话框的 Geometry 中选择整个轴瓦，然后在 Type > Element Size 中输入 1mm，如图 5-92 所示。

Step 12　右击 Mesh，在快捷菜单中单击 Generate Mesh，生成自由网格，如图 5-93 所示。

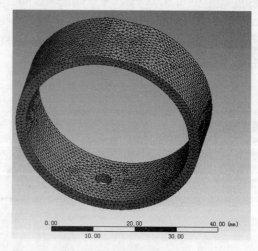

图 5-92　设置网格尺寸　　　　　　　　图 5-93　生成的轴瓦固体网格

Step 13　导入油膜压力载荷。单击 Project > Static Structural(B5) 中的 Imported Load(Solution1) > Imported Pressure。在 Details 对话框中，Geometry 设定为轴瓦内表面，在 CFD surface 中选择 bearing，右击 Imported Load(Solution1) 选择 Import Load，开始加载流体计算结果。

Step 14　流体计算结果加载需要一段时间，加载完成后在 Imported Load 下方出现 Imported Load Transfer Summary 图标，单击此图标可以查看流场加载后的作用力及加载压力场，分别如图 5-94 和图 5-95 所示。可以看出油膜压力在 Z 方向上的总作用力为 1235.7N，此力与外部载荷平衡；X 方向总作用力为 -820.84N，此力与加载块和轴瓦之间的静摩擦力平衡。

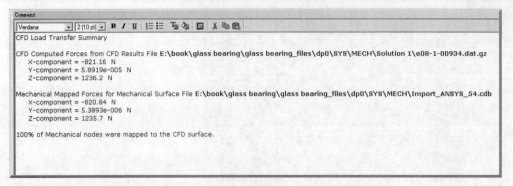

图 5-94　加载的油膜作用力

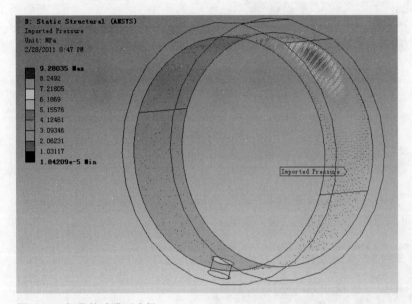

图 5-95　加载的油膜压力场

**Step 15**　添加侧面位移约束。右击 Project 下的 Static Structural(B5)，在快捷菜单中选择 Insert > Displacement，然后在左下方的 Details 中设定 Geometry 为轴瓦的两个侧面，然后将 X、Y Component 设为 0，Z Component 设为 Free。

**Step 16**　添加固定约束。右击 Static Structural(B5)，在开始菜单中选择> Insert > Fixed support，在 Details 属性栏中将 Geometry 设定为轴瓦的上部平面。

**Step 17**　添加外部载荷约束。右击 Static Structural(B5)，在快捷菜单中选择 Insert > Force，在 Details Geometry 中选择轴瓦上部平面，在 Define By 中选择 Components，在 Z Component 中输入-1235.7，X、Y Component 中输入 0 N。

**Step 18**　至此，约束以及载荷全部设置完毕，结果如图 5-96 所示。

### 5.5.6　结构求解及结果分析

**Step 1**　添加变形分析变量。右击 Project 下的 Solution(B6)，在快捷菜单中选择 Insert > Deformation > Total，插入总变形变量。

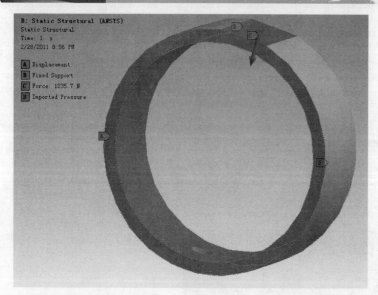

图 5-96　添加到轴瓦的约束

Step 2　同理，右击 Project 下的 Solution(B6)，选择 Insert > Stress > Equivalent Von-Mises 添加应力分析变量。

Step 3　待求变量设置完毕后，便可以开始求解。右击 Solution(B6)，选择 Solve 开始求解。

Step 4　求解完毕后，查看应力分布及变形量。单击 Solution(B6)下的 Equivalent Stress，应力分布如图 5-97 所示，可以看出最大应力为 155.67MPa。

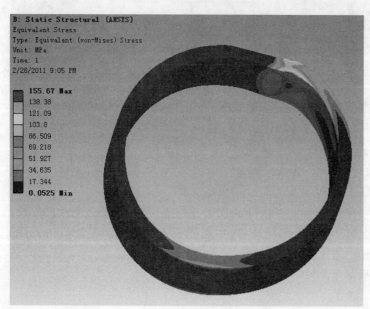

图 5-97　轴瓦应力分布

Step 5　同理，单击 Solution(B6)下的 Total Deformation 可以查看轴瓦变形情况，如图 5-98 所示。

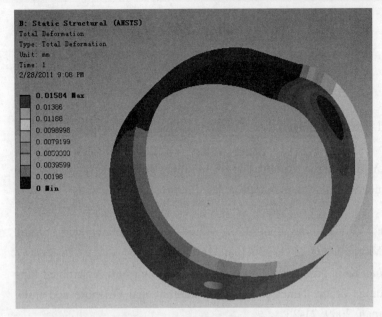

图 5-98 轴瓦变形量分布

## 5.6 本章小结

作为本书的最后部分，本章从应用的观点出发，给出了四个基于流固耦合分析的工程实例。其中包括单向流固耦合和特殊流固耦合分析。本章的目的是让读者对流固耦合分析的工程应用有一个基本的认识和了解。希望读者能通过这些实例明白如何在实际工程中运用流固耦合分析、简化模型等，因为并不是所有的问题都需要双向耦合分析。

# 参考文献

[1] F H.J. Bungartz. Fluid–Structure Interaction-modelling, simulation, optimization [M]. Springer, Berlin, Heidelberg, 2006.

[2] Z.Ozdemira, M.Soulib, Y.M. Fahjanc. Application of nonlinear fluid–structure interaction methods to seismic analysis of anchored and unanchored tanks. Engineering Structures [J]. 2010, 32(2): 409-423.

[3] Gongmin Liu, Yanhua Li. Vibration analysis of liquid-filled pipelines with elastic constraints. Journal of Sound and Vibration [J]. 2011, 330(13): 3166-3181.

[4] Zhengshou Chen, Wu-Joan Kim. Numerical Simulation of Flexible Multi-Assembled Pipe Systems Subject to VIV. Proceedings of the Nineteenth (2009) International Offshore and Polar Engineering Conference Osaka, Japan, 2009: 21-26.

[5] 周忠宁，李意民等. 基于流固耦合的叶片动力特性分析. 中国矿业大学学报 [J]. 2009, 38(3): 401-405.

[6] Chun Yanga, Gador Cantonc, Chun Yuan, etc., Advanced human carotid plaque progression correlates positively with flow shear stress using follow-up scan data: An in vivo MRI multi-patient 3D FSI study. Journal of Biomechanics [J]. 2010. 43(13): 2530-2538.

[7] K.J. Badcock, S. Timme, S. Marques. etc. Transonic aeroelastic simulation for instability searches and uncertainty analysis. Progress in Aerospace Sciences [J]. 2011. 47(5): 392-423.

[8] Huiping Liu, Hua Xu, Peter J. Ellison, Zhongmin Jin. Application of Computational Fluid Dynamics and Fluid–Structure Interaction Method to the Lubrication Study of a Rotor–Bearing System. Tribology Letters [J]. 2010.38(6): 325–336

[9] ANSY, Inc., Documentation for Release 12.1, ANSY, Inc., 2009

[10] ANSY, Inc., ANSYS FLUENT User's Guide for Release 12.1, ANSY, Inc., 2009

[11] ANSY, Inc., ANSYS CFX Reference Guide for Release 12.1, ANSY, Inc., 2009